机电专业"十三五"规划教材

电工电子技术

刘鹏　李进　刘方　主编

兵器工业出版社

内容简介

本书根据应用型本科、职业教育培养应用型人才的实际需要，一改以往教材的编写模式，按照循序渐进、理论联系实际的原则编写，概念阐述准确、语言简明扼要，避免繁复的数学公式推导。全书主要包括十二章内容：半导体器件基础知识、基本放大电路、集成运算放大器、负反馈放大电路、直流稳压电源、数字逻辑基础、逻辑门电路、组合逻辑电路应用、触发器、时序逻辑电路、脉冲信号的产生和交换、数/模和模/数转换技术。

本书可作为应用型本科、职业院校机电、计算机、通信类专业或相近专业的教材，也可供有关专业的工程技术人员参考。

图书在版编目（CIP）数据

电工电子技术 / 刘鹏，李进，刘方主编. -- 北京：
兵器工业出版社，2014.12
ISBN 978-7-5181-0077-4

Ⅰ. ①电… Ⅱ. ①刘… ②李… ③刘… Ⅲ. ①电工技
术－高等职业教育－教材②电子技术－高等职业教育－教
材 Ⅳ. ①TM ②TN

中国版本图书馆 CIP 数据核字（2014）第 290608 号

出版发行：兵器工业出版社　　　　　　　　　　　责任编辑：陈红梅 杨俊晓

发行电话：010-68962596，68962591　　　　　　封面设计：赵俊红

邮　　编：100089　　　　　　　　　　　　　　　责任校对：郭　芳

社　　址：北京市海淀区车道沟 10 号　　　　　　责任印制：王京华

经　　销：各地新华书店　　　　　　　　　　　　开　　本：787×1092　1/16

印　　刷：冯兰庄兴源印刷厂印制　　　　　　　　印　　张：17

版　　次：2020 年 8 月第 1 版第 2 次印刷　　　　字　　数：40.5 千字

印　　数：5001 - 8000　　　　　　　　　　　　　定　　价：48.00 元

前　言

　　高职教育培养的人才是面向生产、管理第一线的技术型人才，因此其基础课程的教学应以必需、够用为原则，以掌握概念、强化应用为教学重点，注重岗位能力的培养。本书根据职业教育的培养目标，坚持"以全面素质为基础、以就业为导向、以能力为本位、以学生为主体"的原则，贴近职业教育教学实际，按"深入浅出、知识够用、突出技能"的思路编写，突出能力本位的职业教育思想，理论联系实际，以满足学生的实际应用需要。在编写的体系结构上，采用模块式结构，以求在学习过程中体现连贯性、针对性、选择性，让学生学得进、用得上；在方法上注重学生兴趣，融知识、技能于一体，使学生在学习、实践中能体验到成功的喜悦。本书有如下特点：

　　1．在内容的安排上，为使学生用较短的时间、较快地掌握这门课程的基本原理和主要内容，本书在编写过程中力求便于学生自学，尽力做到精选内容叙述简明，突出基本原理和方法，多举典型例题，以帮助学生巩固和加深对基本内容的理解和掌握；同时还能培养和训练学生分析问题和解决问题的能力。

　　2．在知识的讲解上，力求用简练的语言循序渐进，深入浅出地让学生理解并掌握基本概念，熟悉各种典型的单元电路。对电子器件着重介绍其外部特性和参数，重点放在使用方法和实际应用上；对典型电路进行分析时，不做过于繁杂的理论推导；对集成电路内部不做重点仔细分析，而着重其外特性和逻辑功能以及它们的应用。

　　3．在实践性教学方面，增加电子元件、集成器件的选用、识别、测试方法等内容的介绍；选择一些基本特色实用电路作为例子介绍，以开拓学生的电路视野；安排一些具体的实例作为读图练习的内容，培养学生理论联系实际，电子电路读图的能力；相关章节安排的实用资料速查，具有一定的先进性和实用性，为学生的学习和知识拓展提供了方便。

　　4．为了方便学生的自学和复习，书中每章均选编了一定数量和难度适中的练习题，以便于学生自检和自测。

　　本书的编者都是高职高专院校的教师，长期从事电子技术课程的教学工作，积累了丰富的教学经验，对高职高专学生的知识接受能力了解深刻，所以在编写本书时做到了内容取舍得当，难易适中，突出技术性、应用性的特点，力求突出问题的物理实质，避免繁复的数学公式推导，真正反映了教育部关于高职高专课程改革意见的精神。

　　本书教学参考课时为 80 学时。书中带有 * 号的内容，不同的专业可根据课时安排及需要选讲，或安排课外学习。教学过程中，可另外安排 18 学时的实训。教学课程结束后，可安排两周学时的电子技术课程设计。

　　本书由重庆电子工程职业学院刘鹏、李进，以及杨凌职业技术学院刘方担任主编。由

贵州城市学院的谭畅和安顺职院技术学院的毛政凯担任副主编

在本书编写过程中，重庆工商大学赵志华教授对本书提出了许多宝贵的意见和建议，在此表示衷心感谢。本书的相关资料和售后服务可扫封底的二维码或与QQ（2436472462）联系获得。

本书既可作为应用型院校、职业技术学院电子信息类专业学生的教材，也可作大专函授、电子技术培训班的教材，还适合开设《电工电子技术》课程的其他专业学生使用。鉴于编者水平所限，书中错误和缺点在所难免，不当之处，敬请专家和读者批评指正。

编　者

目 录

第一章　半导体器件基础知识 …………1

第一节　半导体的基础知识 …………1

一、半导体的概念 …………1

二、半导体的特性 …………1

三、本征半导体 …………2

四、N 型和 P 型半导体 …………2

五、PN 结 …………3

第二节　半导体二极管 …………4

一、二极管的结构 …………4

二、二极管的类型 …………5

三、二极管的伏安特性 …………5

四、二极管的主要参数 …………7

五、特殊二极管 …………7

第三节　半导体三极管 …………9

一、三极管的结构和分类 …………9

二、三极管的电流放大作用
及其放大的基本条件 …………11

三、三极管的伏安特性 …………12

四、三极管的主要参数 …………14

*第四节　场效应管 …………16

一、N 沟道增强型绝缘栅场
效应管 MOSFET …………16

二、耗尽型绝缘栅场效应管的
结构及其工作原理 …………19

三、结型场应管简介 …………20

四、场效应管的主要参数 …………21

习题一 …………22

第二章　基本放大电路 …………26

第一节　放大电路基本知识 …………26

一、放大的概念 …………26

二、放大电路的主要性能指标 ……26

三、直流通路与交流通路 …………28

第二节　放大电路的分析方法 …………29

一、估算法 …………29

二、图解法 …………30

三、微变等效电路分析法 …………32

第三节　固定偏置共射极
放大电路 …………33

一、组成及各元器件的作用 …………33

二、固定偏置共射极放大电路的
分析 …………34

第四节　分压式偏置电路共射极
放大电路 …………36

一、温度对静态工作点的影响 ……36

二、分压式偏置电路共射极放大
电路的组成 …………37

三、分压式偏置电路共射极放大
电路的工作原理 …………37

四、分压式偏置电路共射极放大
电路的分析 …………38

第五节　共集电极与共基极
放大电路 …………39

一、共集电极放大电路 …………39

二、共基极放大电路 …………43

*第六节　场效应管放大电路 …………44

一、场效应管偏置电路及
静态分析 …………44

二、场效管放大电路的微变
等效电路分析 …………46

第七节　多级放大电路 …………49

一、级间耦合方式 …………… 49

二、多级放大电路的主要

性能指标 ……………… 52

习题二 ……………………… 52

第三章 集成运算放大器 ……… 58

第一节 集成运算放大器的

基本知识 …………… 58

一、集成运算放大器的

基本组成 …………… 58

二、集成运算放大器的分类 …… 59

三、集成运算放大器的

主要参数 …………… 59

四、集成运算放大器使用时

应注意的问题 ………… 60

五、运放运算放大器的

使用技巧 …………… 61

六、理想运放 ……………… 62

第二节 差分放大电路 ………… 63

一、基本差分放大电路 ……… 64

二、典型差分放大电路 ……… 65

第三节 理想运算放大器 ……… 70

一、理想运算放大器工作在

线性区的特点 ………… 70

二、理想运算放大器工作在

非线性区的特点 ……… 70

第四节 集成运算放大器的线性

应用 ……………… 71

一、比例运算电路 ………… 71

二、加、减运算电路 ……… 74

三、微分和积分运算电路 …… 79

第五节 集成运算放大器的非线性

应用——电压比较器 … 81

一、过零比较器 …………… 81

二、一般单限比较器 ………… 83

习题三 ……………………… 84

第四章 负反馈放大电路 ……… 91

第一节 反馈的基本知识 ……… 91

一、反馈与反馈支路 ………… 91

二、反馈放大电路的组成 …… 91

第二节 反馈电路的类型与判别 … 93

一、负反馈放大电路的

基本类型 …………… 93

二、反馈极性的判别 ………… 94

三、直流负反馈与交流负反馈 … 94

四、电压反馈和电流反馈

的判别 ……………… 95

五、串联反馈和并联反馈

的判别 ……………… 96

第三节 负反馈对放大电路

性能的影响 ………… 97

一、提高放大倍数的稳定性 …… 97

二、减小非线性失真 ………… 98

三、展宽通频带 …………… 99

四、改变输入、输出电阻 …… 100

习题四 ……………………… 101

第五章 直流稳压电源 ………… 104

第一节 直流电源的结构及

各部分的作用 ……… 104

一、直流稳压电源的组成 …… 104

二、直流稳压电源工作过程 …… 104

第二节 二极管整流电路 ……… 105

一、单相半波整流电路 ……… 105

二、单相全波整流电路 ……… 107

三、单相桥式整流电路 ……… 108

第三节 滤波电路 …………… 110

一、电容滤波 ……………… 110

二、电感滤波 ……………………… 111

三、复式滤波 ……………………… 111

第四节 稳压电路 ……………………… 113

一、稳压电路的工作原理 ………… 113

二、硅稳压管稳压电路参数的

选择 ……………………… 114

第五节 集成稳压器 ………………… 115

一、固定式三端集成稳压器 ……… 116

二、可调式三端集成稳压器 ……… 117

习题五 ………………………………… 119

第六章 数字逻辑基础 …………… 122

第一节 数制与编码 ………………… 122

一、数制 ……………………………… 122

二、数制的转换 …………………… 123

三、编码 ……………………………… 124

第二节 逻辑函数的表示方法 ……… 126

一、三种基本逻辑运算 …………… 126

二、复合逻辑运算 ………………… 128

三、逻辑函数及其表示方法 ……… 129

第三节 逻辑代数的基本定律及

规则 ……………………… 132

一、基本公式 ……………………… 132

二、常用公式 ……………………… 133

三、逻辑代数的基本规则 ………… 133

第四节 逻辑函数的标准表达式 …… 134

一、逻辑函数的常见形式 ………… 134

二、最小项和最大项 ……………… 134

三、逻辑函数的化简 ……………… 136

习题六 ………………………………… 137

第七章 逻辑门电路 ……………… 140

第一节 基本逻辑门 ………………… 140

一、逻辑电路基本知识 …………… 140

二、基本逻辑门电路 ……………… 141

第二节 复合逻辑门 ………………… 145

一、与非门 ………………………… 145

二、或非门 ………………………… 147

三、与或非门 ……………………… 148

四、异或门 ………………………… 149

五、同或门 ………………………… 150

*第三节 数字逻辑电路系列 ……… 151

一、TTL 逻辑电路 ………………… 151

二、CMOS 逻辑电路 ……………… 156

习题七 ………………………………… 161

第八章 组合逻辑电路应用 ……… 165

第一节 组合逻辑电路的分析和

设计方法 ………………… 165

一、组合逻辑电路的分析 ………… 165

二、组合逻辑电路的设计 ………… 166

第二节 编码器 ……………………… 167

一、二进制编码器 ………………… 168

二、二─十进制编码器 …………… 169

三、优先编码器 …………………… 171

第三节 译码器 ……………………… 174

一、二进制译码器 ………………… 175

二、BCD 译码器 …………………… 179

三、显示译码器 …………………… 180

第四节 数据选择器和

数据分配器 ……………… 182

一、数据选择器 …………………… 183

二、数据分配器 …………………… 185

习题八 ………………………………… 186

第九章 触发器 …………………… 188

第一节 基本 RS 触发器 …………… 188

一、基本 RS 触发器的电路组成

和逻辑符号 ……………… 188

二、基本 RS 触发器的
　　逻辑功能 ················189
第二节　同步触发器 ·········191
一、同步 RS 触发器 ·······191
二、同步 D 触发器 ·········192
三、同步触发器的空翻现象 ······193
第三节　JK 触发器 ·········194
一、主从 JK 触发器的电路组成
　　和逻辑符号 ···········194
二、主从 JK 触发器的
　　逻辑功能 ············195
三、集成 JK 触发器 ·······197
第四节　不同类型触发器之间
　　的转换 ·············198
一、D 触发器转换为 JK
　　触发器 ·············199
二、JK 触发器转换为 D
　　触发器 ·············199
习题九 ·················200
第十章　时序逻辑电路 ·········202
第一节　时序逻辑电路的分析 ······202
一、一般分析方法 ·········202
二、时序逻辑电路的
　　分析方法 ············203
三、时序逻辑电路的
　　分析步骤 ············203
四、时序逻辑电路分析举例 ······204
第二节　计数器 ···········206
一、异步二进制计数器 ·······207
二、同步二进制计数器 ·······209
三、十进制计数器 ·········212
四、N 进制计数器 ·········215

五、级联法 ·············221
第三节　寄存器 ···········223
一、数码寄存器 ··········224
二、移位寄存器 ··········225
习题十一 ···············230
第十一章　脉冲信号的产生和变换 ····233
第一节　单稳电路 ··········233
一、微分型单稳电路的原理 ·····233
二、单稳电路的应用 ········234
第二节　施密特电路 ········235
一、施密特电路工作原理 ······235
二、施密特电路的应用 ·······236
三、多谐振荡器 ··········238
第三节　555 时基电路及应用 ····239
一、555 定时器的电路结构
　　和功能 ·············239
二、555 时基电路的应用 ·····240
习题十二 ···············243
第十二章　数/模和模/数转换技术 ····246
第一节　数/模转换（D/A）····246
一、D/A 转换器原理 ·······246
二、T 型电阻网络 D/A
　　转换器 ·············247
第二节　模/数转换（A/D）····250
一、A/D 转换原理 ·········250
二、A/D 转换方法 ·········251
习题十三 ···············255
附录一　常用符号说明 ········257
附录二　半导体器件型号命名方法 ···260
附录三　常用数字集成电路一览表 ···261
参考文献 ···············264

第一章　半导体器件基础知识

现代电子设备中的电子线路，按其所处理的信号形式加以划分，主要分为模拟电路和数字电路。模拟电路处理模拟信号，数字电路处理数字信号。

模拟信号是指在时间上和幅度上都是连续变化的信号，一般是模拟真实世界物理量的电压或电流，例如语音信号。数字信号是指在时间上和幅度上都是离散的信号，例如各种脉冲信号，总是发生在一系列离散的瞬间，而且幅度上是量化的，往往分为高电平和低电平。学习模拟信号电路和数字信号电路的基础是半导体器件理论。

半导体器件是电子电路中使用最为广泛的器件，也是构成集成电路的基本单元。只有掌握半导体器件的结构性能、工作原理和特点，才能正确分析电子电路的工作原理，正确选择和合理使用半导体器件。本章主要介绍二极管、三极管和场效应管的结构、性能、主要参数以及各器件的选用原则。

第一节　半导体的基础知识

一、半导体的概念

导电性能介于导体与绝缘体之间的物质称为半导体。常用的半导体材料有硅（Si）、锗（Ge）、硒（Se）和砷化镓（GaAs）以及其他金属氧化物和硫化物等，半导体一般呈晶体结构。

二、半导体的特性

半导体之所以引起人们注意并得到广泛应用，其主要原因并不在于它的导电能力介于导体和绝缘体之间，而在于它有如下几个特点：

1. 掺杂性

在半导体中掺入微量杂质，可改变其电阻率和导电类型。

2. 温度敏感性

半导体的电阻率随温度变化很敏感，并随掺杂浓度不同，具有正或负的电阻温度系数。

3. 光敏感性

光照能改变半导体的电阻率。

根据半导体的以上特点，可将半导体做成各种热敏元件、光敏元件、二极管、三极管及场效应管等半导体器件。

三、本征半导体

纯净的不含任何杂质、晶体结构排列整齐的半导体称为本征半导体。本征半导体的最外层电子（称为价电子）除受到原子核吸引外还受到共价键束缚，因而它的导电能力差。半导体的导电能力随外界条件改变而改变。它具有热敏特性和光敏特性，即温度升高或受到光照后半导体材料的导电能力会增强。这是由于价电子从外界获得能量，挣脱共价键的束缚而成为自由电子。这时，在共价键结构中留下相同数量的空位，每次原子失去价电子后，变成正电荷的离子，从等效观点看，每个空位相当于带一个基本电荷量的正电荷，成为空穴。在半导体中，空穴也参与导电，其导电实质是在电场作用下，相邻共价键中的价电子填补了空穴而产生新的空穴，而新的空穴又被其相邻的价电子填补，这个过程持续下去，就相当于带正电荷的空穴在移动。共价键结构与空穴产生示意图如图 1-1 所示。

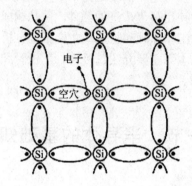

图 1-1 共价键结构与空穴产生示意图

四、N 型和 P 型半导体

本征半导体的导电能力差，但是在本征半导体中掺入某种微量元素（杂质）后，它的导电能力可增加几十万甚至几百万倍。

1. N 型半导体

用特殊工艺在本征半导体掺入微量五价元素，如磷或砷。这种元素在和半导体原子组成共价键时，就多出一个电子。这个多出来的电子不受共价键的束缚，很容易成为自由电子而导电。这种掺入五价元素，电子为多数载流子，空穴为少数载流子的半导体叫电子型半导体，简称 N 型半导体。如图 1-2a 所示。

2. P 型半导体

在半导体硅或锗中掺入少量三价元素，如硼元素，和外层电子数是四个的硅或锗原子组成共价键时，就自然形成一个空穴，这就使半导体中的空穴载流子增多，导电能力增强，这种掺入三价元素，空穴为多数载流子，而自由电子为少数载流子的半导体叫空穴型半导体，简称 P 型半导体。如图 1-2b 所示

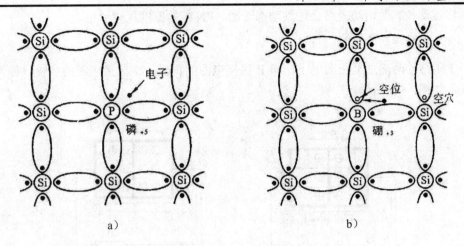

图 1-2 掺杂半导体共价键结构示意图

a）N 型半导体；b）P 型半导体

五、PN 结

P 型或 N 型半导体的导电能力虽然大大增强，但并不能直接用来制造半导体器件。通常是在一块纯净的半导体晶片上，采取一定的工艺措施，在两边掺入不同的杂质，分别形成 P 型半导体和 N 型半导体，它们的交界面就形成了 PN 结。PN 结是构成各种半导体器件的基础。

1. PN 结的形成

在一块纯净的半导体晶体上，采用特殊掺杂工艺，在两侧分别掺入三价元素和五价元素。一侧形成 P 型半导体，另一侧形成 N 型半导体如图 1-3 所示。

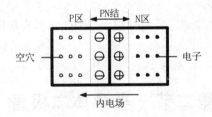

图 1-3 PN 结的形成

P 区的空穴浓度大，会向 N 区扩散，N 区的电子浓度大则向 P 区扩散。这种在浓度差作用下多数载流子的运动称为扩散运动。空穴带正电，电子带负电，这两种载流子在扩散到对方区域后复合而消失，但在 P 型半导体和 N 型半导体交界面的两侧分别留下了不能移动的正负离子，呈现出一个空间电荷区，这个空间电荷区就称为 PN 结。PN 结的形成会产生一个由 N 区指向 P 区的内电场，内电场的产生对 P 区和 N 区间多数载流子的相互扩散运动起阻碍作用。同时，在内电场的作用下，P 区中的少数载流子电子、N 区中的少数载流子空穴会越过交界面向对方区域运动。这种在内电场作用下少数载流子的运动称漂移运动。漂移运动和扩散运动最终会达到动态平衡，PN 结的宽度保持一定。

2. PN 结的单向导电性

当 PN 结的两端加上正向电压，即 P 区接电源的正极，N 区接电源的负极，称为 PN 结正偏，如图 1-4a 所示。

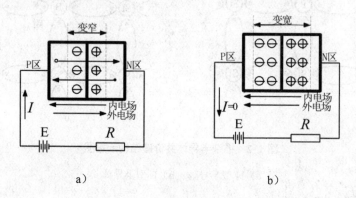

图 1-4　PN 结的单向导电性

a）PN 结正偏；b）PN 结反偏

外加电压在 PN 上所形成的外电场与 PN 结内电场的方向相反，削弱了内电场的作用，破坏了原有的动态平衡，使 PN 结变窄，加强了多数载流子的扩散运动，形成较大的正向电流，如图 1-4a 所示。这时称 PN 结为正向导通状态。

如果给 PN 外加反向电压，即 P 区接电源的负极，N 区接电源的正极，称为 PN 结反偏，如图 1-4b 所示。外加电压在 PN 结上所形成的外电场与 PN 结内电场的方向相同，增强了内电场的作用，破坏了原有的动态平衡，使 PN 结变厚，加强了少数载流子的漂移运动，由于少数载流子的数量很少，所以只有很小的反向电流，一般情况下可以忽略不计。这时称 PN 结为反向截止状态。

综上所述，PN 结正偏时导通，反偏时截止，因此它具有单向导电性，这也是 PN 结的重要特性。

第二节　半导体二极管

一、二极管的结构

在 PN 结的两端各引出一根电极引线，然后用外壳封装起来就构成了半导体二极管，简称二极管，如图 1-5a 所示，其图形符号如图 1-5b 所示。由 P 区引出的电极称正极（或阳极），由 N 区引出的电极称负极（或阴极），电路符号中的箭头方向表示正向电流的流通方向。

二、二极管的类型

二极管的种类很多，按制造材料分类，主要有硅二极管和锗二极管；按用途分类，主要有整流二极管、检波二极管、稳压二极管、开关二极管等；按接触的面积大小分类，可分为点接触型和面接触型两类。其中点接触型二极管是一根很细的金属触丝（如三价元素铝）和一块 N 型半导体（如锗）的表面接触，然后在正方向通过很大的瞬时电流，使触丝和半导体牢固接在一起，三价金属与锗结合构成 PN 结，如图 1-5c 所示。由于点接触型二极管金属触丝很细，形成的 PN 结很小，所以它不能承受大的电流和高的反向电压。由于极间电容很小，所以这类二极管适用于高频电路。

面接触型或称面结型二极管的 PN 结是用合金法或扩散法做成的，其结构如图 1-5d 所示。由于这种二极管的 PN 结面积大，可承受较大的电流。但极间电容较大，这类器件适用于低频电路，主要用于整流电路。

如图 1-5e 所示是硅工艺面型二极管结构图，它是集成电路中常见的一种形式。

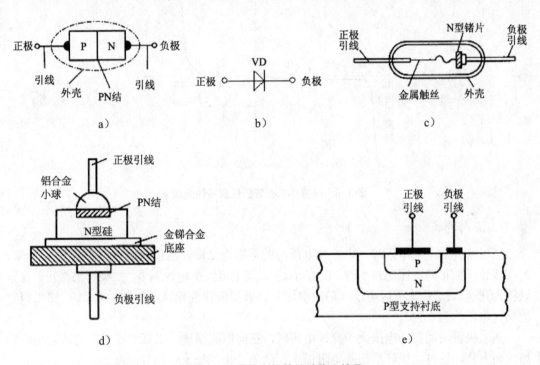

图 1-5 半导体二极管的结构和符号

三、二极管的伏安特性

二极管的伏安特性是指二极管两端的端电压（V）与流过二极管的电流（I）之间的关系。它可以通过实验数据来说明。表 1-1 和表 1-2 分别给出了二极管 2CP31 加正向电压和反向电压时，实验所得的该二极管两端电压 U 和流过电流 I 的一组数据。

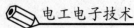

表 1-1 二极管 2CP31 加正向电压的实验数据

电压/mV	0	100	500	550	600	650	700	750	800
电流/mA	0	0	0	10	60	85	100	180	300

表 1-2 二极管 2CP31 加反向电压的实验数据

电压/mV	0	-10	-20	-60	-90	-115	-120	-125	-135
电流/mA	0	-10	-10	-10	-10	-25	-40	-150	-300

将实验数据绘成曲线，可得到二极管的伏安特性曲线，如图 1-6 所示。

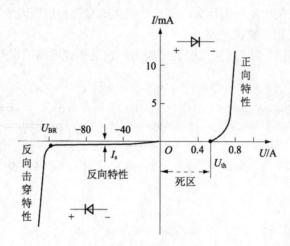

图 1-6 半导体二极管的伏安特性曲线

1. 正向特性

二极管外加正向电压时，电流和电压的关系称为二极管的正向特性。如图 1-6 所示，当二极管所加正向电压比较小时（$0<U<U_{th}$），其上流经的电流为 0，二极管仍截止，此区域称为死区，U_{th} 称为死区电压（门坎电压）。硅二极管的死区电压约为 0.5 V，锗二极管的死区电压约为 0.1 V。

当二极管所加正向电压大于死区电压时，正向电流增加，二极管导通，电流随电压的增大而上升，这时二极管呈现的电阻很小，认为二极管处于正向导通状态。

硅二极管的正向导通压降约为 0.7V，锗二极管的正向导通压降约为 0.3 V。

2. 反向特性

二极管外加反向电压时，电流和电压的关系称为二极管的反向特性。由图 1-6 可见，二极管外加反向电压时，反向电流很小，而且在相当宽的反向电压范围内，反向电流几乎不变，因此，称此电流值为二极管的反向饱和电流。这时二极管呈现的电阻很大，认为二极管处于截止状态。一般硅二极管的反向电流比锗二极管小很多。

3. 反向击穿特性

从图 1-6 可见，当反向电压的值增大到 U_{BR} 时，反向电压值稍有增大，反向电流会急剧增大，称此现象为反向击穿，U_{BR} 为反向击穿电压。利用二极管的反向击穿特性，可以做成稳压二极管，但一般的二极管不允许在反向击穿区工作。

四、二极管的主要参数

电子元器件参数是国家标准或制造厂家对生产的元器件应达到技术指标所提供的数据要求，也是合理选择和正确使用器件的依据。二极管的参数可从手册上查到，下面对二极管的几种常用参数作简要介绍。

1. 最大整流电流 I_{FM}

I_{FM} 是指二极管长期运行时允许通过的最大正向直流电流。I_{FM} 与 PN 结的材料、面积及散热条件有关。大功率二极管使用时，一般要加散热片。在实际使用时，流过二极管最大平均电流不能超过 I_{FM}，否则二极管会因过热而损坏。

2. 最高反向工作电压 U_{RM}（反向峰值电压）

U_{RM} 是指二极管在使用时允许外加的最大反向电压，其值通常取二极管反向击穿电压的一半左右。在实际使用时，二极管所承受的最大反向电压值不应超过 U_{RM}，以免二极管发生反向击穿。

3. 反向电流 I_R 与最大反向电流 I_{RM}

I_R 是指在室温下，二极管未击穿时的反向电流值。I_{RM} 是指二极管在常温下承受最高反向工作电压 U_{RM} 时的反向漏电流，一般很小，但其受温度影响很大。当温度升高时，I_{RM} 显著增大。

4. 最高工作频率 f_M

二极管的工作频率若超过一定值，就可能失去单向导电性，这一频率称为最高工作频率。它主要由 PN 结的结电容的大小来决定。点接触型二极管结电容较小，f_M 可达几百兆赫兹。面接触型二极管结电容较大，f_M 只能达到几十兆赫兹。

必须注意的是，手册上给出的参数是在一定测试条件下测得的数值。如果条件发生变化，相应参数也会发生变化。因此，在选择使用二极管时应注意留有余量。

五、特殊二极管

1. 发光二极管

发光二极管（LED）是一种将电能转换成光能的特殊二极管，它的外型和符号如图 1-7 所示。在 LED 的管头上一般都加装了玻璃透镜。

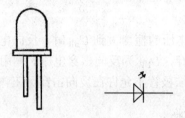

图 1-7　发光二极管的外型和符号

　　通常制成 LED 的半导体中的掺杂浓度很高，当向二极管施加正向电压时，大量的电子和空穴在空间电荷区复合时释放出的能量大部分转换为光能，从而使 LED 发光。

　　LED 常用半导体砷、磷、镓及其化合物制成，它的发光颜色主要取决于所用的半导体材料，通电后不仅能发出红、绿、黄等可见光，也可以发出看不见的红外光。使用时必须正向偏置。它工作时只需 1.5~3V 的正向电压和几毫安的电流就能正常发光，由于 LED 允许的工作电流小，使用时应串联限流电阻。

　　2. 光电二极管

　　光电二极管又称光敏二极管，是一种将光信号转换为电信号的特殊二极管（受光器件）。与普通二极管一样，其基本结构也是一个 PN 结，它的管壳上开有一个嵌着玻璃的窗口，以便光线的射入。光电二极管的外形及符号如图 1-8 所示。

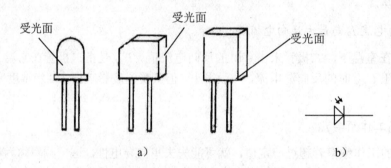

图 1-8　光电二极管的外形及符号

a）外形　　　　　　　　　　　　b）符号

　　光电二极管工作在反向偏置下，无光照时，流过光电二极管的电流（称暗电流）很小；受光照时，产生电子-空穴对（称光生载流子），在反向电压作用下，流过光电二极管的电流（称光电流）明显增强。利用光电二极管可以制成光电传感器，把光信号转变为电信号，从而实现控制或测量等。

　　如果把发光二极管和光电二极管组合并封装在一起，则构成二极管型光电耦合器件，光电耦合器可以实现输入和输出电路的电气隔离和实现信号的单方向传递。它常用在数/模电路或计算机控制系统中做接口电路。

　　3. 稳压二极管

　　稳压二极管是一种在规定反向电流范围内可以重复击穿的硅平面二极管。它的伏安特性曲线、图形符号及稳压管电路如图 1-9 所示。

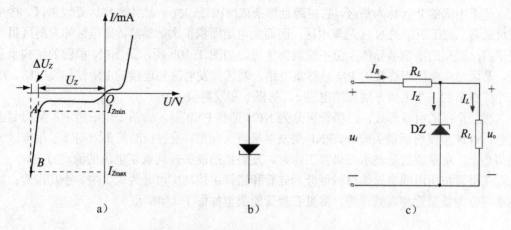

图 1-9　稳压二极管的伏安特性曲线、图形符号及稳压管电路

a）伏安特性曲线；b）图形符号；c）稳压管电路

它的正向伏安特性与普通二极管相同，反向伏安特性非常陡直。用电阻 R 将流过稳压二极管的反向击穿电流 I_Z 限制在 $I_{zmin} \sim I_{zmax}$ 之间时，稳压管两端的电压 U_Z 几乎不变。利用稳压管的这种特性，就能达到稳压的目的。如图 1-9c 所示就是稳压管的稳压电路。稳压管 DZ 与负载 R_L 并联，属并联稳压电路。显然，负载两端的输出电压 U_o 等于稳压管稳定电压 U_Z。稳压管主要参数如下：

（1）稳定电压 U_Z。U_Z 是稳压管反向击穿稳定工作的电压。型号不同，U_Z 值就不同，根据需要查手册确定。

（2）稳定电流 I_Z。I_Z 是指稳压管工作的最小电流值。若电流小于 I_Z，则稳压性能差，甚至失去稳压作用。

（3）动态电阻 r_Z。r_Z 是稳压管在反向击穿工作区，电压的变化量与对应的电流变化量的比值，即：

$$r_Z = \frac{\Delta U_Z}{\Delta I_Z} \tag{1-1}$$

r_Z 越小，稳压性能越好。

第三节　半导体三极管

三极管是电子电路中基本的电子器件之一，在模拟电子电路中其主要作用是构成放大电路。

一、三极管的结构和分类

根据不同的掺杂方式，在同一个硅片上制造出三个掺杂区域，并形成两个 PN 结，三个区引出三个电极，就构成三极管。采用平面工艺制成的 NPN 型硅材料三极管的结构示意图如图 1-10a 所示。

位于中间的 P 区称为基区，它很薄且掺杂浓度很低，位于上层的 N 区是发射区，掺杂浓度最高；位于下层的 N 区是集电区，因而集电结面积很大。显然，集电区和发射区虽然属于同一类型的掺杂半导体，但不能调换使用。如图 1-10b 所示是 NPN 型管的结构示意图，基区与集电区相连接的 PN 结称集电结，基区与发射区相连接的 PN 结称发射结。由三个区引出的三个电极分别称集电极 c、基极 b 和发射极 e。

按三个区的组成形式，三极管可分为 NPN 型和 PNP 型，如图 1-10c 所示。从符号上区分，NPN 型发射极箭头向外，PNP 型发射极箭头向里。发射极的箭头方向除了用来区分类型之上，更重要的是表示三极管工作时，发射极的箭头方向就是电流的流动方向。

三极管按所用的半导体材料可分为硅管和锗管；按功率可分为大、中、小功率管；按频率可分为低频管和高频管等。常见三极管的类型如图 1-11 所示。

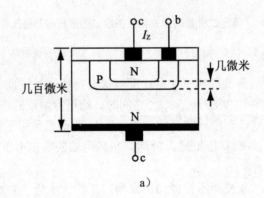

a）

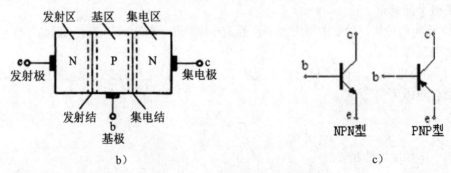

b）   c）

图 1-10 三极管的结构示意图

a）NPN 型硅材料三极管结构示意图；b）NPN 型管的结构示意图；c）NPN 型和 PNP 型管的符号

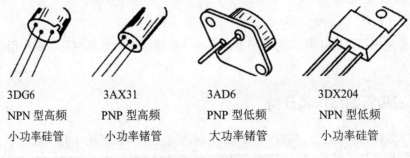

3DG6	3AX31	3AD6	3DX204
NPN 型高频	PNP 型高频	PNP 型低频	NPN 型低频
小功率硅管	小功率锗管	大功率锗管	小功率硅管

图 1-11 常见三极管的类型

二、三极管的电流放大作用及其放大的基本条件

三极管具有电流放大作用。下面从实验来分析它的放大原理。

1. 三极管各电极上的电流分配

用 N_{PN} 型三极管构成的电流分配实验电路如图 1-12 所示。电路中，用三只电流表分别测量三极管的集电极电流 I_C、基极电流 I_B 和发射极电流 I_E，它们的方向如图中箭头所示。基极电源 U_{BB} 通过基极电阻 R_b 和电位器 R_p 给发射结提供正偏压 U_{BE}；集电极电源 U_{CC}，通过电极电表 Rc 给集电极与发射极之间提供电压 U_{CE}。

调节电位器 R_P，可以改变基极上的偏置电压 U_{BE} 和相应的基极电流 I_B。而 I_B 的变化又将引起 I_C 和 I_E 的变化。每产生一个 I_B 值，就有一组 I_C 和 I_E 值与之对应，该实验所得数据如表 1-3 所示。

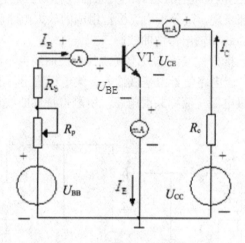

图 1-12　三极管电流分配实验电路

表 1-3　三极管三个电极上的电流分配

I_B/mA	0	0.01	0.02	0.03	0.04	0.05
I_C/mA	0.01	0.56	1.14	1.74	2.33	2.91
I_E/mA	0.01	0.57	1.16	1.77	2.37	2.96

表 1-3 所列的每一列数据，都具有如下关系：
$$I_E = I_B + I_C \tag{1-2}$$
式（1-2）表明，发射极电流等于基极电流与集电极电流之和。

（1）三极管的电流放大作用

从表 1-3 可以看到，当基极电流 I_B 从 0.02 mA 变化到 0.03 mA，即变化 0.01 mA 时，集电极电流 I_C 随之从 1.14 mA 变化到了 1.74 mA 即变化 0.6 mA，这两个变化量相比（1.74 -1.14）/（0.03-0.02）=60，说明此时三极管集电极电流 I_C 的变化量为基极电流 I_B 变化量的 60 倍。可见，基极电流 I_B 的微小变化，将使集电极电流 I_C 发生大的变化，即基极电

流 I_B 的微小变化控制了集电极电流 I_C 较大变化，这就是三极管的电流放大作用。值得注意的是，在三极管放大作用中，被放大的集电极电流 I_C 是电源 U_{CC} 提供的，并不是三极管自身生成的能量，它实际体现了用小信号控制大信号的一种能量控制作用。三极管是一种电流控制器件。

（2）三极管放大的基本条件

要使三极管具有放大作用，必须要有合适的偏置条件，即：发射结正向偏置，集电结反向偏置。对于 NPN 型三极管，必须保证集电极电压高于基极电压，基极电压又高于发射极电压，即 $U_C > U_B > U_E$；而对于 PNP 型三极管，则与之相反，即 $U_C < U_B < U_E$。

三、三极管的伏安特性

三极管的各个电极上电压和电流之间的关系曲线称为三极管的伏安特性曲线或特性曲线。它是三极管的外部表现，是分析由三极管组成的放大电路和选择管子参数的重要依据。常用的是输入特性曲线和输出特性曲线。

三极管在电路中的连接方式（组态）不同，其特性曲线也不同。用 NPN 型管组成测试电路如图 1-13 所示。该电路信号由基极输入，集电极输出，发射极为输入输出回路的公共端，故称为共发射极电路，简称共射电路。所测得特性曲线称为共射特性曲线。

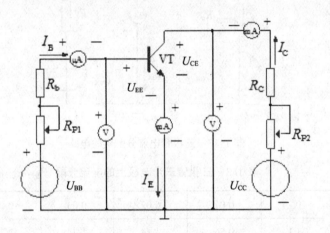

图 1-13　三极管共射特性曲线测试电路

1. 输入特性曲线

三极管的共射输入特性曲线表示当二极管的输出电压 u_{CE} 为常数时，输入电流 i_B 与输入电压 u_{BE} 之间的关系曲线，即

$$i_B = f(u_{BE})|_{u_{CE}=常数} \tag{1-3}$$

测试时，先固定 u_{CE} 为某一数值，调节电路中的 R_{P1}，可得到与之对应的 i_B 和 u_{BE} 值，在以 u_{BE} 为横轴、i_B 为纵轴的直角坐标系中按所取数据描点，得到一条 i_B 与 u_{BE} 的关系曲线；再改变 u_{CE} 为另一固定值，又得到一条 i_B 与 u_{BE} 的关系曲线。如图 1-14 所示。

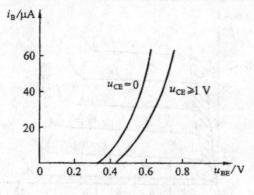

图 1-14　共射输入特性

（1）$u_{CE}=0$ 时，集电极与发射电极相连，三极管相当于两个二极管并联，加在发射结上的电压即为加在并联二极管上的电压，所以三极管的输入特性曲线与二极管伏安特性曲线的正向特性相似，u_{BE} 与 i_B 也为非线性关系，同样存在着死区；这个死区电压（或阈值电压 U_{th}）的大小与三极管材料有关，硅管约为 0.5 V，锗管约为 0.1 V。

（2）当 $u_{CE}=1$ V 时，三极管的输入特性曲线向右移动了一段距离，这时由于 $u_{CE}=1$ V 时，集电结加了反偏电压，管子处于放大状态，i_c 增大，对应于相同的 u_{BE}，基极电流 i_B 比原来 $u_{CE}=0$ 时减小，特性曲线也相应向右移动。

$u_{CE}>1$ 以后的输入特性曲线与 $u_{CE}=1$ V 时的特性曲线非常接近，近乎重合，由于管子实际放大时，u_{CE} 总是大于 1 V 以上，通常就用 $u_{CE}=1$ V 这条曲线来代表输入特性曲线。$u_{CE}>1$ V 时，加在发射结上的正偏压 u_{BE} 基本上为定值，只能为零点几伏。其中硅管为 0.7 V 左右，锗管为 0.3 V 左右。这一数据是检查放大电路中三极管静态是否处于放大状态的依据之一。

【例 1-1】　用直流电压表测量某放大电路中某个三极管各极对地的电位分别是：$U_1=2$ V，$U_2=6$ V，$U_3=2.7$ V，试判断三极管各对应电极与三极管管型。

【解】　根据三极管能正常实现电流放大的电压关系是：NPN 型管 $U_C>U_B>U_E$，且硅管放大时 U_{BE} 约为 0.7 V，锗管 U_{BE} 约为 0.3 V，而 PNP 型管 $U_C<U_B<U_E$，且硅管放大时 U_{BE} 约为-0.7 V，锗管 U_{BE} 约为-0.3 V，所以先找电位差绝对值为 0.7 V 或 0.3 V 的两个电极，若 $U_B>U_E$ 则为 NPN 型，$U_B<U_E$ 则为 PNP 型三极管。本例中，U_3 比 U_1 高 0.7 V，所以此管为 NPN 型硅管，③脚是基极，①脚是发射极，②脚是集电极。

2. **输出特性曲线**

三极管的共射输出特性曲线表示当管子的输入电流 i_B 为某一常数时，输出电流 i_c 与输出电压 u_{CE} 之间的关系曲线，即：

$$i_c = f(u_{CE})\big|_{u_{iB}=常数} \tag{1-4}$$

在测试电路中，先使基极电流 i_B 为某一值，再调节 R_{P2}，可得与这对应的 u_{CE} 和 i_c 值，将这些数据在以 u_{CE} 为横轴，i_c 为纵轴的直角坐标系中描点，得到一条 u_{CE} 与 i_c 的关系曲线；再改变 i_B 为另一固定值，又得到另一条曲线。若用一组不同数值的 i_B 或得到如图 1-15 所示的输出特性曲线。

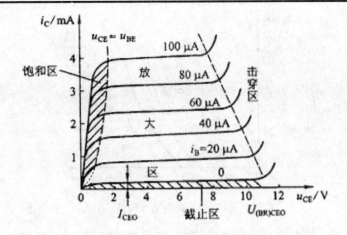

图 1-15　共射输出特性曲线

由图中可以看出，曲线起始部分较陡，且不同 i_B 曲线的上升部分几乎重合；随着 u_{CE} 的增大，i_c 跟着增大；当 u_{CE} 大于 1 V 左右以后，曲线比较平坦，只略有上翘。为说明三极管具有恒流特性，即 u_{CE} 变化时，i_c 基本上不变。输出特性不是直线，是非线性的，所以，三极管是一个非线性器件。

三极管输出特性曲线可以分为三个区。

（1）放大区

放大区是指 $i_B>0$ 和 $u_{CE}>1$ V 的区域，就是曲线的平坦部分。要使三极管静态时工作在放大区（处于放大状态），发射结必须正偏，集电结反偏。此时，三极管是电流受控源，i_B 控制 i_c：当 i_B 有一个微小变化，i_c 将发生较大变化，体现了三极管的电流放大作用，图 1-15 中曲线间的间隔大小反映出三极管电流放大能力的大小。注意：只有工作在放大状态的三极管才有放大作用。放大时硅管 $U_{BE} \approx 0.7$ V，锗管 $U_{BE} \approx 0.3$ V。

（2）饱和区

饱和区是指 $i_B>0$，$u_{CE} \leqslant 0.3$ V 的区域。工作在饱和区的三极管，发射结和集电结均为正偏。此时，i_c 随着 u_{CE} 变化而变化，却几乎不受 i_B 的控制，三极管失去放大作用。当 $u_{CE}=u_{BE}$ 时集电结零偏，三极管处于临界饱和状态。

（3）截止区

截止区就是 $i_B=0$ 曲线以下的区域。工作在截止区的三极管，发射结零偏或反偏，集电结反偏，由于 u_{BE} 在死区电压之内（$u_{BE}<U_{th}$），处于截止状态。此时三极管各极电流均很小（接近或等于零）。

四、三极管的主要参数

三极管的参数是选择和使用三极管的重要依据。三极管的参数可分为性能参数和极限参数两大类。值得注意的是，由于制造工艺的离散性，即使同一型号规格的管子，参数也不完全相同。

1. 电流放大系数 β 和 $\overline{\beta}$

$\overline{\beta}$ 是三极管共射连接时的直流放大系数，$\overline{\beta} = \dfrac{I_C}{I_B}$。

β 是三极管共射连接时的交流放大系数，它是集电极电流变化量 ΔI_C 与基极电流变化量 ΔI_B 的比值，即 $\beta = \Delta I_C / \Delta I_B$。$\beta$ 和 $\overline{\beta}$ 在数值上相差很小，一般情况下可以互相代替使用。

电流放大系数是衡量三极管电流放大能力的参数，但是 β 值过大热稳定性差。

2. 穿透电流 I_{CEO}

I_{CEO} 是当三极管基极开路即 $I_B = 0$ 时，集电极与发射极之间的电流，它受温度的影响很大，小管子的温度稳定性好。

3. 集电极最大允许电流 I_{CM}

三极管的集电极电流 I_C 增大时，其 β 值将减小，当由于 I_C 的增加使 β 值下降到正常值的 2/3 时的集电极电流，称为集电极最大允许电流 I_{CM}。

4. 集电极最大允许耗散功率 P_{CM}

P_{CM} 是三极管集电结上允许的最大功率损耗，如果集电极耗散功率 $P_C > P_{CM}$ 将烧坏三极管。对于功率较大的管子，应加装散热器。集电极耗散功率。

$$P_C = U_{CE}I_C \tag{1-5}$$

5. 反向击穿电压 $U_{(BR)CEO}$。

$U_{(BR)CEO}$ 是三极管基极开路时，集射极之间的最大允许电压。当集射极之间的电压大于此值，三极管将被击穿损坏。

三极管的主要应用分为两个方面；一是工作在放大状态，作为放大器（第二章将重点介绍）；二是在脉冲数字电路中，三极管工作在饱和与截止状态，作为晶体管开关。实用中常通过测量 U_{CE} 值的大小来判断三极管的工作状态。

【例 1-2】　晶体管作开关的电路如图 1-16 所示，输入信号为幅值 $u_i = 3$ V 的方波，若 $R_B = 100$ kΩ，$R_C = 5.1$ kΩ 时，验证晶体管是否工作在开关状态。

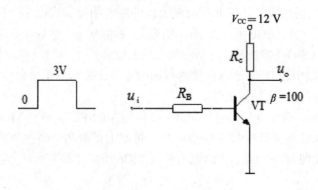

图 1-16　例 1-2 图

【解】 当 $u_i=0$ 时，$U_B=U_E=0$，$I_B=0$，$I_C=\beta I_B+I_{CEO}\approx0$，则 $U_C=V_{CC}=12$ V 说明晶体管处于截止状态。

当 $u_i=3$ V 时，取 $U_{BE}=0.7$ V，则基极电流 $I_C=\dfrac{u_i-U_{BE}}{R_B}=\dfrac{3-0.7}{100\times10^3}A=23（\mu A）$

集电极电流

$$I_C=\beta I_B=100\times23=2.3（mA）$$

集射极电压

$$U_{CE}=V_{CC}-I_CR_C=12-2.3\times5.1=0.27（V）$$

$U_{CE}<U_{CES}$，晶体管工作在饱和状态。

其中，U_{CES} 是三极管集电极－发射极间的饱和压降。

可见，u_i 为幅值达 3 V 的方波时，晶体管工作在开关状态。

*第四节 场效应管

三极管是电流控制型器件，使用时信号源必须提供一定的电流，因此输入电阻较低，一般在几百至几千欧。场效应管是一种由输入电压控制其输出电流大小的半导体器件，所以是电压控制型器件；使用时不需要信号源提供电流，因此输入电阻很高（最高可达 $10^{15}\Omega$），这是场效应最突出的优点；此外，还具有噪声低、热稳定性好、抗辐射能力强、功耗低优点，因此得到了广泛的应用。

按结构的不同，场效应管可分为绝缘栅型场效管（IGFET）和结型场效应管（JFET）两大类，它们都只有一种载流子（多数载流子）参与导电，故又称为单极型三极管。

一、N 沟道增强型绝缘栅场效应管 MOSFET

1. 结构和符号

图 1-17a 是 N 沟道增强型绝缘栅场效应管的结构示意图，它以一块掺杂浓度较低的 P 型硅片作为衬底，利用扩散工艺在 P 型衬底上面的左右两侧制成两个高掺杂的 N 区，并用金属铝在两个 N 区分别引出电极，分别作为源极 s 和漏极 d；然后在 P 型硅片表面覆盖一层很薄的二氧化硅（SiO_2）绝缘层，在漏源极之间的绝缘层上再喷一层金属铝作为栅极 g，另外在衬底引出衬底引线 B（它通常在管内与源极 s 相连接）。可见这种管子的栅极与源极、漏极是绝缘的，故称绝缘栅场效应管。

这种管子由金属、氧化物和半导体制成，故称为 MOSFET，简称 MOS 管。不难理解，P 沟道增强型 MOS 管是在抵掺杂的 N 型硅片的衬底上扩散两个高掺杂的 P 区而制成。

图 1-17b、c 分别为 N 沟道、P 沟道增强型 MOS 管的电路符号。

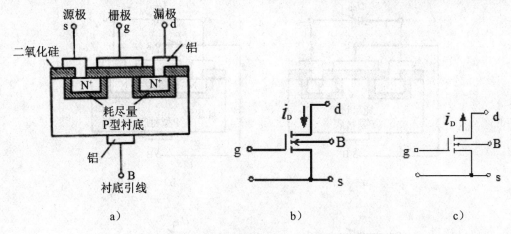

图 1-17 N 沟道增强型 MOS 管的结构与符号

a）N 沟道结构示意图；b）N 沟道符号；c）P 沟道符号

2. 工作原理与特性曲线

以 N 沟道增强型 MOS 管为例讨论其工作原理。

（1）工作原理

工作时，N 沟道增强型 MOS 管的栅源电压 u_{GS} 和漏源电压 u_{DS} 均为正向电压。

当 $u_{GS}=0$ 时，漏极与源极之间无导电沟道，是两个背靠的 PN 结，故即使加上 u_{DS}，也无漏极电流，$i_D=0$，如图 1-18a。

当 $u_{GS}>0$ 且 u_{DS} 较小时，在 u_{GS} 作用下，在栅极下面的二氧化硅层中产生了指向 P 型衬底，且垂直于衬底的电场，这个电场排斥靠近二氧化硅层的 P 型衬底中的空穴（多子），同时吸引 P 型衬底中的电子（少子）向二氧化硅层方向运动。但由 u_{GS} 较小，吸引电子的电场不强，只形成耗尽层，在漏、源级间尚无导电沟道出现，$i_D=0$，如图 1-18b 所示。

若 u_{GS} 继续增大，则吸引到栅极二氧化硅层下面的电子增多，在栅极附近的 P 型衬底表面形成一个 N 型薄层（电子浓度很大），由于它的导电类型与 P 型衬底相反，故称为反型层，它将两个 N 区连通，于是在漏、源极间形成了 N 型导电沟道，这时若有 $u_{DS}>0$，就会有漏极电流 i_D 产生，如图 1-18c 所示。开始形成导电沟道时的漏源电压称为开启电压，用 $U_{GS(th)}$ 表示。一般情况下，$U_{GS(th)}$ 约为几伏。随着 U_{GS} 的增大，沟道变宽，沟道电阻减小，漏极电流 i_D 增大，这种 $u_{GS}=0$ 时没有导电沟道，$u_{GS}>U_{GS(th)}$ 后才出现 N 型导电沟道的 MOS 管，被称为 N 沟道增强型 MOS 管。

导电沟道形成后，当 $u_{DS}=0$ 时，管内沟道是等宽的。随着 u_{DS} 的增加，漏极电流 i_D 沿沟道从漏极流向源极产生电压降，使栅极与沟道内各点的电压不再相等，靠近源极一端电压最大，其值为 u_{GS}，靠近漏极一端电压最小，其值为 $u_{GD}（u_{GD}=u_{GS}-u_{DS}）$，于是沟道变得不等宽，靠近漏极处最窄，靠近源极处最宽，如图 1-18c 所示。

电工电子技术

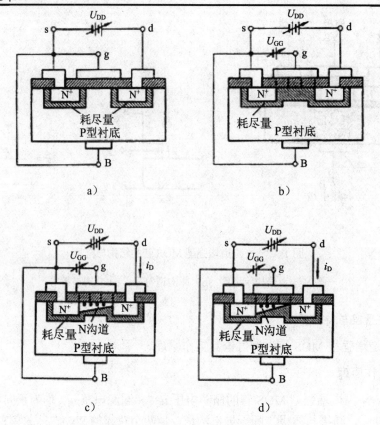

图 1-18　N 沟道增强型 MOS 管工作图解

a）$u_{GS}=0$ 时没有导电沟道；b）u_{GS} 较小时没有导电沟道；

c）$u_{GS}>U_{GS\,(th)}$ 时产生导电沟道；d）u_{DS} 较大时出现夹断，i_D 趋于饱和

当 u_{DS} 增大到使 $u_{GD}=u_{GS}-u_{DS}=U_{GS\,(th)}$ 时，在漏极一端的沟道宽度接近于零，这种情况称为沟道预夹断。若再增大，夹断区将向源极方向延伸，如图 1-18d 所示。

（2）特性曲线

场效应管的特性曲线有输出特性曲线和转移特性曲线两种。由于输入电流（栅流）几乎等于零，所以讨论场效应管的输入特性是没有意义的。场效应管的输出特性又称为漏极特性。i_D 与输出电压 u_{DS} 和输入电压 i_{GS} 有关，当栅源电压 u_{GS} 为某一定值时，漏极电流 i_D 与漏源电压 u_{DS} 之间的关系式为输出特性关系式，即

$$i_D = f(u_{DS})|_{u_{GS}=常数} \tag{1-6}$$

当漏源电压 u_{DS} 为某一定值时，漏极电流 i_D 与栅源电压 u_{GS} 之间的关系式为转移特性关系式，即

$$i_D = f(u_{GS})|_{u_{GS}=常数} \tag{1-7}$$

N 沟道增强型 MOS 管共源组态的输出特性曲线和转移特性曲线，分别如图 1-19a 和 1-19b 所示。N 沟道增强型 MOS 管的输出特性曲线可分为四个区域：

1）可变电阻区（也称非饱和区）满足 $u_{GS}>U_{GS（th）}$（开启电压），$u_{DS}<u_{GS}-U_{GS(th)}$，为图中预夹断轨迹左边的区域，其沟道开启。在该区域 u_{DS} 值较小，沟道电阻基本上仅受 u_{GS} 控制。当 u_{GS} 一定时，i_D 与 u_{DS} 成线性关系，该区域近似为一组直线。这时场效管 D、S 间相当于一个受电压 u_{GS} 控制的可变电阻。

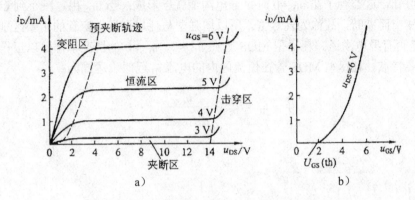

图 1-19　N 沟道增强型 MOS 管的特性曲线

a）输出特性；b）转移特性

2）恒流区（也称饱和区、放大区、有源区）满足 $U_{GS}\geqslant U_{GS（th）}$ 且 $U_{DS}\geqslant U_{GS}-U_{GS(th)}$，为图中预夹断轨迹右边、但尚未击穿的区域，在该区域内，当 u_{GS} 一定时，i_D 几乎不随 u_{DS} 而变化，呈恒流特性。i_D 仅受 u_{GS} 控制，这时场效应管 D、S 间相当于一个受电压 u_{GS} 控制的电流源。场效应管用于放大电路时，一般就工作在该区域，所以也称为放大区。

3）夹断区（也称截止区）满足 $u_{GS}<U_{GS（th）}$ 为图中靠近横轴的区域，其沟道被全部夹断，称为全夹断，$i_D=0$，MOS 管不工作。

4）击穿区位于图中右边的区域。随着 u_{DS} 的不断增大，PN 结因承受太大的反向电压而击穿，i_D 急剧增加。工作时应避免 MOS 管工作在击穿区。

转移特性曲线可以从输出特性曲线上用作图的方法求得。例如在图 1-19a 中作 $u_{DS}=6$ V 的垂直线，将其与各条曲线的交点对应的 i_D、u_{GS} 值在 $u_{GS}-i_D$ 坐标中连成曲线，即得到转移性曲线，如图 1-19b 所示。

二、耗尽型绝缘栅场效应管的结构及其工作原理

1. 结构和符号

N 沟道耗尽型 MOS 管的结构示意图和电路符号如图 1-20 所示。它的结构和增强型基本相同，主要区别是：这类管子在制造时，已经在二氧化硅绝缘层中掺入了大量的正离子，所以在正离子产生的电场作用下，漏、源极间已形成了 N 型导电沟道（反型层），它的电路符号如图 1-20b 所示。P 沟道耗尽型 FET 电路符号如 1-20c 所示。

2. 工作原理

当 $u_{GS}=0$ 时，只要加上正向电压 u_{DS}，就有 i_D 产生。当 u_{GS} 由零向正值增大时，则加

强了绝缘层中的电场,将吸引更多的电子至衬底表面,使沟道加宽,i_D 增大。反之,u_{GS} 由零向负值增大时,则削弱了绝缘层中的电场,使沟道变窄,i_D 减小。当 u_{GS} 负向增加到某一数值时,导电沟道消失,$i_D=0$,该管子截止,此时所对应的栅源电压称为夹断电压,用 $U_{GS(off)}$ 表示。

由上可知,这类管子在 $u_{GS}=0$ 时,导电沟道就已形成;当 u_{GS} 由零减小到 $U_{GS(off)}$ 时,沟道逐渐变窄而夹断,故称为耗尽型。所以增强型与耗尽型场效应管的主要区别,就在于 $u_{GS}=0$ 时是否有导电沟道。耗尽型 MOS 管在 $u_{GS}<0$、$u_{GS}>0$ 的情况下都可以工作,这是它的一个重要特点。耗尽型 MOS 管在恒流区内的电流 i_D 近似表达式为:

$$i_D = I_{DSS}(1 - \frac{u_{GS}}{U_{GS(off)}})^2 \qquad (1\text{-}8)$$

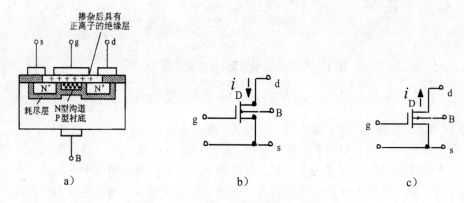

图 1-20 耗尽型 MOS 管的结构与符号

a)N 沟道结构示意图;b)N 沟道符号;c)P 沟道符号

式中,I_{DSS} 是 $U_{GS}=0$ 时的漏极电流 i_D 值;$U_{GS(off)}$ 为夹断电压。

对于 N 沟道耗尽型 MOS 管,当满足 $u_{GS}>U_{GS(off)}$(夹断电压),$u_{DS}<u_{GS}-U_{GS(off)}$ 时工作在可变电阻区;当满足 $u_{GS}>U_{GS(off)}$ 且 $u_{DS}>u_{GS}-U_{GS(off)}$ 时工作在恒温区;当满足 $u_{GS}<U_{GS(off)}$ 时工作在夹断区。

P 沟道 MOS 管和 N 沟道 MOS 管的主要区别在于作为衬底的半导体材料的类型不同,P 沟道 MOS 管是以 N 型硅作为衬底,而漏极和源极从两个 P 区引出,形成的导电沟道为 P 型。对于 P 沟道耗尽型 MOS 管,在二氧化硅绝缘层中掺入的是负离子,使用时,u_{GS}、u_{DS} 的极性与 N 沟道 MOS 管相反。P 沟道增强型 M O S 管的开启电压 $U_{GS(th)}$ 是负值,而 P 沟道耗型场效应管的夹断电压 $U_{GS(off)}$ 是正值。

三、结型场应管简介

结型场效应管也分为 N 沟道和 P 沟道两种,图 1-21 所示为结型场效应管结构示意图与电路符号。

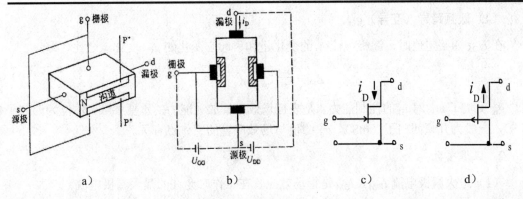

图 1-21 结型场效应管

a）N 沟道管的结构示意图；b）平面结构示意图；c）N 沟道管的电路符号；d）P 沟道管的符号

N 沟道结型场效应管是在一块 N 型半导体两侧扩散生成两个掺杂浓度的 P 区，从而形成两个 PN 结。连接两个 P 区引出一个电极，称为栅极 g，在 N 型半导体两端各引出一个电极，分别称为源极 s 和漏极 d。

两个 PN 结的耗尽层之间存在一个狭长的由源极到漏极的 N 型导电沟道。可见，结型场效应管属于耗尽型，改变加在 PN 结两端的反向电压，就可以改变耗尽层的宽度，也就改变了导电沟道的宽窄，从而实现利用电压控制导电沟道的电流。

N 沟道结型场效应管正常工作时，栅源之间加反向电压，即 $u_{GS}<0$，使两个 PN 结反偏，漏源之间加正向电压，即 $u_{DS}>0$，形成漏极电流 i_D。

对于 N 沟道结型场效应管，当满足 $u_{GS}>U_{GS（off）}$（夹断电压），$u_{DS}<u_{GS}-U_{GS（off）}$ 时工作在可变电阻区；当满足 $u_{GS}>U_{GS（off）}$ 且 $u_{DS}>u_{gs}-U_{GS（off）}$ 时工作在恒流区；当满足 $u_{GS}<U_{GS（off）}$ 时工作在夹断区。

四、场效应管的主要参数

1. 性能参数

（1）开启电压 $U_{GS（th）}$ 和夹断 $U_{GS（off）}$

它指 u_{DS} 一定时，使漏极电流 i_D 等于某一微小电流时栅、源之间所加的电压 u_{GS}，对于增强型 MOS 管称为开启电压 $U_{GS（th）}$，对于耗尽型 MOS 管称为夹断电压 $U_{GS（off）}$。

（2）饱和漏极电流 IDSS

它是耗尽型管子的参数，指工作在饱和区的耗尽型场效应管在 $u_{GS}=0$ 时的饱和漏极电流。

（3）直流输入电阻 R_{GS}

指漏、源极间短路时，栅、源之间所加直流电压与栅极直流电压之比。一般 JFET 的 $R_{GS}>10^7\Omega$，而 MOS 管的 $R_{GS}>10^9\Omega$。

（4）低频跨导（互导）g_m

在 U_{DS} 为某定值时，漏极电流 i_D 的变化量和引起它变化的 u_{GS} 变化量之比，即：

$$g_m = \frac{\Delta i_D}{\Delta u_{GS}}\Big|_{u_{DS}=常数} \tag{1-9}$$

g_m 反映了 u_{GS} 对 i_D 的控制能力，是表征场效应管放大能力的重要参数，单位为西门子（S），一般为几毫西门子（mS）。g_m 的值与场效应管的工作点有关。

2. 极限参数

（1）最大漏极电流 I_{DM}。I_{DM} 是指场效应管在工作时允许的最大漏极电流。

（2）最大功率 P_{DM}。最大耗散功率 $P_{DM}=u_{DS}i_D$，其值受场效应管的最高工作温度的限制。

（3）漏源击穿电压 $U_{(BR)DS}$。它是指栅、源极间所能场效应承受的最大电压，即 u_{DS} 增大到使 i_D 开始急剧上升（场效应管击穿）时的 u_{DS} 值。

（4）栅源击穿电压 $U_{(BR)GS}$。它是指栅、源极间所能承受的最大电压。u_{GS} 值超过此值时，栅源间发生击穿。

习题一

1. 什么是 PN 结的偏置？PN 结正向偏置与反向偏置时各有什么特点？
2. 锗二极管与硅二极管的死区电压、正向压降、反向饱和电流各为多少？
3. 为什么二极管可以当作一个开关来使用？
4. 普通二极管与稳压管有何异同？普通二极管有稳压性能吗？
5. 选用二极管时主要考虑哪些参数？这些参数的含义是什么？
6. 三极管具有放大作用的内部条件和外部条件各是什么？三极管有哪些工作状态？各有什么特点？
7. 场效管有哪几种类型？场效管与半导体三极管在性能上的主要差别是什么？在使用场效管时，应注意哪些问题？
8. 电路如图 1 所示，已知 $u_i=10\sin\omega t\text{(V)}$，试求 u_i 与 u_o 的波形。设二极管正向导通电压可忽略不计。

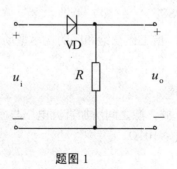

题图 1

9．现有一个结型场效应管和一个半导体三极管混在一起，你能根据两者的特点用万用表把它们分开吗？

10．电路如图 2 所示，已知 $u_i = 5\sin\omega t(V)$，二极管导通压降为 0.7 V。试画出 u_i 与 u_o 的波形，并标出幅值。

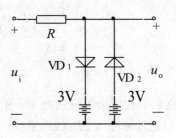

题图 2

11．电路如图 3a 所示，其输入电压 u_{i1} 和 u_{i2} 的波形如下图 b 所示，设二极管导通电压降为 0.7 V。试画出输出电压 u_o 的波形，并标出幅值。

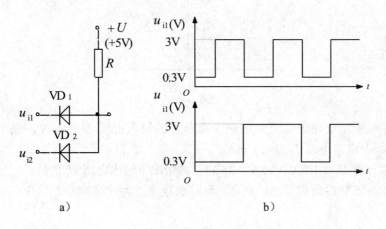

题图 3

12．写出图 4 所示电路的输出电压值，设二极管导通后电压降为 0.7 V。

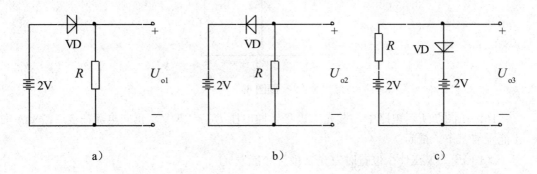

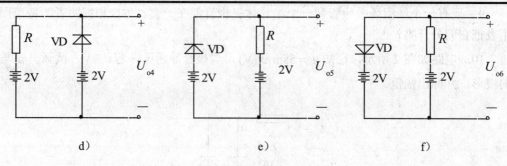

d)   e)   f)

题图 4

13. 现有两只稳压管，它们的稳定电压分别为 6 V 和 8 V，正向导通电压为 0.7 V。试问：将它们串联相接，则可得到几种稳压值？各为多少？

14. 已知稳压管的稳定电压 $U_{VZ}=6$ V，稳定电流的最小值 $I_{Zmin}=5$ mA，最大功耗 $P_{VZM}=150$ mW。试求图 5 所示电路中电阻 R 的取值范围。

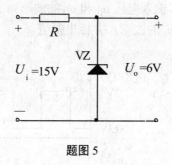

题图 5

15. 在图 6 所示电路中，已知电路中稳压管的稳压电压 $U_{VZ}=6$ V，最小稳定电流 $I_{Zmin}=5$ mA，最大稳定电流 $I_{Zmax}=25$ mA。

（1）分别计算 U_1 为 10 V、15 V、35 V 三种情况下输出电压 U_o 的值；

（2）若 $U_1=35$ V 时负载开路，则会出现什么现象？为什么？

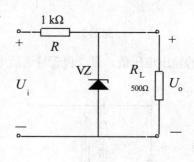

题图 6

16. 在图 7 所示电路中，发光二极管导通电压 $U_{VD}=1.5$ V，正向电流在 $5\sim15$ mA 时才能正常工作。试问：

（1）开关 S 在什么位置时发光二极管才能发光？

（2）R 的取值范围是多少？

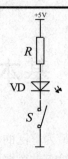

题图 7

17. 有两只晶体管，一只的 $\beta=200$，$I_{CEO}=200\,\mu A$，另一只的 $\beta=100$，$I_{CEO}=10\,\mu A$，其他参数大致相同。你认为应选哪只管子？为什么？

18. 测得放大电路中六只晶体管的直流电位如图 8 所示。在圆圈中画出管子，并分别说明它们是硅管还是锗管。

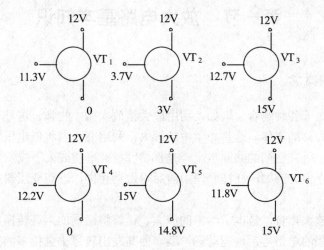

题图 8

第二章　基本放大电路

放大电路又称为放大器，它是使用最为广泛的电子电路之一，也是构成其他电子电路的基本单元电路。所谓"放大"就是将输入的微弱信号（变化的电压、电流等）放大到所需要的幅度值并与原输入信号变化规律一致，即进行不失真的放大。放大电路的本质是能量的控制和转换。

本章主要介绍放大的概念，放大电路的主要性能指标，放大电路的组成原则及各种放大电路的工作原理、特点和分析方法。

第一节　放大电路基本知识

一、放大的概念

放大现象存在于各种场合。例如，利用放大镜放大微小物体，这是光学中的放大；利用杠杆原理用小力移动物体，这是力学中的放大；利用变压器将低电压变换为高电压，这是电学中的放大。研究它们的共同点，一是都将"原物"形状或大小按一定比例放大了，二是放大前后能量守恒。例如，杠杆原理中前后端做功相同，理想变压器的原、副边功率相同等。

利用扩音机放大声音，是电子学中的放大。话筒将微弱的声音转换成电信号，经放大电路放大成足够强的电信号后，驱动扬声器，使其发出较原来强得多的声音。这种放大与上述放大的相同之处是放大的对象均为变化量，不同之处在于扬声器所获得的能量远大于话筒送出的能量。可见，放大电路放大的本质是能量的控制和转换，是在输入信号作用下，通过放大电路将直流电源的能量转换成负载所获得的能量，而负载从电源获得的能量大于信号源所提供的能量。因此，电子电路放大的基本特征是功率放大，即负载上总是获得比输入信号大得多的电压或电流，有时兼而有之。这样，在放大电路中必须存在能够控制能量的器件，即有源器件，如晶体管和场效应管等。

放大的前提是不失真，即只有在不失真的情况下放大才有意义。晶体管和场效应管是放大电路的核心器件，只有它们工作在合适的区域（晶体管工作在放大区、场效应管工作在恒流区），才能使输出量与输入量始终保持线性关系，即电路不会产生失真。

二、放大电路的主要性能指标

放大电路的主要性能指标有：放大倍数、输入电阻、输出电阻、最大输出幅值、通频带、最大输出功率、效率和非线性失真系数等，本节主要介绍前三种性能指标。

1. 放大倍数

放大倍数是衡量放大电路放大能力的重要性能指标，常用 A 表示。放大倍数可分为电压放大倍数、电流放大倍数和功率放大倍数等。放大电路框图如图 2-1 所示。

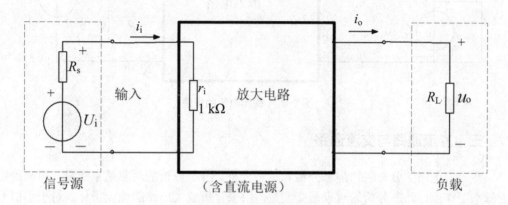

图 2-1　放大电路框图

放大电路输出电压的变化量与输入电压的变化量之比，称为电压放大倍数，用 A_u 表示。

$$A_u = \frac{u_o}{u_i} \tag{2-1}$$

2. 输入电阻

输入电阻就是从放大电路输入端看进去的交流等效电阻，用 r_i 表示。在数值上等于输入电压 u_i 与输入电流 i_i 之比，即：

$$r_i = \frac{u_i}{i_i} \tag{2-2}$$

r_i 相当于信号源的负载，r_i 越大，信号源的电压更多地传输到放大电路的输入端。在电压放大电路中，希望 r_i 大一些。

3. 输出电阻

输出电阻就是从放大电路输出端（不包括 R_L）看进去的交流等效电阻，用 r_o 表示。r_o 的求法如图 2-2 所示，即先将信号源 u_s 短路，保留内阻 r_s，将 R_L 开路，在输出端加一交流电压 u_o，产生电流 i_o，输出电阻等于 u_o 与 i_o 之比，即：

$$R_o = \frac{u_o}{i_o}\Big|_{u_s=0, R_L \to \infty} \tag{2-3}$$

r_o 越小，则电压放大电路带负载能力越强，且负载变化时，对放大电路影响也小，所以 r_o 越小越好。

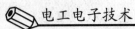
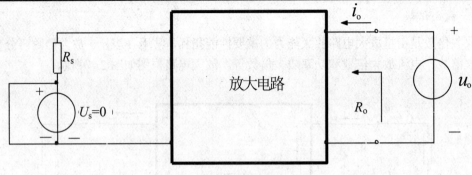

图 2-2　输出电阻的求法

三、直流通路与交流通路

对放大电路的分析包括静态分析和动态分析。静态分析的对象是直流量，用来确定管的静态工作点；动态分析的对象是交流量，用来分析放大电路的性能指标。对于小信号线性放大器，为了分析方便，常将放大电路分别画出直流通路和交流通路，把直流静态量和交流动态量分开来研究。

下面以图 2-3a 所示的共射放大电路为例，说明其画法。图中，u_s 为信号源，R_s 为信号源内阻，R_L 为放大电路的负载电阻。

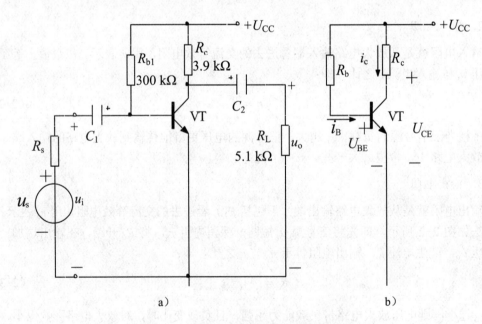

a)　　　　　　　　　　　b)

图 2-3　共射基本放大电路及其直流通路

a）共射放大电路；b）直流通路

1. 直流通路的画法

电路在输入信号为零时所形成的电流通路，称为直流通路。画直流通路时，将电容视为开路，电感视为短路，其他元器件不变。画出图 2-3a 电路的直流通路如图 2-3b 所示。

2. 交流通路的画法

电路只考虑交流信号作用时所形成的电流通路称为交流通路。它的画法是，信号频率较高时，将容量较大的电容视为短路，将电感视为开路，将直流电源（设内阻为零）视为短路，其他不变。画出 2-3a 电路的交流通路如图 2-4 所示。

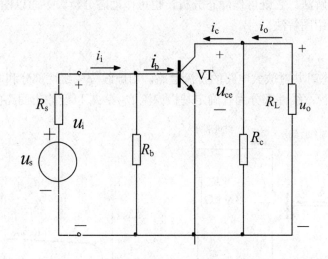

图 2-4　共射基本放大电路的交流通路

第二节　放大电路的分析方法

一般情况下，在放大电路中直流量和交流信号总是共存的。对于放大电路的分析一般包括两个方面的内容：静态工作情况和动态工作情况的分析。前者主要确定静态工作点（直流值），后者主要研究放大电路的动态性能指标。

一、估算法

工程估算法也称近似估算法，是在静态直流分析时，列出回路中的电压或电流方程用来近似估算工作点的方法，例如图 2-3 所示的电路，在 $U_{CC}>U_{BE}$ 条件下，由基极回路得：

$$I_B = \frac{U_{CC} - U_{BE}}{R_B} \tag{2-4}$$

如果三极管工作在放大区，则：

$$I_C = \beta I_{BQ} \tag{2-5}$$

由图 2-3 的输出回路，有：

$$U_{CE} = U_{CC} - I_{CQ}R_C \tag{2-6}$$

对于任何一种电路只要确定了 I_B、I_C 和 U_{CE}，即确定了电路的静态工作点。

在电子元器件选择计算时，常用经验公式。这些公式就是运用估算法得出的。

二、图解法

在三极管的特性曲线上直接用作图的方法来分析放大电路的工作情况，称之为特性曲线图解法，简称图解法。它既可作静态分析，也可作动态分析。下面以图 2-5a 所示的共射放大电路为例介绍图解法。

1. 静态分析

图 2-5a 为静态时共射放大电路的直流通路，用虚线分成线性部分和非线性部分。非线性部分为三极管；线性部分为有确定基极偏流 U_{CC}、R_b 以及输出回路的 U_{CC} 和 R_L。

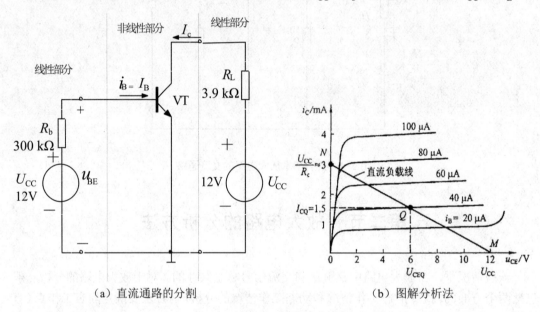

（a）直流通路的分割　　　　　　　（b）图解分析法

图 2-5　放大电路的静态工作图

a）直流通路的分割；b）图解分析法

图示电路中三极管的偏流 I_B 可由下式求得：

$$I_B = \frac{U_{CC} - U_{BE}}{R_B} \approx \frac{U_{CC}}{R_B} = 40\,\mu A \tag{2-7}$$

非线性部分用三极管的输出特性曲线来表征，它的伏安特性对应的是 $i_B=40\,\mu A$ 的那一条输出特性曲线，如图 2-5b 所示，即：

$$i_B=40\,\mu A \tag{2-8}$$

根据 KVL 可列出输出回路方程，亦即输出回路的直流负载线方程：

$$U_{CC}=i_cR_C+U_{CE} \tag{2-9}$$

设 $i_C=0$，则 $u_{CE}=U_{CC}$，在横坐标轴上得截点 M（U_{CC}, 0）；设 $u_{CE}=0$，则 $i_C=U_{CC}/R_C$，在纵坐标轴上得截点 N（0, U_{CC}/R_C）。代入电路参数，$U_{CC}=12$ V，$U_{CC}/R_C\approx3$ mA，在图 b

中得 M（12 V，0 mA）和 N（0 V，3 mA）两点。连接 M、N 得到直线 MN，这就是输出回路的直流负载。

静态时，电路中的电压和电流必须同时满足非线性部分和线性部分的伏安特性，因此，直流负载线 MN 与 $i_B=I_B=40$ μA 的那一条输出特性曲线的交点 Q，就是静态工作点。Q 点所对应的电流、电压值就是静态工作点的 I_C、U_{CE} 值。从图2-5b可读得 $U_{CE}=6$ V，$I_C=1.5$ mA。

2. 动态分析

从输入端看 R_b 与发射极并联从集电极看 R_c 和 R_L 并联。此时的交流负载为 $R'_L = R_C // R_L$，显然 $R'_L<Rc$。且在交流信号过零点时，其值在 Q 点，所以交流负载线是一条通过 Q 点的直线，其斜率为

$$k' = \tan\alpha' = \frac{-1}{R'_L} \qquad (2\text{-}10)$$

所以，过 Q 点作一斜率为（-1/R_L）的直线，就是由交流通路得到的负载线，称为交流负载线。显然，交流负载线是动态工作点的集合，为动态工作点移动的轨迹。

3. 静态工作点对输出波形的影响

输出信号波形与输入信号波形存在差异称为失真，这是放大电路应该尽量避免的。静态工作点设置不当，输入信号幅度又较大时，将使放大电路的工作范围超出三极管特性曲线的线性区域而产生失真，这种由于三极管特性的非线性造成的失真称为非线性失真。

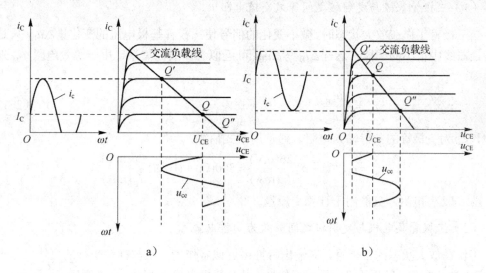

图2-6 波形失真

a）截止失真；b）饱和失真

（1）截止失真

在图 2-6a 中，静态工作点 Q 偏低，而信号的幅度又较大，在信号负半周的部分时间内，使动态工作点进入截止，i_b 的负半周被削去一部分。因此 i_c 的负半周和 u_{ce} 的正半周也被削去相应的部分，产生了严重的失真。这种由于三极管在部分时间内截止而引起的失真，称为截止失真。

（2）饱和失真

在图 2-6b 中，静态工作点 Q 偏高，而信号的幅度又较大，在信号正半周的部分时间内，使动态工作点进入饱和区，结果 i_c 的正半周和 u_{ce} 的负半周被削去一部分，也产生严重的失真。这种由于三极管在部分时间内饱和而引起的失真，称为饱和失真。

为了减小或避免非线性失真，必须合理选择静态工作点位置，一般选在交流负载结的中点附近，同时限制输入信号的幅度。一般通过改变 R_b 来调整工作点。

4. 图解法的适用范围

图解法的优点是能直观形象地反映三极管的工作情况，但必须实测所用管子的特性曲线，且用它进行定量分析时误差较大，此外仅能反映信号频率较低时的电压、电流关系。因此，图解法一般适用于输出幅值较大而频率不高时的电路分析。在实际应用中，多用于分析 Q 点位置、最大不失真输出电压、失真情况及低频功放电路等。

三、微变等效电路分析法

所谓"微变"是指微小变化的信号，即小信号。在低频小信号条件下，工作在放大状态的三极管在放大区的特性可近似看成线性的。这时，具有非线性的三极管可用一线性电路来等效，称之为微变等效模型。

（1）三极管基极与发射极之间等效交流电阻 r_{be}

当三极管工作在放大状态时，微小变化的信号使三极管基极电压的变化量 Δu_{BE} 只是输入特性曲线中很小的一段，这样 Δi_B 与 Δu_{BE} 可近似看作线性关系，用一等效电阻 r_{be} 来表示，即：

$$r_{be} = \frac{\Delta u_{BE}}{\Delta i_B} \tag{2-11}$$

式中，r_{be} 为三极管的共射输入电阻，通常用下式估算：

$$r_{be} = r_{bb'} + (1+\beta)\frac{26(\text{mV})}{I_E(\text{mA})} \approx 300(\Omega) + (1+\beta)\frac{26(\text{mV})}{I_E(\text{mA})} \tag{2-12}$$

r_{be} 是动态电阻，只能用于计算交流量。

（2）三极管集电极与发射极之间等效为受控电流源

工作在放大状态的三极管，其输出特性可近似看作为一组与横轴平行的直线，即电压 u_{CE} 变化时，电流 i_C 几乎不变，呈恒流特性。只有基极电流 i_B 变化，i_c 才变化，并且 $i_c=\beta i_b$，因此，三极管集电极与发射极之间可用一受控电流 βi_B 来等效，其大小受基极电流 i_b 的控制，反映了三极管的电流控制作用。

由此得出图 2-7 所示三极管简化微变等效电路。

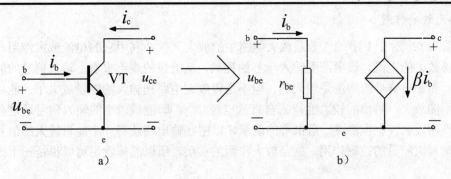

图 2-7　三极管简化微变等效电路

第三节　固定偏置共射极放大电路

一、组成及各元器件的作用

放大电路组成的原则是必须有直流电源，而且电源的设置应保证三极管（或场效应管）工作在线性放大状态；元器件的安排要能保证信号有传输通路，即保证信号能够从放大电路的输入端输入，经过放大路放大后从输出端输出；元器件参数的选择要保证信号能不失真地放大，并满足放大电路的性能指标要求。

1. 电路组成

如图 2-8 所示为根据上述要求由 NPN 型晶体管组成的最基本的放大单元电路。许多放大电路就是以它为基础，经过适当改造组合而成的。因此，掌握它的工作原理及分析方法是分析其他放大电路的基础。

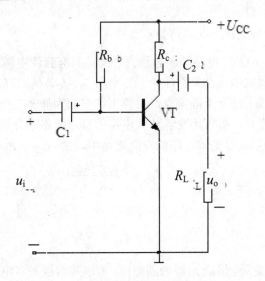

图 2-8　共射极基本放大电路

2. 各元件的作用

晶体管 VT：图 2-1 中的 VT 是放大电路中的放大元件。利用它的电流放大作用，在集电极获得放大的电流，该电流受输入信号的控制。从能量的观点来看，输入信号的能量是较小的，而输出信号的能量是较大的，但不是说放大电路把输入的能量放大了。能量是守恒的，不能放大，输出的较大能量来自直流电源 U_{cc}。即能量较小的输入信号通过晶体管的控制作用，去控制电源 U_{cc} 所供给的能量，以便在输出端获得一个能量较大的信号。这种小能量对大能量的控制作用，就是放大作用的实质，所以晶体管也可以说是一个控制器件。

集电极电源 U_{cc}：它除了为输出信号提供能量外，还为集电结和发射结提供偏置，以使晶体管起到放大作用。U_{cc} 一般为几伏到几十伏。

集电极负载电阻 R_c：它的主要作用是将已经放大的集电极电流的转化变换为电压的变化，以实现电压放大。R_c 阻值一般为几千欧到几十千欧。

基极偏置电阻 R_b：它的作用是使发射结处于正向偏置，串联 R_b 是为了控制基极电流 i_B 的大小，使放大电路获得较合适的工作点。R_b 阻值一般为几十千欧。

耦合电容 C_1 和 C_2：它们分别接在放大电路的输入端和输出端。利用电容器"能交隔直"这一特性，一方面隔断放大电路的输入端与信号源、输出端与负载之间的直流通路，保证放大电路的静态工作点不因输出、输入的连接而发生变化；另一方面又要保证交流信号畅通无阻地经过放大电路，沟通信号源、放大电路和负载三者之间的交流通路。通常要求 C_1、C_2 上的交流压降小到可以忽略不计，即对交流信号可视作短路。所以电容值要求取值较大，对交流信号其容抗近似为零。一般采用 5~50 μF 的极性电容器，因此连接时一定要注意其极性。R_L 是外接负载电阻。故在 C_1 与 C_2 之间为直流与交流信号叠加，而在 C_1 与 C_2 外侧只有交流信号。

二、固定偏置共射极放大电路的分析

1. 固定偏置共射极放大电路的静态工作点

无输入信号（$u_i=0$）时电路的状态称为静态，只有直流电源 U_{CC} 加在电路上，三极管各极电流和各极之间的电压都是直流量，分别用 I_B、I_C、U_{BE}、U_{CE} 表示，它们对应着三极管输入输出特性曲线上的一个固定点，习惯上称它们为静态工作点，简称 Q 点。

静态值既然是直流，故可用交流放大电路的直流通路来分析计算。

在如图 2-9b 所示共射基本电路的直流通路中，由 $+U_{CC}$—R_b—b 极—e 极—地可得：

$$I_{BQ} \approx \frac{U_{CC} - U_{BE}}{R_B} \qquad (2\text{-}13)$$

当 $U_{BE} \ll U_{CC}$ 时，

$$I_{BQ} \approx \frac{U_{CC}}{R_B}$$

当 U_{CC} 和 R_b 选定后，偏流 I_B 即为固定值，所以共射极基本电路又称为固定偏流电路。

如果三极管工作在放大区，且忽略 I_{CEO}，则：

$$I_{CQ} \approx \beta I_{BQ} \qquad (2-14)$$

由+U_{cc}—R_c—c 极—e 极—地可得：

$$U_{CE} = U_{CC} - I_C R_C \qquad (2-15)$$

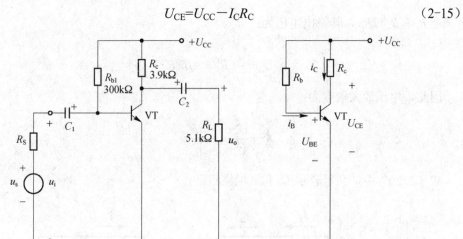

图 2-9 共射基本放大电路及其直流通路

a）共射放大电路；b）直流通路

【例 2-1】 图 2-9 所示电路中，U_{CC}=12 V，R_c=3.9 kΩ，R_b=300 kΩ，三极管为 3DG100，β=40，试求：（1）放大电路的静态工作点；（2）如果偏置电阻 R_b 由 300 kΩ 改为 100 kΩ。三极管工作状态有何变化？求静态工作点。

【解】 （1）I_B=（$U_{CE}-U_{BE}$）/$R_b \approx U_{CC}/R_b$=40（μA）

$I_C = \beta I_B$=1.6（mA）

$U_{CE} = U_{CC} - I_C R_C$=5.76（V）

（2）$I_B \approx U_{CC}/R_b$=12/100=0.12 mA=120（μA）

$I_C \approx \beta I_B$=4 800 μA=4.8 mA

$U_{CE} = U_{CC} - I_C R_c$=12－4.8×3.9=－6.72（V）

表明三极管工作在饱和区，这时应根据式（2-17）求得 I_C。

$$I_C = I_{CS} \approx U_{CC}/R_c = 12/3.9 \approx 3 （mA）$$

2. 固定偏置共射极放大电路的动态分析

画出图 2-9a 所示共射基本放大电路的微变等效电路，如图 2-10 所示。

从图中可以看出，输入电阻 r_i 为 R_b 与 r_{be} 的并联值，所以输入电阻为：

$$R_i = R_b // r_{be} \qquad (2-16)$$

当 u_s 被短路时，i_b=0，i_c=0，从输出端看进去，只有电阻 r_c，所以输出电阻为：

$$r_o = R_c \qquad (2-17)$$

从图 2-10 中输入回路可以看出：

$$U_i = i_b r_{be} \quad\quad\quad (2-18)$$

令 $R_L = R_c // R_L$，其输出电压为：

$$U_o = -i_c R_L' = -\beta i_b R_L' \quad\quad\quad (2-19)$$

因此，电压放大倍数为：

$$\dot{A}_u = \frac{\dot{U}_o}{\dot{U}_i} = -\frac{\beta R_L'}{r_{be}} \quad\quad\quad (2-20)$$

式（2-20）中，负号表示 U_o 和 i_i 相位相反。

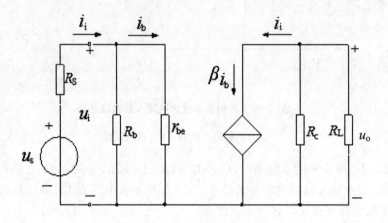

图 2-10　R_i 基本共射电路的微变等效电路

第四节　分压式偏置电路共射极放大电路

静态工作点不但决定了电路的工作状态，而且还影响着电压放大倍数、输入电阻等动态参数。实际上电源电压的波动、元件的老化以及因温度变化所引起晶体管参数的变化，都会造成静态工作点的不稳定，从而使动态参数不稳定，有时电路甚至无法正常工作。在引起 Q 点不稳定的诸多因素中，温度对晶体管参数的影响是最为主要。

一、温度对静态工作点的影响

半导体三极管的温度特性较差，温度变化会使三极管的参数发生变化。

1. 温度升高使反向饱和电流 I_{CBO} 增大。

I_{CBO} 是集电区和基区的少子在集电结反向电压的作用上形成的电流，对温度十分敏感，温度每升高 10℃时，I_{CBO} 约增大一倍。

由于穿透电流 $I_{CEO}=（1+\beta）I_{CBO}$，故 I_{CEO} 上升更显著。I_{CEO} 的增加，表现为共射输出特性曲线均向上平移。

2. 温度升高使电流放大系数 β 增大

温度升高会使 β 增大。实验表明，温度每升高 1℃，β 约增大 0.5%～2.0%。β 的增大反映在输出特性曲线上，各条曲线的间隔增在。

3. 温度升高使发射结电压 U_{BE} 减小

当温度升高时，发射结导通电压将减小。温度每升高 1℃，U_{BE} 约减小 2.5 mV。

对于共射基本电路，其基极电流 $I_B=(U_{CC}-U_{BE})/R_b$ 将增大。当温度升高时，三极管的集电极电流 I_C 将迅速增大，工作点向上移动。当环境温度发生变化时，共射基本电路工作点将发生变化，严重时会使电路不能正常工作。

二、分压式偏置电路共射极放大电路的组成

为了稳定静态工作点，常采用分压式偏置电路，电路如图 2-11 所示，图中，R_{b1} 为上偏置电阻，R_{b2} 为下偏置电阻，R_e 为发射极电阻，C_e 为射极旁路电容，它的作用是使电路的交流信号放大能力不因 R_e 存在而降低。

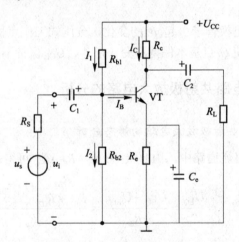

图 2-11   分压式偏置电路

三、分压式偏置电路共射极放大电路的工作原理

由图 2-11 可知，当 R_{b1}、R_{b2} 选择适当，使流过 R_{b1} 的电流 $I_1 > I_B$，流过 R_{b2} 的电流 $I_2=I_1-I_B \approx I_1$，则 $U_B=R_{b2}U_{CE}/(R_{b1}+R_{b2})$

若图 2-11 所示电路满足 $I_1 \geqslant （5～10）U_{BE}$ 式，则可知 U_B 由 R_{b1}、R_{b2} 分压而定，与温度变化基本无关。如果温度升高使 I_C 增大，则 I_E 增大，发射极电位 $U_E=I_E R_E$ 升高，结果使 $U_{BE}=U_B-U_E$ 减小，I_B 相应减小，从而限制了 I_C 的增大，使 I_C 基本保持不变。上述稳定工作点的过程可表示为：

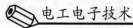

$$T(温度)\uparrow \rightarrow I_C\uparrow \rightarrow I_E\uparrow \rightarrow U_E(U_B基本不变)U_{BE}\downarrow I_B\downarrow I_C\downarrow$$

要提高工作点的热稳定性，应要求 $I_1>I_B$ 和 $U_B>U_{BE}$。今后如不特别说明，可以认为电路都满足上述条件。

实际上，如果 $U_B>U_{BE}$，则 $I_C\approx I_E=(U_B-U_{BE})/R_e\approx U_B/R_e$。此 I_C 也稳定，I_C 基本与三极管参数无关。

应当指出，分压式工作点稳定电路只能使工作点基本不变。实际上，当温度变化时，由于 β 变化，I_C 也会有变化。在温度变化的过程中，β 受到的影响最大，利用 R_e 可减小 β 对 Q 点的影响，也可采用温度补偿的方法减小温度变化的影响。

【例 2-2】 在图 2-11 所示的分压式工作点稳定电路中，若 $R_{b1}=75\ \text{k}\Omega$，$R_{b2}=18\ \text{k}\Omega$，$R_c=3.9\ \text{k}\Omega$，$R_e=1\ \text{k}\Omega$，$U_{CC}=9\ \text{V}$。三极管的 $U_{BE}=0.7\ \text{V}$，$\beta=50$。（1）试确定 Q 点；（2）若更换管子，使 β 变为 100，其他参数不变，确定此时 Q 点。

【解】 （1）$U_B\approx R_{b2}U_{CC}/(R_{b1}+R_{b2})=18/(75+18)\times9\approx1.7\ (\text{V})$

$$I_c\approx(U_B-U_{BE})/R_e=(1.6-0.7)/1=1\ (\text{mA})$$

$$U_{CE}\approx U_{CC}-I_C(R_c+R_e)=9-1\times(3.9+1)=4.1\ (\text{V})$$

$$I_B=I_C/\beta=1/50=20(\mu\text{A})$$

（2）当 $\beta=100$ 时，由上述计算过程可以看到，U_B、I_C 和 U_{CE} 与（1）相同，而 $I_B=I_C/\beta=1/100=10(\mu\text{A})$

由此例可见，对于更换管子引起 β 的变化，分压式工作点稳定电路能够自动改变 I_B 以抵消 β 变化的影响，使 Q 点基本保持不变（指 I_C、U_{CE} 保持不变）。

四、分压式偏置电路共射极放大电路的分析

1. 分压式偏置电路共射极放大电路的静态分析

在如图 2-12a 所示直流通路中，由 b 极—e 极—R_e—地 可得：

$$I_{CQ}\approx I_{EQ}=\frac{U_{EQ}}{R_E}=\frac{U_{BQ}-U_{BEQ}}{R_E}=\frac{\dfrac{R_{B2}}{R_{B1}+R_{B2}}U_{CC}-U_{BEQ}}{R_E} \tag{2-21}$$

$$I_{BQ}=\frac{I_{CQ}}{\beta}\approx\frac{I_{EQ}}{\beta} \tag{2-22}$$

由 $+U_{cc}$—R_c—c 极—e 极—R_e—地可得：

$$U_{CEQ}\approx U_{CC}-I_{CQ}(R_C+R_E) \tag{2-23}$$

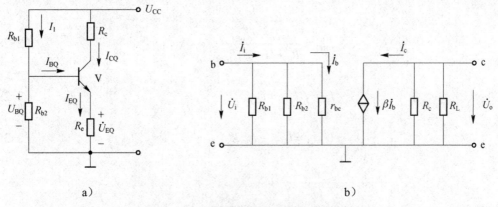

a)　　　　　　　　　　　　　　　　　b)

图 2-12　分压式偏置电路共射极放大电路

a）直流通路；b）微变等效电路

2. 分压式偏置电路共射极放大电路的动态分析

画出图 2-11 所示分压式偏置放大电路的微变等效电路，如图 2-12b 所示。

$$\dot{A}_u = \frac{\dot{U}_o}{\dot{U}_i} = \frac{-\beta \dot{I}_b (R_C // R_L)}{\dot{I}_b r_{be}}$$

$$= \frac{-\beta (R_C // R_L)}{r_{be}} \tag{2-24}$$

$$r_i = R_{b1} // R_{b2} // r_{be} \tag{2-25}$$

$$I_b = 0 \qquad I_c = 0$$

$$r_o = r_{ce} // R_c \approx R_c \tag{2-26}$$

第五节　共集电极与共基极放大电路

一、共集电极放大电路

共集电极放大电路的组成如图 2-13a 所示。图 2-13b 为其微变等效电路，由交流通路可见，基极是信号的输入端，集电极则是输入、输出回路的公共端，所以是共集电极放大电路，发射极是信号的输出端，又称射极输出器。各元件的作用与共发射极放大电路基本相同，只是 R_e 除具有稳定静态工作的作用外，还作为放大电路空载时的负载。

1. 静态分析

由图 2-13a 可得方程：

$$V_{CC} = I_B R_B + U_{BE} + (1+\beta) I_B R_E \tag{2-27}$$

则：

$$I_{BQ} = \frac{U_{CC} - U_{BE}}{R_b + (1+\beta)R_E} \tag{2-28}$$

$$I_C = \beta I_{BQ} \approx I_{EQ} \tag{2-29}$$

$$U_{CEQ} = U_{CC} - I_{CQ}R_E \tag{2-30}$$

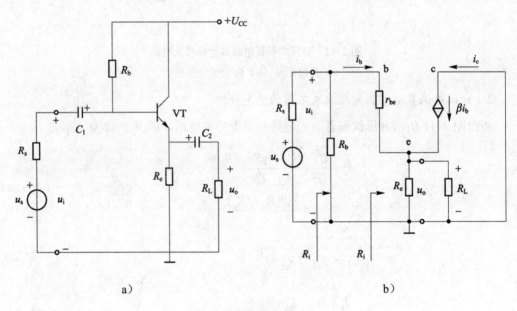

图 2-13 共集电极放大电路

a）电路图；b）微变等效电路

2. 动态分析

（1）电压放大倍数 A_u

由图 2-13b 可知：

$$\overset{\&}{U}_i = \overset{\&}{I}_b r_{be} + \overset{\&}{I}_e R'_L = \overset{\&}{I}_b r_{be} + (1+\beta)\overset{\&}{I}_b R'_L \tag{2-31}$$

$$\overset{\&}{U}_o = \overset{\&}{I}_e R'_L = (1+\beta)\ \overset{\&}{I}_b R'_L \tag{2-32}$$

式中：$R'_L = R_e // R_L$。故：

$$A_u = \frac{(1+\beta)\overset{\&}{I}_b R'_L}{\overset{\&}{I}_b r_{be} + (1+\beta)\overset{\&}{I}_b R'_L} = \frac{(1+\beta)\ R'_L}{r_{be} + (1+\beta)R'_L} \tag{2-33}$$

一般 $(1+\beta)R_L' > r_{be}$，故 $A_u \approx 1$，即共集电极放大电路输出电压与输入电压大小近似相等，相位相同，没有电压放大作用。

（2）输入电阻 R_i

$$r_i = R_B // r_i'$$

$$r_i' = \frac{\dot{U}_i}{\dot{I}_b} = \frac{\dot{I}_b r_{be} + \dot{I}_e R_E // R_L}{\dot{I}_b} = r_{be} + (1+\beta)R_L' \qquad (2-34)$$

故：

$$r_i = R_B // \left[r_{be} + (1+\beta)R_L' \right] \qquad (2-35)$$

式（2-35）说明，共集电极放大电路的输入电阻比较高，它一般比共射基本放大电路的输入电阻高几十倍到几百倍。

（3）输出电阻 R_o

将图 2-13b 中信号源 U_s 短路，负载 R_L 断开，计算 R_o 的等效电路如图 2-14 所示。

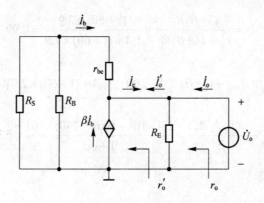

图 2-14 计算输出电阻的等效电路

由图 2-14 可得：

$$\dot{U}_o = -\dot{I}_b(r_{be} + R_s // R_B)$$

$$\dot{I}_o = -\dot{I}_e = -(1+\beta)\dot{I}_b$$

故：

$$r_o' = \frac{\dot{U}_o}{\dot{I}_o} = \frac{r_{be} + R_s // R_B}{1+\beta}$$

$$r_o = R_E // \frac{r_{be} + R_s // R_B}{1+\beta} \qquad (2-36)$$

式中，信号源内阻和三极管输入电阻 r_{be} 都很小，而管子的 β 值一般较大，所以共集电极放大电路的输出电阻比共射极放大电路的输出电阻小得多，一般在几十欧左右。

【例 2-3】 如图 2-13a 所示电路中各元件参数为：$U_{CC}=12\,V$，$R_B=240\,k\Omega$，$R_E=3.9\,k\Omega$，$R_S=600\,\Omega$，$R_L=12\,k\Omega$，$\beta=60$。$C1$ 和 $C2$ 容量足够大，试求：A_u，R_i，R_o。

【解】 由（式 2-19）得：

$$I_B=\frac{U_{CC}-U_{BE}}{R_B+(1+\beta)R_E}\approx\frac{12}{240+(1+60)\times3.9}=25(\mu A)$$

$$I_E\approx I_C=\beta I_B=60\times25=1.5(mA)$$

因此：

$$r_{be}=300+(1+\beta)\frac{26}{I_E}=300\Omega+(1+60)\frac{26}{1.5}=1.4(k\Omega)$$

又：

$$R_L^{'}=R_E//R_L=\frac{3.9\times12}{3.9+12}\approx2.9(k\Omega)$$

由式（2-22）～式（2-24）得：

$$A_u=\frac{(1+\beta)R_L'}{r_{be}+(1+\beta)R_L'}=\frac{(1+60)\times2.9}{1.4+(1+60)\times2.9}=0.99$$

$$r_i=R_B//[r_{be}+(1+\beta)R_L']=200//[1.4+(1+60)\times2.9]=102(k\Omega)$$

$$r_o\approx\frac{r_{be}+(R_s//R_B)}{1+\beta}=\frac{1.4\times10^3+(0.6//240)\times10^3}{1+60}=33(\Omega)$$

3. 特点和应用

共集电极放大电路的主要特点是：输入电阻高，传递信号源信号效率高。输出电阻低，带负载能力强；电压放大倍数小于或近似等于 1 而接近于 1；且输出电压与输入电压同相位，具有跟随特性。虽然没有电压放大作用，但仍有电流放大作用，因而有功率放大作用。这些特点使它在电子电路中获得了广泛的应用。

（1）作多级放大电路的输入级

由于输入电阻高可使输入放大电路的信号电压基本上等于信号源电压。因此常用在测量电压的电子仪器中作输入级。

（2）作多级放大电路的输出级

由于输出电阻小，提高了放大电路的带负载能力，故常用于负载电阻较小和负载变动较大的放大电路的输出级。

（3）作多级放大电路的缓冲级

将射极输出器接在两级放大电路之间，利用其输入电阻高、输出电阻小的特点。可作阻抗变换用，在两级放大电路中间起缓冲作用。

二、共基极放大电路

共基极放大电路的主要作用是高频信号放大，频带宽，其电路组成如图 2-15 所示。图 2-15 中 R_{B1}、R_{B2} 为发射结提供正向偏置，公共端三极管的基极通过一个电容器接地，（不能直接接地，否则基极上得不到直流偏置电压）。输入端发射极可以通过一个电阻或一个绕组与电源的负极连接，输入信号加在发射极与基极之间（输入信号也可以通过电感耦合接入放大电路）。集电极为输出端，输出信号从集电极和基极之间取出。

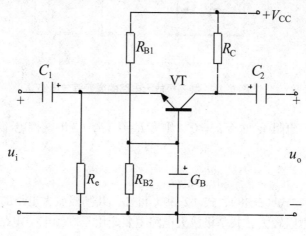

图 2-15　共基极放大电路

1. 静态分析

由图 2-15 不难看出，共基极放大电路的直流通路与图 2-11 共射极分压式偏置电路的直流通路一样，所以与共射极放大电路的静态工作点的计算相同。

2. 动态分析

共基极放大电路的微变等效电路如图 2-16 所示，由图 2-16 可知：

$$A_u = \frac{U_o}{U_i} = \frac{-I_c(R_e // R_L)}{-I_b r_{be}} = \beta \frac{R_L'}{r_{be}} \tag{2-37}$$

式（2-37）说明，共基极放大电路的输出电压与输入电压同相位，这是共射极放大电路的不同之处；它也具有电压放大作用，A_u 的数值与固定偏置共射极放大电路相同。

由图 2-16 可得：

$$R_i' = \frac{\dot{U}_i}{-\dot{I}_e} = \frac{-r_{be}\dot{I}_b}{-(1+\beta)\dot{I}_b} = \frac{r_{be}}{1+\beta}$$

它是共射极接法时三极管输入电阻的 $1/(1+\beta)$ 倍，这是因为在相同的 U_i 作用下，共基极法三极管的输入电流 $I = (1+\beta)I_b$，比共射接法三极管的输入电流大 $(1+\beta)$ 倍。

$$R_i = R_e // R_i' = R_e // \left[r_{be} / (1+\beta) \right] \tag{2-38}$$

可见，共射极放大电路的输入电阻很小，一般为几欧到几十欧。

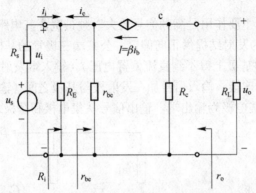

图 2-16 共基极放大电路的微变等效电路

由于在求输出电阻 r_O 时令 $u_s = 0$。则有 $I_b = 0$，$\beta I_b = 0$ 受控电流源作开路处理，故输出电阻：

$$r_o \approx R_C \tag{2-39}$$

由式（2-37）、式（2-38）、式（2-39）可知，共基极放大电路的电压倍数较大，输入电阻较小，输出电阻较大。共基极放大电路主要应用于高频电子电路中。

*第六节　场效应管放大电路

场效应管具有很高的输入电阻、较小的温度系数和较低的热噪声，因此较多地应用于低频与高频放大电路的输入级、自动控制调节的高频放大级和测量放大电路中。大功率的场效应管也可用于推动级和末级功放电路。

三极管放大电路有共射、共集和共基三种组态和三极管放大电路相似，场效应管有共源、共漏和共栅三种基本组态。场效应管放大电路也可采用图解分析法和等效电路分析法来分析，要注意的是场效应管是一种电压控制电流的器件。

一、场效应管偏置电路及静态分析

和三极管放大电路一样，场效应管放大电路也应由偏置电路来提供合适的偏压，建立一个合适而稳定的静态工作点，使管工作在放大区。另外，不同类型的场效应管对偏置电压的极性有不同的要求，详见有关器件手册。

1. 自偏压电路

（1）工作原理

图 2-17 所示是 N 沟道耗尽型 MOS 管构成的共源极放大电路的自偏压电路。图中，漏极电流在 R_s 上产生的源极电位 $U_s = I_D R_s$。由于栅极基本不取电流，R_G 上没有压降，栅极电位 $U_G = 0$，所以可求得栅源电压：

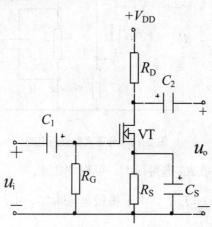

图 2-17　自偏压电路

$$U_{GS} = U_G - U_s = -I_D R_s \tag{2-40}$$

可见，这种栅偏压是依靠场效应管自身电流 I_D 产生的，故称为自偏压电路。显然，自偏压电路只能产生反向偏压，所以它仅适用于耗尽型 MOS 管和结型场效应管，而不能用于 $U_{GS} \geq U_{GS}$（th）时才有漏极电流的增强型 MOS 管。

（2）静态工作点的估算

场效应管放大电路的静态工作点 Q 取决于直流量 U_{GS}、I_D 和 U_{DS} 值。下面介绍静态工作点 Q 的估算法。工作在恒流区的耗尽型场效应管，其 I_D 和 U_{GS} 之间的关系由式（1-17）即

$$I_D = I_{DSS}(1 - \frac{U_{GS}}{U_{GS(off)}})^2$$

近似表示。故可以将式（2-28）和式（1-17）联立求解 I_D 和 U_{GS}，可求得两组解，但只有一组解是符合要求的，另一组解舍去。由求得的 I_D 就可求出 U_{DS}：

$$U_{DS} = U_{DD} - I_D(R_D + R_s) \tag{2-41}$$

2. 分压式自偏压电路

图 2-18 所示是分压式自偏压电路，它是在自偏压电路的基础上加接分压电阻后组成的。这种偏置电路适用于各种类型的场效应管。

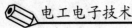

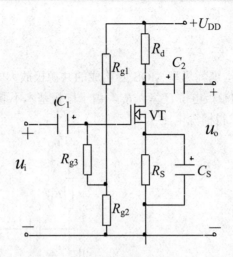

图 2-18　分压式自偏压电路

为增大输入电阻，一般 R_{g3} 选得很大，可取几兆欧。

静态时，源极电位 $U_S = I_D R_s$。由于栅极电流为零，R_{g3} 上没有电压降，故栅极电位

$\dfrac{R_{g2} U_{DD}}{R_{g1} + R_{g2}}$，则栅偏压：

$$U_{GS} = U_G - U_S = \frac{R_{g2}}{R_{g1}+R_{g2}} U_{DD} - I_D R_S \qquad （2\text{-}42）$$

由式（2-42）可见，适当选取 R_{g1}、R_{g2} 各 R_S 值，就可得到各类场效应管放大工作时所需的正、零或负的偏压。

二、场效管放大电路的微变等效电路分析

1. 场效应管微变等效电路

场效应管也是非线性器件，但当工作信号幅度足够小，且工作在恒流区时，场效管也可用微变等效电路来代替。从输入电路看，由于场效应管输入电阻 r_{gs} 极高（$10^8 \sim 10^{15} \Omega$）栅极电流 $i_g \approx 0$，所以，可认为场效应管的输入回路（g、s 极间）开路。从输出回路看，场效应管的漏极电流 i_d 主要受栅源电压 u_{gs} 控制，这一控制能力用跨导 g_m 表示，即 $i_d = g_m u_{gs}$。因此，场效应管的输出回路右用一个受栅源电压控制的受控电流源来等效。

综上所述，场效应管的微变等效电路如图 2-19 所示。

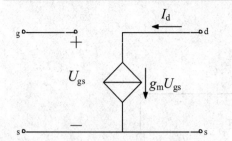

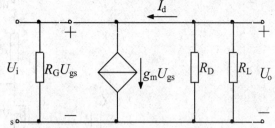

图 2-19 场效应管微变等效电路　　　图 2-20 共源极放大电路的微变等效电路

2. 共源极放大电路

共源极放大电路如图 2-17 或如图 2-18 所示，两者交流通路没有本质区别，只有 R_G 不同。下面如图 2-17 为例分析动态性能指标，其简化微变等效电路如图 2-20 所示。

（1）电压放大倍数 A_u

由图 2-20 知：

$$u_o = -g_m u_{gs}(R_D // R_L) = -g_m U_i R_L'$$

式中：

$$R_L' u_{gs} = u_i; \quad R_L' = R_D // R_L$$

故：

$$A_u = \frac{u_o}{u_i} = -g_m u_i R_L' \tag{2-43}$$

式中，负号表示输出电压与输入电压反相。

（2）输入电阻 R_i 和输出电阻 R_o

由图 2-20 可知：

$$R_i = R_G \tag{2-44}$$

$$R_o = R_D \tag{2-45}$$

【例 2-4】 N 沟道结型场效应管自偏压放大电路如图 2-21 所示，已知 U_{DD}=18 V，R_D=10 kΩ，R_S=2 kΩ，R_G=4 MΩ，R_L=10 kΩ，g_m=1.16 mS。试求：A_u，R_i，R_o。

【解】 由式（2-43）～式（2-45）得：

$$A_u = -g_m u_i R_L' = -g_m u_{gs}(R_D // R_L) = -1.16 \times \frac{10 \times 10}{10 + 10} = 5.8$$

$$R_i = R_G = 4 \text{ M}\Omega$$

$$R_O = R_D = 10 \text{ k}\Omega$$

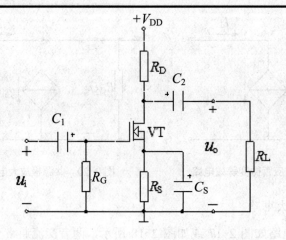

图 2-21 例 2-4 电路图

3. 共漏极放大电路

共漏极放大电路又称源极输出器，其电路如图 2-22a 所示，图 2-22b 为其微变等效电路。

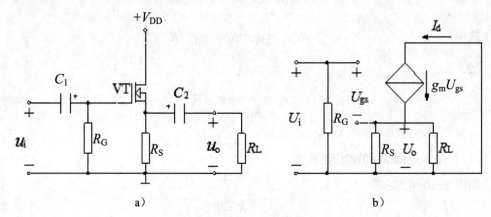

a)   b)

图 2-22 共漏极放大电路

a）电路图；b）微变等效电路

（1）电压放大倍数 A_u

由图 2-23b 可知：

$$A_u = \frac{U_o}{U_i} = \frac{g_m U_{gs} R_L'}{U_{gs} + g_m U_{gs} R_L'} = \frac{g_m R_L'}{1 + g_m R_L'} \tag{2-46}$$

式中，$R_L' = R_S // R_L$。

从式（2-46）可见，输出电压与输入电压同相，且由于 $g_m R_L' > 1$，故 A_u 小于 1，但接近 1。

（2）输入电阻 R_i 和输出电阻 R_O

由图 2-22b 可知：

$$R_i = R_G \qquad\qquad (2\text{-}47)$$

求输出电阻的等效电路如图 2-23 所示，由图 2-23 可知：

$$I = I_S - I_d = \frac{U}{R_S} - g_m u_{gs}$$

由于栅极电流 $I_g = 0$，故：$u_{GS} = -U$

所以：

$$I = \frac{U}{R_S} + g_m U$$

即：

$$R_o = \frac{U}{I} = \frac{1}{\dfrac{1}{R_s} + g_m} = R_s \,/\!/\, \frac{1}{g_m} \qquad\qquad (2\text{-}48)$$

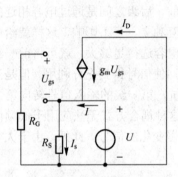

图 2-23　求 R_o 等效电路

场效应管还可接成共栅（与共基组态对应）放大电路，这里不再赘述。

第七节　多级放大电路

单级放大器的电压放大倍数一般为几十倍，而实际应用时要求的放大倍数往往很大。为了实现这种要求，需要把若干个单级放大器连接起来，组成所谓的多级放大器。

一、级间耦合方式

多级放大器内部各级之间的连接方式，称为耦合方式。常用的有阻容耦合、变压器耦合、直接耦合和光电耦合等。

1. 阻容耦合

图 2-24 是用电容 C_2 将两个单级放大器连接起来的两级放大器。可以看出，第一级的输出信号是第二级的输入信号，第二级的输入电阻 R_{i2} 是第一级的负载。这种通过电容和下一级输入电阻连接起来的方式，称为阻容耦合。

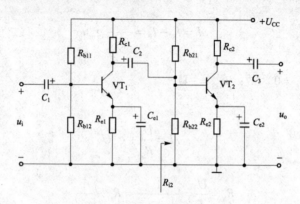

图 2-24　两级阻容耦合放大器

阻容耦合的特点是：由于前、后级之间是通过电容相连的，所以各级的直流电路互不相通，每一级的静态工作点相互独立，互不影响，这样就给电路的设计、调试和维修带来很大的方便。而且，只要耦合电容选得足够大，就可将前一级的输出信号在相应频率范围内几乎不衰减地传输到下一级，使信号得到充分利用。但是当输入信号的频率很低时，耦合电容 C_2 就会呈现很大的阻抗，第一级的输入信号转向第二级时，部分甚至全部信号都将变成在电容 C_2 上。因此，这种耦合方式无法应用于低频信号的放大，也就无法用来放大工程上大量存在的随时间缓慢变化的信号。此外，由于大容量的电容器无法集成，阻容耦合方式也不便于集成化。

2. 变压耦合器

前级放大电路的输出信号经变压器加到后级输入端的耦合方式，称为变压器耦合，图 2-25 为变压器耦合两级放大电路，第一级与第二级、第二级与负载之间均采用变压器耦合方式。

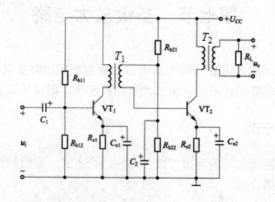

图 2-25　变压器耦合两级放大器

变压器耦合有以下优点：由于变压器隔断了直流，所以各级的静态工作点也是相互独立的。而且，在传输信号的同时，变压器还有阻抗变换作用，以实现变抗匹配。但是，它的频率特性较差、体积大、质量重，不宜集成化。常用于选频放大或要求不高的功率放大电路。

3. 直接耦合

前级的输出端直接与后级的输出端相连的方式，称为直接耦合。如图 2-26 所示。

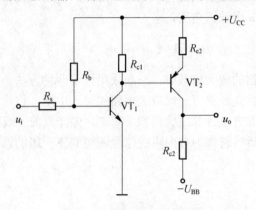

图 2-26 直接耦合两级放大器

直接耦合放大电路各级的静态工作点不独立，相互影响，相互牵制，需要合理地设置各级的直流电平，使它们之间能正确配合；另外易产生零点漂移，零点漂移就是当放大电路的输入信号为零时，输出端还有缓慢变化的电压产生。但是它有两个突出的优点：一是它的低频特性好，可用于直流和交流以及变化缓慢信号的放大，图 2-26 中采用了双电源和 NPN 与 PNP 两种管型互补直接耦合方式；二是由于电路中只有三极体管和电阻，便于集成。故直接耦合在集成电路中获得广泛应用。

4. 光电耦合

放大器的级与级之间通过光电耦合器相连接的方式，称为光电耦合。由光敏三极管作为接收端的光电耦合器如图 2-27a 所示，由光敏二极管作为接收端的光电耦合器如图 2-27b 所示。

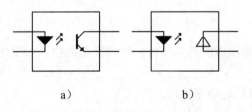

a) b)

图 2-27 光电耦合器

a）光敏三极管作为接收端；b）光敏二极管作为接收端

由于它是通过电—光—电的转换来实现级间耦合，各级的直流工作点相互独立。采用光电耦合，可以提高电路的抗干扰能力。

二、多级放大电路的主要性能指标

单级放大器的某些性能指标可作为分析多级放大器的依据。多级放大器的主要性能指标采用以下方法估算。

1. 电压放大倍数

由于前级的输出电压就是后级的输入电压，因此，多级放大器的电压放大倍数等于各级放大倍数之积，对于 n 级放大电路，有

$$A_u = A_{u1} A_{u2}, \cdots, A_{un} \tag{2-49}$$

在计算各级的放大器的放大倍数时，一般采用以下两种方法。第一：在计算某一级电路的电压放大倍数时，首先计算下一级放大电路的输入电阻，将这一电阻视为负载，然后再按单级放大电路的计算方法计算放大倍数。第二，先计算前一级在负载开路时的电压放大倍数和输出电阻，然后将它作为有内阻的信号源接到下一级的输入入端，再计算下级的电压放大倍数。

2. 输入电阻

多级放大器的输入电阻 R_i 就是第一级的输入电阻 R_{i1}，即：

$$R_i = R_{i1} \tag{2-50}$$

3. 输出电阻

多级放大器的输出电阻等于最后一级（第 n 级）的输出电阻 R_{on}，即：

$$R_o = R_{on} \tag{2-51}$$

多级放大电路的输入、和输出电阻要分别与信号源内阻及负载电阻相匹配，才能使信号获得有效放大。

习题二

一、选择题

1. 在 NPN 三极管组成的基本单管共射放大电路中，如果电路的其他参数不变，三极管的 β 增大时，I_B_____，I_C_____，U_{CE}_____。（a.增大，b.减小，c.基本不变）

2. 在分压工作点稳定电路中，

（1）估算静态工作点的过程与基本单管共射放大电路_____；（a.相同；b.不同）

（2）电压放大倍数 A_u 的表达式与基本单管共射放大电路_____；（a.相同；b.不同）

（3）如果去掉发射旁路电容 C_e，则电压放大倍数 $|A_u|$_____，输入电阻 R_i_____，输出电阻 R_O____。（a.增大；b.减小；c.基本不变）

3. 在 NPN 三极管组成的分压式工作点稳定电路中，如果其他参数不变，只改变某一个参数，分析下列电量如何变化。（a.增大；b.减小；c.基本不变）

(1) 增大 $RB1$，则 I_B＿＿＿，I_C＿＿＿，U_{CE}＿＿＿，r_{be}＿＿＿，$|A_u|$＿＿＿。

(2) 增大 $RB2$，则 I_B＿＿＿，I_C＿＿＿，U_{CE}＿＿＿，r_{be}＿＿＿，$|A_u|$＿＿＿。

(3) 增大 RE，则 I_B＿＿＿，I_C＿＿＿，U_{CE}＿＿＿，r_{be}＿＿＿，$|A_u|$＿＿＿。

(4) 换上大的三极管，I_B＿＿＿，I_C＿＿＿，U_{CE}＿＿＿，r_{be}＿＿＿，$|A_u|$＿＿＿。

4. 放大电路的输入电阻 R_i 愈＿＿＿；由向信号源索取的电流愈小；输出电阻 R_O 愈＿＿＿，则带负载能力愈强。（a.大；b.小）

5. 在阻容耦合单管共射放大电路中，电压放大倍数在低频段下降主要与＿＿＿有关，在高频段下降主要与＿＿＿有关。（a.极间电容；b.隔直电容）

6. 在阻容耦合单管共射放大电路中，如保持电路其他参数不变，只改变某一个参数，试分析中频电压放大倍数 A_{um} 和上、下限频率 f_H、f_L 如何变化。（a.增大；b.减小；c.基本不变）

(1) C_1 增大，则 A_{um}＿＿＿，f_H＿＿＿，f_L＿＿＿。

(2) 更换一个 f_T 较大的三极管，则 A_{um}＿＿＿，f_H＿＿＿，f_L＿＿＿。

(3) R_B 增大，则 A_{um}＿＿＿，f_H＿＿＿，f_L＿＿＿。

7. 在三种不同耦合方式的放大电路中，＿＿＿能够放大缓慢变化的信号，＿＿＿能够放大交流信号。能够实现阻抗，＿＿＿各级静态工作点互相独立，＿＿＿适于集成化。（a.阻容耦合；b.直接耦合；c 变压器耦合）

8. 在多级大电路中，

(1) 总的通频带比其中第一级的通频带＿＿＿，（a.宽；b.窄）

(2) 总的下限频率 f_L＿＿＿每一级的下限频率，（a.高于；b.低于）

(3) 总的上限频率 f_H＿＿＿每一级的上限频率。（a.高于；b.低于）

二、判断题

判断以下结论是否正确，并在相应的括号中填"√"或"×"。

1. 当一个电路的输入交流电压有效值为 1V 时，输出交流电压的有效值中有 0.9V，则该电路不是一个放大电路。　　　　　　　　　　　　　　　　　　（　　）

2. 在基本单管共射放大电路中，因为 $A_u = -\dfrac{\beta R_L{}'}{r_{be}}$，故若换上一个不比原来大一倍的

三极管，则 $|A_u|$ 也基本上增大一倍。　　　　　　　　　　　　　　　　（　　）

3. 阻容耦合和变压器耦合放大电路能够放大交流信号，但不能放大缓慢变化的信号和直流成分的信号。　　　　　　　　　　　　　　　　　　　　　　（　　）

4. 直接耦合放大电路能够放大缓慢变化的信号和直流成分的信号，但不能放大交流信号。　　　　　　　　　　　　　　　　　　　　　　　　　　　　（　　）

三、填空题

1. 在图 1 中，当 $U_s = 1\,V$，$R_s = 1\,k\Omega$ 时，测得 $U_i = 0.6\,V$，则放大电路的输入电阻 $R_i =$＿＿＿$k\Omega$。如果另一个放大电路的输入电阻 $R_i = 10\,k\Omega$，则当 $U_s = 1\,V$，$R_s = 1\,k\Omega$ 时，

$U_i=$_____V。

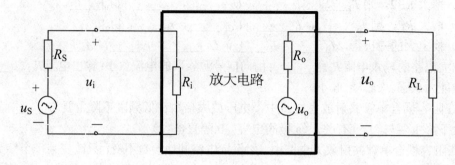

题图 1

2. 一个放大电路当负载电阻 $R_L=\infty$ 时，测得输出电压 $U_o=1$ V，当接上负载电阻 $R_L=10\,k\Omega$ 时，$U_o=0.5$ V，则该放大电路的输出电阻 $R_o=$_____$k\Omega$。如果要求接上 $R_L=10\,k\Omega$ 后，$U_o=0.9$ V，则放大电路和输出电阻应为 $R_o=$_____$k\Omega$。

3. 在图 2a 和 b 两个放大电路中，已知三极管均为 $\beta=50$，$r_{be}=0.7$ V，

（1）在图 a 中，$I_B=$_____mA，$I_C=$_____mA，$U_{CE}=$_____V，$r_{be}=$_____$k\Omega$，$A_u=$_____，$R_i=$_____$k\Omega$，$R_o=$_____$k\Omega$；

（2）在图 b 中，$I_B=$_____mA，$I_C=$_____mA，$U_{CE}=$_____V，$r_{be}=$___$k\Omega$，$A_u=$_____，$R_i=$_____$k\Omega$，$R_o=$_____$k\Omega$。

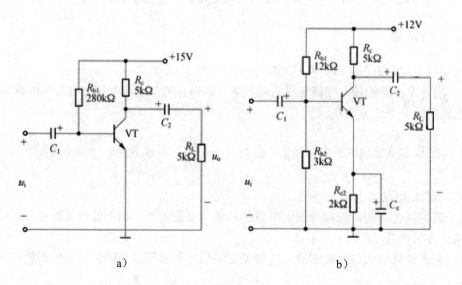

a）   b）

题图 2

4. 试画出图 3 中和电路的直流通路和交流通路。设和电路中的电容均足够大。

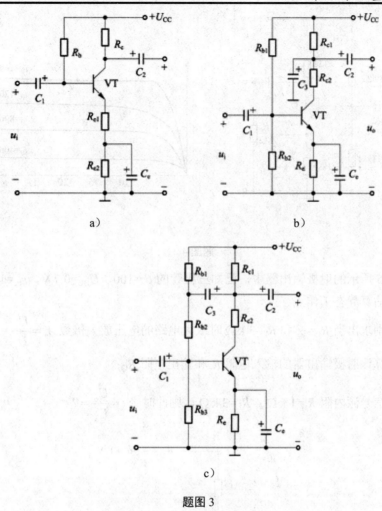

a)

b)

c)

题图 3

5．已知某单管共射放大电路的中频电压放大倍数 $A_{um}=100$，下限频率 $f_L=10$ Hz，上限频率 $f_H=1$ MHz：

（1）该放大电路的中频对数增益$|A_{um}|$_____dB；

（2）当 $f=f_L$ 时，$|A_u|=$_____，相位移 $\varphi=$_____；$f=f_H$ 时，$|A_u|=$_____，相位移 $\varphi=$_____。

6．已知某两级放大电路中第一、二级的对数增益分别为 60dB 和 20dB。则第一、二级的电压放大倍数分别等于_____和_____，该放大电路总的对数增益为_____dB，其总的电压放大倍数等于_____。

7．放大电路如图 4a，试按照图 b 中所示三极管的输出特性曲线：

（1）曲线直流负载线；

（2）定出 Q 点（设 $U_{BE}=0.7$V）；

（3）画出交流负载线。

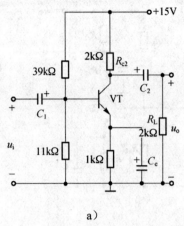

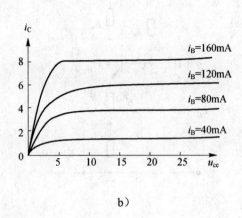

a)   b)

题图 4

8. 在图 5 所示的射极输出器中，已知三极管的 $\beta=100$，$U_{BE}=0.7\,V$，$r_{be}=1.5\,k\Omega$：

（1）试估算静态工作点；

（2）分别求出当 $R_L=\infty$ 和 $R_L=3\,k\Omega$ 时放大电路的电压放大倍数 $A_u=\dfrac{U_o}{U_i}=$ ？

（3）估算该射极输出器的输入电阻 R_i 和输出电阻 R_O；

（4）如信号源内阻 $R_s=1\,k\Omega$；$R_L=3\,k\Omega$，则此时 $A_{us}=\dfrac{U_o}{U_s}=$ ？

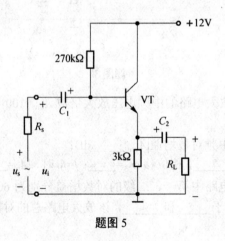

题图 5

9. 在图 6 的电路中，已知静态时 $I_{C1}=I_{C2}=0.65\,mA$，$\beta_1=\beta_2=29$：

（1）求 $r_{be1}=$ ？

（2）求中频时（C_1、C_2、C_3 可认为交流短路）第一级放大倍数 $A_{u1}=\dfrac{U_{c1}}{U_i}=$ ？

（3）求中频时 $A_{u2}=\dfrac{U_o}{U_{b2}}=$ ？

（4）求中频时 $A_u = \dfrac{U_o}{U_1} = ?$

（5）估算放大电路总的 R_i 和 R。

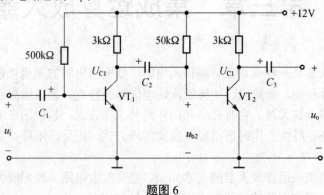

题图 6

10. 设三级放大器，测 $A_{u1}=10$，$A_{u2}=100$，$A_{u3}=10$，问总的电压放大倍数是多少？若用分贝表示，求各级增益各等于多少？

11. 设三级放大器，各级电压增益分别为 20dB、20dB、和 20dB，输入信号电压为 $u_i=3\,\text{mV}$，求输出电压 $U_o=?$

12. 某放大器不带负载时，测得其输出端开路电压 $U_o{}'=1.5\,\text{V}$，而带上负载电阻 $5.2\,\text{k}\Omega$ 时，测得输出电压 $U_o=1\,\text{V}$，问该放大器的输出电阻值为多少？

13. 某放大器若 R_L 从 $6\,\text{k}\Omega$ 变为 $3\,\text{k}\Omega$，输出电压 u_o 从 3V 变为 2.4 V，求输出电阻。如果 R_L 断开，求输出电压值。

第三章　集成运算放大器

集成运算放大器是一种高增益、高输入电阻、低输出电阻的通用性器件，具有通用性强、可靠性高、体积小、重量轻、功耗低、性能优越等特点。集成运算放大器实质上是一个高增益的直接耦合放大器。它有开环和闭环两种工作方式，其中闭环工作方式有负反馈闭环与正反馈闭环。线性工作时都接成负反馈闭环方式，正反馈闭环则多用于比较器与波形产生电路。

本章主要介绍集成运算放大器的基本知识、差分放大电路、理想放大器集成运算放大器的应用、集成运算放大器的非线性应用和非线性应用。

第一节　集成运算放大器的基本知识

一、集成运算放大器的基本组成

集成运算放大器实质上是一个高电压增益、高输入电阻及低输出电阻的直接耦合多级放大电路，简称为集成运放。它的类型很多，为了方便通常将集成运算放大器分为通用型和专用型两大类。前者的适用范围广，其特性和指标可以满足一般应用要求；后者是在前者的基础上为适应某些特殊要求而制作的。不同类型的集成运放，电路也各不相同，但是结构具有共同之处。

如图 3-1 所示为集成运放内部电路原理框图。它由四部分组成：输入级、中间级（电压放大级）、输出级和偏置电路。

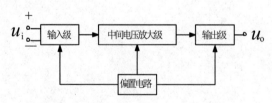

图 3-1　集成运算放大器组成框图

1. 输入级

对于高增益的直接耦合放大电路，减小零点漂移的关键在第一级，因此集成运放的输入级一般是由具有恒流源的差分放大电路组成的。利用差分放大电路的对称性，可以减小温度漂移的影响，提高整个电路的共模抑制比和其他方面的性能，并且通常工作在低电流状态，以获得较高的输入阻抗。它的两个输入端构成整个电路的反相输入端和同相输入端。

2. 中间级

中间级（电压放大级）的主要作用是提高电压增益，大多采用由恒流源作为有源负载的共发射极放大电路，其放大倍数一般在几千倍以上。

3. 输出级

输出级应具有较大的电压输出幅度、较高的输出功率和较低的输出电阻，一般采用电压跟随器或甲乙类互补对称放大电路。

4. 偏置电路

偏置电路提供给各级直流偏置电流，使之获得合适的静态工作点。它由各种电流源电路组成。此外还有一些辅助环节，如电平移动电路、过载保护电路以及高频补偿环节等。

二、集成运算放大器的分类

集成运算放大器是电子技术领域中的一种最基本的放大元件，在自动控制、测量技术、家用电器等多种领域中应用相当广泛。国产集成运算放大器有通用型和特殊型两大类。

1. 通用型

通用型有通用 1 型（低增益），通用 2 型（中增益），通用 3 型（高增益）三类。

2. 特殊型

特殊型有高精度型、高阻抗型、高速型、高压型、低功耗型及大功率型等。

通用型的指标比较均衡全面，适用于一般电路；特殊型的指标大多数有一项指标非常突出，它是为满足某些专用的电路需要而设计的。

三、集成运算放大器的主要参数

集成电路性能的好坏常用一些参数来表征，其也是选用集成电路的主要依据。

1. 开环差模电压放大倍数 A_{od}

当集成运放工作在线性区时，输出开路时的输出电压 u_O 与输入端的差模输入电压 $u_{id} = (u_+ - u_-)$ 的比值称为开环差模电压放大倍数 A_{od}，目前高增益集成运放的 A_{od} 可达 10^7。

2. 输入失调电压 u_{iO} 及输入失调电压温度系数 a_{uiO}

为使运放输出电压为零，在输入端之间所加的补偿电压，称为输入失调电压 u_{iO}。u_{iO} 越小越好。a_{uiO} 是指在规定温度范围内，输入失调电压胡随随温度的变化率，即 $a_{UiO} = \dfrac{U_{iO}}{\Delta T}$

一般集成运放的 a_{uiO} 小于 $(10\sim20)\mu V/^\circ C$ 。

3. 输入失调电流 I_{Io} 及输入失调电流温度系数 a_{IIo}

当输入信号为零时，集成运放两输入端静态电流之差，称为输入失调电流 I_{Io}，即

$I_{Io} = I_{B+} - I_{B-}$，I_{Io} 愈小愈好。

失调电流温度系数 a_{IIo}，是指在保持恒定的输出电压下，输入失调电流的变化量与温度的变化量的比值，即 $a_{IIo} = \dfrac{I_{IO}}{\Delta T}$。

4. 共模抑制比 K_{CMR}

其定义同差动放大电路。若用分贝数表示时，集成运算的共模抑制比 K_{CMR} 通常在 80~180 dB 之间。

5. 输入偏置电流 I_{IB}

当输入信号为零时，集成运放两输入端的静态电流 I_{E+} 和 I_{B-} 的平均值，称为输入偏置电流 I_{IB}，即 $I_{IB} = \dfrac{I_{B+} + I_{B-}}{2}$，这个电流也是愈小愈好，典型值为几百纳安。

6. 差模输入电阻 r_{id} 和输出电阻 r_{od}

r_{id} 是开环时输入电压变化量与它引起的输入电流的变化量之比，即从输入端看进去的动态电阻。r_{id} 一般为兆欧级。

r_{od} 是开环时输出电压变化量与它引起的输出电流的变化量之比，即从输出端看进去的电阻。r_{od} 越小，运放的带负载能力越强。

7. 最大差模输入电压 U_{idmax}

这是指集成运放对共模信号具有很强的抑制性能，但这个性能必须在规定的共模输入电压范围之内，若共模输入电压超出 U_{idmax}，则集成运放输入级就会击空而损坏。

8. 最大共模输入电压 U_{idmax}

集成运放对共模信号具有很强的抑制性能，但这个性能必须在规定的共模输入电压范围之内，若共模输入电压超出 U_{idmax}，集成运放的输入级就会不正常，K_{CMR} 将显著下降。

9. 最大输出电压幅度 U_{opp}

这是指能使输出电压与输入电压保持不失真关系的最大输出电压。

10. 静态功耗 P_{co}

这是指不接负载且输入信号为零时，集成运放本身所消耗的电源总功率。P_{co} 一般为几十毫瓦。

四、集成运算放大器使用时应注意的问题

1. 根据实用电路要求，选择合适型号

集成运算放大器的品种繁多，按其性能不同来分类，除高益的通用型集成运放外，还有高输入阻抗、低漂移、低功耗、高速、高压、高精度和大功率等各种专用型集成运放。要根据实用电路的要求和整机特点，查集成运放有关资料，选择额定值、直流参数和交流特性参数都符合要求的集成运放。

2. 正确连线

按各类运放的外形结构特点、型号和管脚标记，看清它的引线，明了各管脚作用，正确进行连线。目前集成运放的常见封装方式有金属壳封装和双列直插式封装，外型如图3-2所示。而且以后者居多。双列直插式有8、10、12、14、16管脚等种类。虽然它们的外引线排列日趋标准化，但各制造商仍略有区别。因此，使用前必须查阅有关资料，以便正确连线。

a）　　　　　　　　　　　　　　　　　　b）

图3-2　集成电路的外形

a）金属壳集成电路的外形；b）双列直插式集成电路的外形

3. 使用前应对所选的集成运放进行参数测量

使用运放之前往往要用简易测试法判断其好坏，例如用万用表欧姆（×100Ω或×10Ω）对照管脚测试有无短路和断路现象，必要时还可采用测试设备测量运放的主要参数。

4. 要注意调零及消除自激振荡

由于失调电压及失调电流的存在，输入为零时输出往往不为零，此时一般需外加调零电路。为防止电路产生自激振荡，应在运放电源端加上去耗电容，有的运放还需外接频率补偿电路。

五、运放运算放大器的使用技巧

每一种型号的运算放大器都有它确定的性能指标，但在某些具体场合使用时，可能某一项或两项指标不满足使用要求。在这种情况下我们可以在运放的外围附加一些元件，来提高电路的某些指标，这就是运放的使用技巧。

1. 提高输出电压

除高压运放外，一般运放的最大输出电压在供电压为±15V时仅有±12V左右。这在高保真音响电路和自动控制电路中均不能满足要求。这时可采用提高输出电压的方法将输出电压幅度扩展。图3-3所示为最简单的扩展输出电压的方法。

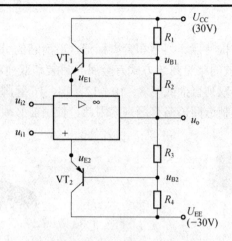

图 3-3 简单输出扩展电压电路

2. 增大输出电流

集成运放的输出电流一般在±10 mA 以下，要想扩大输出电流，最简单的方法是在运放输出加一级射极输出器。图 3-4 所示为双极性输出时的电流扩展电路。当输出电压为正时，VT_1 导通，VT_2 截止；输出电压为负时，VT_1 截止，VT_2 导通。由于有射极输出器的电流放大作用，使输出电流得到扩展。电路中两只二极管的作用是给 VT_1、VT_2 提供合适的直流偏压，以消除交越失真。

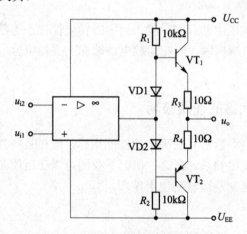

图 3-4 双极性输出时的电流扩展电路

六、理想运放

为简化分析，人们常把集成运放理想化。理想运放电路符号如图 3-5 所示，它与一般运放的区别是多了个"∞"符号。

1. 理想运放的主要条件

（1）开环差模电压放大倍数 $A_{od} \rightarrow \infty$；

（2）开环差模输入电阻 $r_{id} \to \infty$；

（3）共模抑制比 $K_{CMR} \to \infty$；

（4）开环输出电阻 $r_o = 0$。

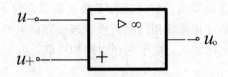

图 3-5　理想运放电路符号

2. 理想运放的特点

工作在线性放大状态的理想运放具有以下两个重要特点：

（1）虚短

对于理想运放，由于 $A_{od} \to \infty$ 而输出电压 u_O 总为有限值，根据 $A_{od} = u_{id} / u_O$ 可知 $u_{id} = 0$ 或 $u_+ = u_-$，也即理想运放两输入端电位相等，相当于两输入端短路，但又不是真正的短路，故称为"虚短"。

（2）虚断

由于理想运放的 $r_{id} \to \infty$，流经理想运放两输入端的电流 $i_+ = i_- = 0$，相当于两输入端断开，但又不是真正的断开，故称为"虚断"，仅表示运放两输入端不取电流。"虚短"、"虚断"示意图如图 3-6 所示。

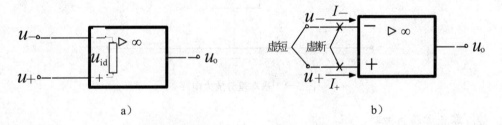

a)　　　　　　　　　　　　　　　b)

图 3-6　"虚短"、"虚断"示意图

a）运放的电压与电流；b）理想运放的"虚短"和"虚断"

第二节　差分放大电路

一个理想的直接耦合放大电路，当输入信号为零时，其输出电压应保持不变。实际上，把直接耦合放大电路的输入端短接，在输出端也会偏离初始值，有一定数值的无规则缓慢变化的电压输出，这种现象称为零点漂移，简称零漂。

引起零点漂移的原因很多，如晶体管参数随温度的变化、电源电压的波动、电路元件参数变化等，其中以温度变化的影响最为严重，所以零点漂移也称温漂。在多级直接耦合放大电路的各级漂移中，又以第一级的漂移影响最为严重。由于直接耦合，在第一级的漂移被逐级传输放大，级数越多，放大倍数越高，在输出端产生的零点漂移越严重。由于零点漂移电压和有用信号电压共存于放大电路中，在输入信号较小时，放大电路就无法正常工作。因此，减小第一级的零点漂移，成为多级直接耦合放大电路一个至关重要的问题。差分放大电路利用两个型号和特性相同的三极管来实现温度补偿，是直接耦合放大电路中抑制零点漂移最有效的电路结构。由于它在电路和性能等方面具有许多优点，因而被广泛应用于集成电路中。

一、基本差分放大电路

1. 电路组成及特点

图 3-7 所示电路为一种基本的差分放大电路。其中 $R_{C1} = R_{C2} = R_C$，$R_{B1} = R_{B2} = R_B$，VT_1 和 VT_2 是两个型号、特性、参数完全相同的晶体管，信号从两管的基极输入（称为双端输入），从两管的集电极输出（称为双端输出）。

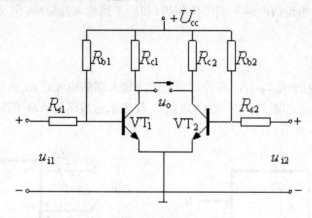

图 3-7　基本差分放大电路

2. 零点漂移的抑制

静态时，即 $u_{i1} = u_{i2} = 0$ 时，放大电路处于静态。由于电路完全对称，两三极管集电极电位 $U_{c1} = U_{c2}$，则输出电压 $U_o = U_{c1} - U_{c2} = 0$。

当温度变化时，两三极管集电极电流 I_{c1} 和 I_{c2} 同时增加，集电极电位 U_{c1} 和 U_{c2} 同时下降，且 $\Delta U_{c1} = \Delta U_{c2}$，$u_o = (U_{c1} + \Delta U_{c1}) - (U_{c2} + \Delta U_{c2}) = 0$，故输出端没有零点漂移，这就是差分放大电路抑制零点漂移的基本原理。

3. 差模信号与差模放大倍数

一对大小相等、极性相反的信号称为差模信号。在差分放大电路中，两输入端分别加入一对差模信号的输入方式，称为差模输入。两个差模信号分别用 u_{id1} 和 u_{id2} 表示，$u_{id1} = -u_{id2}$。因此差模输入时，有 $u_{i1} = u_{id1}$，$u_{i2} = u_{id2} = -u_{id1}$。如图 3-2 所示，由于两管电路对称，两输入端之间的电压 $u_{id} = u_{id1} - u_{id2} = 2u_{id1} = -2u_{id2}$。$u_{id}$ 称为差模输入电压，此时差动放大器的输出电压称为差模输出电压 u_{od}。且有 $u_{od} = u_{c1} - u_{c2}$。

差模电压放大倍数 $A_{ud} = \dfrac{u_{od}}{u_{id}} = \dfrac{u_{c1} - u_{c2}}{u_{id1} - u_{id2}} = -\dfrac{\beta R_{c1}}{r_{be1}} = A_{u1}$，其中 A_{u1} 为单管共射放大电路的

电压放大倍数。

4. 共模信号与共模放大倍数

一对大小相等、极性相同的信号称为共模信号。在差分放大电路中，两输入端分别接入一对共模信号的输入方式，称为共模输入。共模信号用 u_{ic} 表示。因此共模输入时，有 $u_{i1} = u_{i2} = u_{ic}$，此时差动放大器的输出电压称为共模输出电压 u_{oc}。

在共模信号作用下，由于电路完全对称，输出电压 $u_{oc}=0$，共模电压放大倍数

$A_{uc} = \dfrac{u_{oc}}{u_{ic}} = 0$。对于零点漂移现象，实际上可等效为共模信号的作用，所以对零点漂移的

抑制即是对共模信号的抑制。

5. 共模抑制比 k_{CMR}

为了更好地表征电路对共模信号的抑制能力，引入共模抑制比 k_{CMR}

$$k_{CMR} = \left| \frac{A_{ud}}{A_{uc}} \right| \tag{3-1}$$

K_{CMR} 越大，差动放大电路抑制共模信号的能力越强。

综上所述，电路对共模信号无放大作用，只对差模信号才有放大作用，故称此电路为差分放大电路，也即输入有差别，输出就变动，输入无差别，输出就不动简称差放。

二、典型差分放大电路

基本差分放大电路只在双端输出时才具有抑制零漂的作用，而对于每个三极管的集电极电位的漂移并未受到抑制，如果采用单端输出（输出电压从一个管的集电极与"地"之间取出），漂移仍将存在，采用典型差分放大电路，便能很好地解决这一问题。

1. 电路组成与静态分析

典型差分放大电路如图 3-8 所示，电路由两个对称的共射电路通过公共的发射极电阻 R_e 相耦合，故又称为射极耦合差分放大电路。电路由正负电源供电。

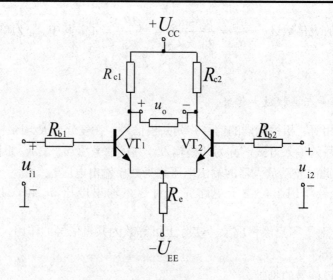

图 3-8　典型的差分放大电路

典型差放的直流通路如图 3-9 所示，由于电路对称，即 $R_{c1} = R_{c2} = R_c$，$R_{b1} = R_{b2} = R_b$，$U_{BE1} = U_{BE2} = U_{BE}$，$\beta_1 = \beta_2 = \beta$，$I_{BI} \cdot R_b + U_{BE} + 2I_{EI} \cdot R_e = U_{EE}$。

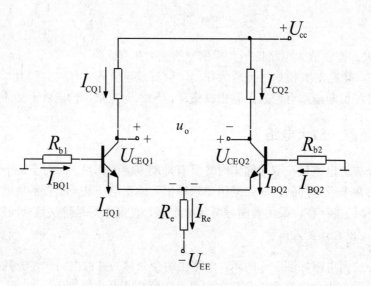

图 3-9　典型差放的直流通路

若 R_e 较大，且满足 $2(1+\beta)R_e > R_{b1}$，又 $U_{EE} >> U_{BE}$，则：

$$I_{c1} = I_{c2} \approx I_{EI} = \frac{U_{EE} - U_{BE}}{2R_e + \dfrac{R_b}{(1+\beta)}} \approx \frac{U_{EE} - U_{BE}}{2R_e} \approx \frac{U_{EE}}{2R_e} \qquad (3-2)$$

$$I_{B1} = I_{B2} = \frac{I_{c1}}{\beta} \qquad (3-3)$$

$$U_{\mathrm{CE1}} = U_{\mathrm{CE2}} = U_{\mathrm{C1}} - U_{\mathrm{E1}} = (U_{\mathrm{CC}} - I_{\mathrm{C1}} \cdot \mathrm{R}_{\mathrm{c}}) - (-U_{\mathrm{BE}} - I_{\mathrm{B1}} \cdot R_{\mathrm{b}})$$

$$= U_{\mathrm{CC}} - I_{\mathrm{C1}} \cdot R_{\mathrm{e}} + U_{\mathrm{BE}} + I_{\mathrm{B1}} \cdot R_{\mathrm{b}} \tag{3-4}$$

2. 动态分析

（1）双端输入双端输出差模特性

如图 3-8 所示，u_{i} 加在差放两输入端之间（双端输入），即 $u_{\mathrm{id}} = u_{\mathrm{i}}$，对地而言，两管输入电压是一对差模信号，即 $u_{\mathrm{id1}} = -u_{\mathrm{id2}} = u_{\mathrm{id}} / 2$。输出负载 R_L 接在两管集电极之间（双端输出），有 $u_{\mathrm{od}} = u_{\mathrm{o}}$。当差模输入时，$\mathrm{VT}_1$、$\mathrm{VT}_2$ 的发射极电流同时流过 R_{e}，且大小相等方向相反，在 R_{e} 上的作用相互抵消，R_{e} 可看做短路。差模交流通路如图 3-10 所示，每管的交流负载 $R'_L = R_{\mathrm{C}} // \dfrac{R_L}{2}$，故双端输出时，差模电压放大倍数为：

$$A_{\mathrm{ud}} = \frac{u_{\mathrm{od}}}{u_{\mathrm{id}}} = \frac{u_{\mathrm{od1}} - u_{\mathrm{od2}}}{u_{\mathrm{id1}} - u_{\mathrm{id2}}} = \frac{2u_{\mathrm{od1}}}{2u_{\mathrm{id1}}} = A_{\mathrm{u1}} = -\frac{\beta R'_L}{R_{\mathrm{b1}} + r_{\mathrm{be}}} \tag{3-5}$$

由此可知，双端输出的差分放大电路的电压放大倍数和单管共射放大电路的电压放大倍数相同。

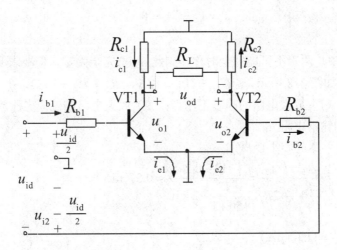

图 3-10　双端输入双端输出输出差模交流通路

电路的输入电阻 R_{id} 则是从两个输入端看进去的等效电阻。由图 3-10 可知：

$$R_{\mathrm{id}} = 2（R_{\mathrm{b}} + r_{\mathrm{be}}） \tag{3-6}$$

电路输出电阻为：

$$R_{\mathrm{o}} = 2R_{\mathrm{c}} \tag{3-7}$$

（2）双端输入双端输出共模特性

如图 3-8 所示，由于电路对称，在共模信号作用下，VT_1、VT_2 管的发射极电流同时流过 R_e，且大小相等方向相同，R_e 上的电流为 $2i_e$。对于每个管子而言，相当于发射极接了一个 $2R_e$ 的电阻。而同时两管集电极产生的输出电压大小相等，极性相同，从而流过 R_L 的电流为零，$u_{oe}=u_{c1}-u_{c2}=0$。共模交流通路如图 3-11 所示。

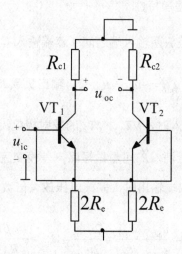

图 3-11 双端输入双端输出共模交流通路

因此：

$$A_{uc} = \frac{u_{oc}}{u_{ic}} = 0 \tag{3-8}$$

在实际电路中，两管不可能完全对称，因此 u_{oc} 不完全为零，但要求 u_{oc} 越小越好。

【例 3-1】 如图 3-8 所示，若 $U_{CC} = U_{EE} = 12\ V$，$R_{b1} = R_{b2} = 1\ k\Omega$，$R_{c1} = R_{c2} = 10\ k\Omega$，$R_L = 10\ k\Omega$，求：（1）放大电路的静态工作点；（2）放大电路的差模电压放大倍数 A_{ud}，差模输入电阻 R_{id} 和输出电阻 R_0。

【解】 （1）求静态工作点

$$I_{c1} = I_{c2} \approx I_{E1} = \frac{U_{EE} - U_{BEQ}}{\frac{R_b}{1+\beta} + 2R_e} = \frac{12 - 0.7}{\frac{1}{50+1} + 2 \times 10} \approx 0.57 (mA)$$

$$I_{B1} = I_{B2} = \frac{I_{c1}}{\beta} = 11.3\ (\mu A)$$

$$U_{CE1} = U_{CE2} = U_{C1} - U_{E1} = (U_{CC} - I_{C1} \cdot R_{c1}) - (-I_{B1} \cdot R_{b1} - U_{BEQ})$$

$$= 12 - 0.564 \times 10 + 0.0113 \times 1 + 0.7 \approx 7.1\ (V)$$

（2）求 A_{ud}、R_{id} 及 R_0。

$$r_{\mathrm{be}} = r_{\mathrm{bb}} + (1+\beta)\frac{U_{\mathrm{T}}}{I_{\mathrm{EI}}} = 300 + (1+50)\frac{26}{0.546} \approx 2.65\,(\mathrm{k}\Omega)$$

$$R'_{\mathrm{L}} = R_{\mathrm{C}} // (\frac{R_{\mathrm{L}}}{2}) = \frac{10\times 5}{10+5} = 3.3\ (\mathrm{k}\Omega)$$

$$A_{\mathrm{ud}} = -\frac{\beta R'_L}{R_{\mathrm{b1}} + r_{\mathrm{be}}} = -\frac{50\times 3.3}{1+2.65} \approx -45.2$$

$$R_{\mathrm{id}} = 2(R_{\mathrm{b}} + r_{\mathrm{be}}) = 7.3(\mathrm{k}\Omega)$$

$$R_{\mathrm{o}} = 2R_{\mathrm{c}} = 20(\mathrm{k}\Omega)$$

【例 3-2】 已知差动放大电路的输入信号 $u_{\mathrm{i1}} = 1.01\,\mathrm{V}$ ，$u_{\mathrm{i2}} = 0.99\,\mathrm{V}$ ，试求差模和共模输入电压；若 $A_{\mathrm{ud}} = -50$ ，$A_{\mathrm{uc}} = -0.05$ ，试求该差动放大电路的输出电压 u_{O} 及 k_{CMR}。

【解】 （1）求差模和共模输入电压

差模输入电压 u_{id}：

$$u_{\mathrm{id}} = u_{\mathrm{i1}} - u_{\mathrm{i2}} = 1.01 - 0.99 = 0.02\ (\mathrm{V})$$

因此 VT$_1$ 管的差模输入电压等于 $\frac{u_{\mathrm{id}}}{2} = 0.01\,\mathrm{V}$ ，VT$_2$ 管的差模输入电压等于 $\frac{u_{\mathrm{id}}}{2} = 0.01\,\mathrm{V}$

共模输入电压 u_{ic}：

$$u_{\mathrm{ic}} = \frac{1}{2}(u_{\mathrm{i1}} + u_{\mathrm{i2}}) = \frac{1}{2}(1.01 + 0.99) = 1(\mathrm{V})$$

（2）求输出电压 u_{o} 及 k_{CMR}

差模输出电压 u_{od}：

$$u_{\mathrm{od}} = A_{\mathrm{ud}}u_{\mathrm{id}} = -50\times 0.02 = -1(\mathrm{V})$$

共模输出电压 u_{oc}：

$$u_{\mathrm{oc}} = A_{\mathrm{uc}}u_{\mathrm{ic}} = -0.05\times 1 = -0.05(\mathrm{V})$$

输出电压 u_{o}：

$$u_{\mathrm{o}} = u_{\mathrm{od}} + u_{\mathrm{oc}} = A_{\mathrm{ud}}u_{\mathrm{id}} + A_{\mathrm{uc}}u_{\mathrm{ic}} = -1 - 0.05 = -1.05(\mathrm{V})$$

共模抑制比 k_{CMR}：

$$k_{\mathrm{CMR}} = 20\lg\left|\frac{A_{\mathrm{ud}}}{A_{\mathrm{uc}}}\right| = 20\lg\frac{50}{0.05} = 20\lg 1000 = 60(\mathrm{dB})$$

第三节　理想运算放大器

利用集成运放作为放大电路，引入各种不同的反馈，使运放工作在不同的区域，就可以构成具有不同功能的实用电路。在分析各种应用电路时，根据运算放大器本身的性能动特点，通常都将集成运放的性能指标理想化，即将其看成为理想运放。尽管集成运放的应用电路多种多样，但就其工作区域却只有两个。在电子电路中，它们不是工作在线性区，就是工作在非线性区。

一、理想运算放大器工作在线性区的特点

当集成运放电路引入负反馈时，集成运放工作在线性区。对于单个的集成运放，通过无源的反馈网络将集成运放的输出端与反相输入端连接起来，就表明电路引入了负反馈，如图 3-12 所示，引入负反馈是集成运放工作在线性区的基本特征。

工作在线性放大状态的理想运放具有"虚短"和"虚断"的两个重要特点。

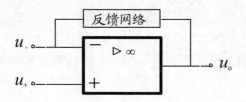

图 3-12　集成运放引入负反馈

二、理想运算放大器工作在非线性区的特点

集成运放在应用过程中若处于开环状态（即没有引入反馈，或只引入了正反馈，则表明集成运放工作在非线性区。

对于理想运放，由于 $A_{od} \to \infty$，只要同相输入端与反相输入端之间有无穷小的差值电压，输出电压就将达到正的最大值或负的最大值，即输出电压 u_o 与输入电压 $(u_+ - u_-)$ 不再是线性关系，称集成运放工作在非线性工作区，其电压传输特性如图 3-13 所示。

理想运放工作在非线性区的两个特点是：

（1）输出电压 u_o 只有两种可能的情况：

当 $u_+ > u_-$ 时，$u_o = +U_{om}$；

当 $u_+ < u_-$ 时，$u_o = -U_{om}$。

（2）由于理想运放的 $R_{id} \to \infty$，则有 $i_+ = i_- = 0$ 即输入端几乎不取用电流。

由此可见，理想运放工作在非线性区时具有"虚断"的特点，但其净输入电压不再为零，而取决于电路的输入信号。对于运放工作在非线性区的应用电路，上述两个特点是分析其输入信号和输出信号关系的基本出发点。

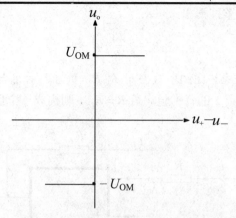

图 3-13　集成运放工作在非线性区时的电压传输特性

第四节　集成运算放大器的线性应用

集成运放的应用首先表现在它能构成各种运算电路图，并因此而得名。集成运放的线性应用用于各种运算电路、放大电路等。在运算电路中，以输入电压作为自变量，以输出电压作为函数；当输入电压变化时，输出电压将按一定的数学规律变化，即输出电压反映输入电压某种运算的结果。因此集成运放必须工作在线性区、深度负反馈条件下，利用反馈网络能实现如比例、加减、积分、微分、指数、对数及乘除等数学运算。

一、比例运算电路

数学中 $y=kx$（k 为比例常数）称为比例运算。在电路中则可通过 $u_o=ku_i$ 来模拟这种运算，比例常数 k 为电路的电压放大系数 A_{uf}。

1. 反相比例运算电路

反相比例运算电路如图 3-14 所示图中 R_f 是反馈电阻，引入了电压并联负反馈，R 是计及信号源内阻的输入回路电阻。由 R_f 和 R 共同决定反馈的强弱。R' 为补偿电阻。以保证集成运放输入级差分放大电路的对称性，其值为 $u_i=0$（即输入端接地）时反相输入端总等效电阻，即 $R'=R//R_f$。

根据理想运放的特点有如下结论：

$$u_+ = u_- = 0 \tag{3-9}$$

$$i_+ = i_- = 0 \tag{3-10}$$

节点 N 的电流方程为：

$$i_R = i_f + i_- = 0$$

$$\frac{U_i - U_-}{R} = \frac{U_- - U_0}{R_f} + 0$$

由于 N 点为虚地，整理得出：

$$u_o = -\frac{R_f}{R} \cdot u_i \qquad (3\text{-}11)$$

即 u_o 与 u_i 成比例关系，比例系数为 $-R_f/R$，负号表示 u_o 与 u_i 反相，比例系数的数值可以是大于、等于和小于 1 的任何值。若 $R = R_f$，则构成一个反相器。

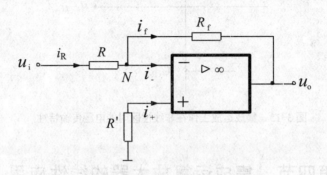

图 3-14　反相比例运算电路

【例 3-1】　由理想集成运算放大器所组成的放大电路如图 3-15 所示，试求 u_o 与 u_i 之比值。

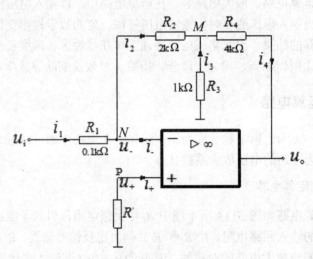

图 3-15　例 3-1 电路图

【解】　根据理想运放工作在线性区的特点，N 点为虚地，则有：

$$\frac{u_i}{R_1} = \frac{-u_M}{R_2} \quad 即 \quad u_M = -\frac{R_2}{R_1} \cdot u_i$$

而流过 R_3 和 R_s 的电流为：

$$i_3 = -\frac{u_M}{R_3} = \frac{R_2}{R_1 R_3} u_i$$

$$i_4 = i_2 + i_3$$

输出电压 $u_0 = -i_2R_2 - i_4R_4$

将各电流表达式代入上式，整理可得：

$$\frac{u_O}{u_i} = \frac{R_2 + R_4}{R_1}\left[1 + \frac{R_2 \cdot R_4}{(R_2 + R_4) \cdot R_3}\right] = -140$$

图 3-15 电路中 R_2、R_3、R_4 构成一 T 型网络电路，可用来提高反相比例运算电路的输入电阻即在 R 较大的情况下，保证有足够大的比例系数，同时反馈网络的电阻也不需很大。

2. 同相比例运算电路

同相比例运算电路如图 3-16 所示。电路引入了电压串联负反馈。

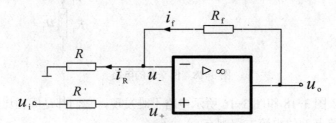

图 3-16　同相比例运算电路

根据"虚短"和"虚断"的概念，有：

$$u_+ = u_- = u_i$$

而 $i_R = i_f$，则有：

$$\frac{u_- - 0}{R} = \frac{u_o - u_-}{R_f}$$

即：

$$u_o = (1 + \frac{R_f}{R})\,u_- = (1 + \frac{R_f}{R})\,u_+ = (1 + \frac{R_f}{R})\,u_i \tag{3-12}$$

式（3-12）表明 u_o 与 u_i 同相且 u_o 大于 u_i。

应特别注意，同相比例运算电路中反相输入端 N 不是虚地点，由于 $u_+ = u_- = u_i$，即共模电压等于输入电压。

由式 3-12 不难看出，若将 R 开路即 $R \to \infty$ 时，只要 R_f 为有限值（包括零），则 $u_o = u_i$，说明 u_o 与 u_i 大小相等，相位相同，这就构成了电压跟随器。图 3-17 所示便是电压跟随器的典型电路。由于集成运放性能优良，用它构成的电压跟随器不仅精度高，而且输入电阻大、输出电阻小。通常用作阻抗变换器和缓冲级。

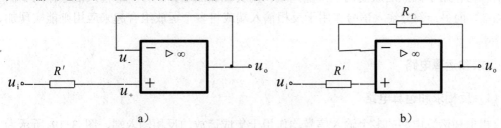

a)　　　　　　　　　　　　　　b)

图 3-17　电压跟随器

【例 3-2】 在图 3-18 所示由理想集成运算放大器所构成的电路中，若 $R_1 = R_f$、$R_2 = R_3$
求输出电流 i_L 与输入电压 u_i 的关系。

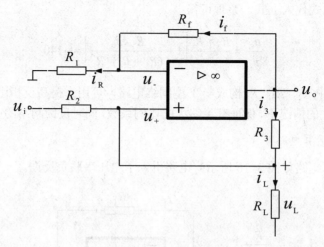

图 3-18　例 9-2 的电路

【解】 比较图 3-18 和图 3-16 所示电路不难发现，它们都是同相比例运算电路。利
用式（3-12）和节点 P 的电流方程则有：

$$u_o = (1 + \frac{R_f}{R_1})u_+ = (1 + \frac{R_f}{R_1})u_L \qquad (3-13)$$

$$i_L = i_2 + i_3 = \frac{u_i - u_L}{R_2} + \frac{u_o - u_L}{R_3} \qquad (3-14)$$

将（3-13）代入（3-14）得：

$$i_L = \frac{u_i - u_L}{R_2} + \frac{(1 + \frac{R_f}{R_1})u_L - u_L}{R_3} = \frac{u_i}{R_2}$$

由此可见，负载中电流 i_L 与输入电压 u_i 成正比，所以图 4-7 所示电路可作为电压-电
流变换器。

二、加、减运算电路

实现多个输入信号按各自不同的比例求和或求差的电路统称为加减运算电路，若所有
输入信号均作用于集成运放的同一个输入端，则实现加法运算；若一部输入信号作用于同
相输入端，而另一部分输入信号作用于反相输入端或将多个运放组合起来应用则能实现加、
减运算。

1. 求和运算电路

（1）反相求和运算电路

反相求和运算电路的多个输入信号均作用于集成运放的反相输入端，图 3-19 所示为

实现三个输入电压反相求和运算的电路。

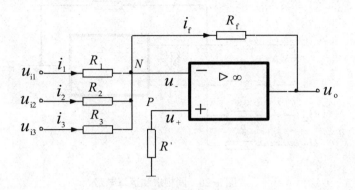

图 3-19 反相求和运算电路

图中的平衡电阻：

$$R' = R_1 // R_2 // R_3 // R_f \tag{3-15}$$

根据电路结构和"虚地"概念，得出：$u_+ = u_- = 0$

反相输入端 N 点为零电位。

根据节点电流定律，有：

$$i_f = i_1 + i_2 + i_3 \tag{3-16}$$

即有：

$$\frac{-u_f}{R_f} = \frac{u_{i1}}{R_1} + \frac{u_{i2}}{R_2} + \frac{u_{i3}}{R_3}$$

所以：

$$u_o = - \left(\frac{R_f}{R_1} u_{i1} + \frac{R_f}{R_2} u_{i2} + \frac{R_f}{R_3} u_{i3} \right) \tag{3-17}$$

从而实现了 u_{i1}、u_{i2}、u_{i3} 按一定比例反相相加，比例系数取决于反馈电阻与各输入回路电阻之比值，而与集成运算放大器本身参数无关，稳定性极高。

若取：$R_1 = R_2 = R_3 = R$

$$u_0 = -\frac{R_f}{R} (u_{i1} + u_{2i} + u_{3i})$$

又满足 $R_f = R$ 时，则：

$$u_o = -(u_{i1} + u_{i2} + u_{i3})$$

如果在图 3-19 的输出端再接一般反相器，可以消去负号，实现完全符合常规的算术加法运算。

对于多输入的电路除了用上述节点电流法求解运算关系外，还可以利用叠加定理得到所有信号共同作用时输出电压与输入电压的运算关系。

（2）同相求和运算电路

当多个输入信号同时作用于集成运放的同相输入端时，应构成同相求和运算电路，如图 3-20 所示。

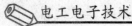
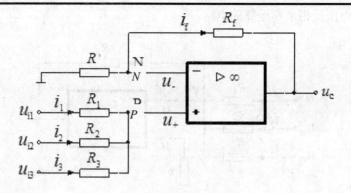

图 3-20　同相求和运算电路

由于 $u_o = (1 + R_f / R') U_+$，只要能求出 u_+ 与 u_{i1}、u_{i2}、u_{i3} 之间的关系，便能得到 u_o 与 u_{i1}、u_{i2}、u_{i3} 之间关系。

根据"虚断"概念，于是有：$i_1 + i_2 + i_3 = 0$

即有：

$$\frac{u_{i1} - u_+}{R_1} + \frac{u_{i2} - u_+}{R_2} + \frac{u_{i3} - u_+}{R_3} = 0$$

移项整理可得：

$$u_+ = \frac{1}{\dfrac{1}{R_1} + \dfrac{1}{R_2} + \dfrac{1}{R_3}} \left(\frac{u_{i1}}{R_1} + \frac{u_{i2}}{R_2} + \frac{u_{i3}}{R_3} \right)$$

$$= (R_1 // R_2 // R_3) \left(\frac{u_{i1}}{R_1} + \frac{u_{i2}}{R_2} + \frac{u_{i3}}{R_3} \right)$$

考虑至平衡条件应满足：$R_1 // R_2 // R_3 = R' // R_f$ 　　　　　　　　　　　　（3-18）

$$u_o = (1 + \frac{R_f}{R_1}) u_f$$

$$= (1 + \frac{R_f}{R}) (R' // R_f) \left(\frac{u_{i1}}{R_1} + \frac{u_{i2}}{R_2} + \frac{u_{i3}}{R_3} \right)$$

$$= R_f (\frac{u_{i1}}{R_1} + \frac{u_{i2}}{R_2} + \frac{u_{i3}}{R_3}) \tag{3-19}$$

从而实现了 u_{i1}、u_{i2}、u_{i3} 按一定比例同相相加，比例系数也是取决于反馈电阻与各输入回路电阻之比值。但在同相加法运算电路中若调节某一输入回路以改变该路的比例系数时，还必须改变 R' 以满足式（3-18）的平衡要求，所以不如反相求和运算电路调节方便。

2. 加减运算电路

由比例运算电路、求和运算电路的分析可知，输出电压与反相输入端信号极性相反，与同相输入端输入电压极性相同，因而如果多个信号同时作用于两个输入端时，那么必然可以实现加减运算。图 3-21 所示为四个输入的加减运算电路。

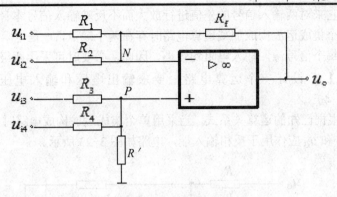

图 3-21 四个输入的加减运算电路

图中 $R_1 // R_2 // R_f = R_3 // R_4 // R'$ 以满足平衡条件要求。利用叠加定理很容易求得 u_o 与 u_{i1}、u_{i2}、u_{i3} 各 u_{i4} 之间的关系。

当 u_{i3}、u_{i4} 短路时：

$$u_{O1} = R_f \left(\frac{u_{i1}}{R_1} + \frac{u_{i2}}{R_2} \right) \tag{3-20}$$

当 u_{i1}、u_{i2} 短路时：

$$u_{O2} = R_f \left(\frac{u_{i3}}{R_3} + \frac{u_{i4}}{R_4} \right) \tag{3-21}$$

当 U_{i1}、U_{i2}、U_{i3}、U_{i4} 共同作用时：

$$u_O = u_{O1} + u_{O2} = \left(\frac{u_{i1}}{R_3} + \frac{u_{i2}}{R_4} - \frac{u_{i1}}{R_1} - \frac{u_{i2}}{R_2} \right) R_f \tag{3-22}$$

若又满足 $R_f = R_1 = R_2 = R_3 = R_4$ 时，则：

$$u_O = u_{i3} + u_{i4} - u_{i1} - u_{i2} \tag{3-23}$$

从而实现了加、减法运算。如果电路有两个输入，且参数对称，如图 3-22 所示，则

$$u_O = \frac{R_f}{R} (u_{i2} - u_{i1}) \tag{3-24}$$

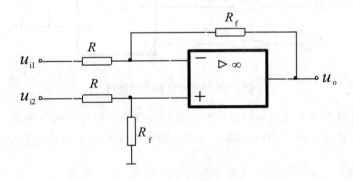

图 3-22 只有两个输入的加、减运算电路

电路实现了对输入差模信号的比例运算，此种形式的电路广泛用于测量电路和自动控

制系统中，用它来对两输入信号的差值进行放大而不反映输入信号本身的大小。

在使用单个集成运放构成加减运算电路时存在两个缺点，一是电阻的选取和调整不方便，二是对于每个信号源，输入电阻均较小。因此，必要时可采用两级电路。

【例 3-3】 设计一个运算电路，要求输出电压和输入电压的运算关系式为 $u_O = 10u_{i1} - 5u_{i2} - 4u_{i3}$。

【解】 根据已知的运算关系式，当采用单个集成运放构成电路时，u_{i1} 应作用于同相输入端，而 u_{i2} 和 u_{i3} 应作用于反相输入端，电路如图 3-23 所示。

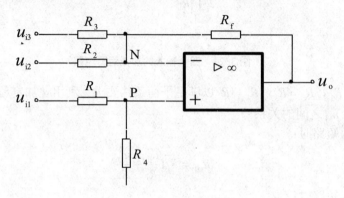

图 3-23　例 3-3 的电路

现选取 $R_f = 100 \text{ k}\Omega$，若 $R_2 // R_3 // R_f = R_1 // R_4$

则：

$$u_O = R_f(\frac{u_{i1}}{R_1} + \frac{u_{i2}}{R_2} - \frac{u_{i3}}{R_3})$$

因为 $R_f/R_1 = 10$，故 $R_1 = 10 \text{ k}\Omega$；$R_f/R_2 = 5$，则 $R_2 = 20 \text{ k}\Omega$，同理 $R_3 = 25 \text{ k}\Omega$

而 $\frac{1}{R_3} + \frac{1}{R_2} + \frac{1}{R_f} = \frac{1}{R_4} + \frac{1}{R_1}$ $\qquad \frac{1}{R_4} = 0 \text{ k}\Omega^{-1}$ $\qquad$ 则 $R_4 \to \infty$。

故可省去 R_4。所设计电路如图 3-24 所示。

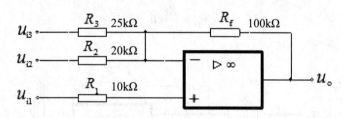

图 3-24　例 3-3 的实际电路

若采用两级电路来实现也可以有多种方法如图 3-25。电路中电阻参数由读者自己决定，如对输入电阻有要求也可采用同相输入方式。若采用反相输入方式则电阻参数容易确定。

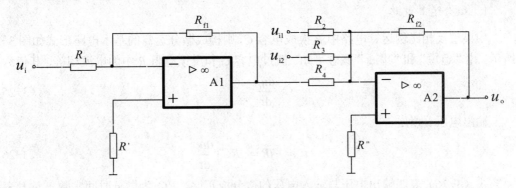

图 3-25 用两级运算实现例 9-3 的电路

【例 3-4】 图 3-26 所示电路中的集成运放 A_1、A_2 都具有理想特性，试求输出电压的表达式。当满足平衡条件时，R' 和 R'' 各等于多少？

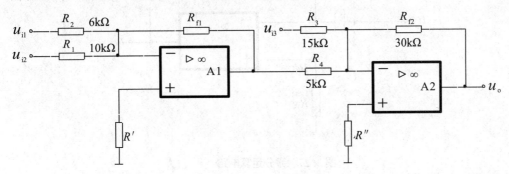

图 3-26 例 9-4 的电路

【解】 利用叠加定理分别求出，u_{o1}、u_o

$$u_{o1} = -R_{f1}\left(\frac{u_{i1}}{R_1} + \frac{u_{i2}}{R_2}\right)$$

$$u_o = -R_{f2}\left(\frac{u_{O1}}{R_4} + \frac{u_{i3}}{R_3}\right)$$

所以：

$$u_o = R_{f2}\left[\frac{R_{f1}}{R_4}\left(\frac{u_{i1}}{R_1} + \frac{u_{i2}}{R_2}\right) - \frac{u_{i3}}{R_3}\right] = 9u_{i1} + 15u_{i2} - 2u_{i3}$$

当满足平衡条件时，同相输入端和反相输入端对地等效电阻相等，所以：

$$R' = R_1 // R_2 // R_{f1} = 3 \text{ k}\Omega$$

$$R'' = R_3 // R_4 // R_{f2} = 3.3 \text{ k}\Omega$$

三、微分和积分运算电路

微分和积分运算互为逆运算。在自控系统中，常用微分电路和积分电路作为调节环节；此外它们还广泛应用于波形的产生和变换以及仪器仪表中。以集成运放作为放大器，用电阻和电容作为反馈网络，利用电容器充电电流与其端电压的关系，可实现微分和积分运算。

1. 微分运算电路

如果将反相比例运算电路中 R 换成电容 C，则构成微分运算的基本电路形式如图 3-27 所示。由"虚短"和"虚断"概念可知，流过电容 C 和反馈电阻 R 中的电流相等，其值为：

$$i = C \cdot \frac{\mathrm{d}u_i}{\mathrm{d}t} \tag{3-25}$$

输出电压 u_o 为：

$$u_o = -iR = -RC \cdot \frac{\mathrm{d}u_i}{\mathrm{d}t} \tag{3-26}$$

式（3-26）表明输出电压与输入电压的微分成正比，RC 为微分时间常数，负号表示 u_o 与 u_i 反相。

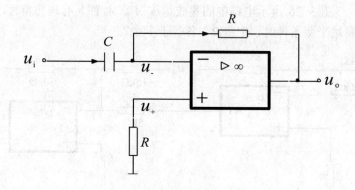

图 3-27 微分运算电路

图 3-28 是一个实用的微分运算电路，图 R_1 限制输入电流，并联的稳压二极管起限制输出电压的作用，电容 C_1 起相位补偿作用，提高电路的稳定性。

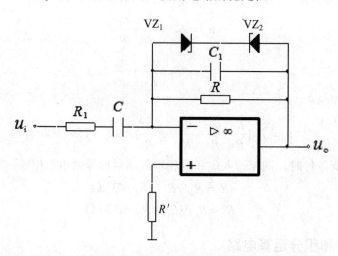

图 3-28 实用的微分运算电路

微分运算电路除作为微分运算外，在脉冲数字电路中常用作波形变换。例如将矩形波变换为尖顶脉冲波。

2. 积分运算电路

积分运算电路是将微分运算电路中的电阻和电容交换位置而构成的,如图3-29所示。

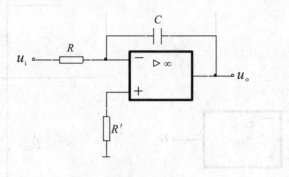

图 3-29 积分运算电路

利用"虚短"和"虚断"概念并设电容 C 上的初始电压为零,则电容 C 将以电流 $i=u_i/R$ 进行充电。于是:

$$u_o = -u_c = -\frac{1}{C}\int i \cdot dt = -\frac{1}{RC}\int u_i \cdot dt \tag{3-27}$$

式（3-27）表明,输出电压与输入电压的积分成正比。负号表示 u_o 与 u_i 的相位相反。

运算放大器除了可以实现比例、加减、微分、积分等数学运算外,若改变反馈网络中元件的性质及将各种运算电路进行不同的组合还可实现指数、对数运算、乘除运算及乘方、开方运算等。

第五节 集成运算放大器的非线性应用——电压比较器

电压比较器是用来对输入信号（被测信号）u_i 和给定参考电压（基准电压）u_{REF} 进行比较,并根据比较结果输出相应的高电平电压 U_{OM} 或低电平电压 $-U_{OM}$,不输出中间其他数值电压的电子装置,实际上也是把模拟信号的放大电路和逻辑电平的变换电路结合在一起的一种电路。所以它也是模拟量与数字量的接口电路,主要用于电平比较,因此,在自动控制、测量、波形产生、变换和整形等方面,电压比较器都有广泛的用途。

只有一个门限电压的比较器称为单限比较器。有过零比较器和一般单限比较器两种。

一、过零比较器

所谓过零比较器就是参考电压为零。待比较电压（输入信号）和零参考电压（基准电压）在输入端进等比较,输出端得到比较后的电压。电路如图3-30所示。

集成运放工作在开环状态,根据运放工作在非线性的特点,输出电压为 $\pm U_{OM}$。当输入电压 $u_i<0$ 时,$u_o=+U_{OM}$；当 $u_i>0$ 时 $u_o=-U_{OM}$。因此,电压传输特性如图3-30b所示。若想获得 u_o 跃变方向相反的电压传输特性,则应在图3-30a中将反相输入端接地而在同相输入端接输入电压。

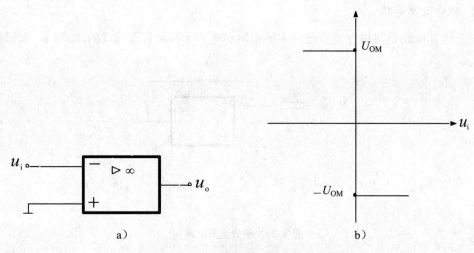

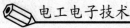

图4-30 过零比较器及其电压传输特性

a）过零比较器；b）电压传输特性

为了限制集成运放的差模输入电压，保护其输入级，可加二级管限幅电路如图 3-31 所示。在实用电路中为了满足负载的需要，常在集成运放的输出端加稳压管限幅电路，从而获得合适的 U_{OL} 和 U_{OH}，如图 3-32a 所示。图中 R 为限流电阻，两只稳压管的稳定电压均应小于集成运放的最大输出电压 U_{OM}。限幅电路的稳压管可接在集成运放的输出端和反相输入端之间，如图 3-32b 所示。

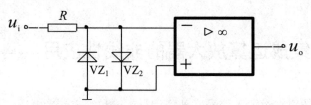

图 3-31 电压比较器输入级的保护电路

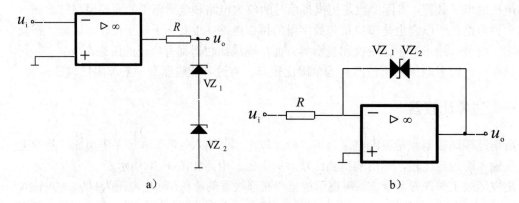

图 3-32 电压比较器的输出限幅电路

二、一般单限比较器

图 3-33a 所示的电路是一般单限比较器，U_{REF} 为外加参考电压。集成运放的反相输入端接信号 u_i，同相输入端接参考电压 U_{REF}。由于 $A_{od} \to \infty$，所以当 $U_- < U_+$，$u_i < U_{REF}$，$u_o = A_{od}$（$U_+ < U_-$）理应为无穷大，但受电源电压的限制，u_o 只能为正极限值 U_{OM}，即 $U_{OH} = -U_{OM}$；反之，当 $U_- > U_+$ 时，u_o 为负极限值，即 $U_{OL} = -U_{OM}$。其传输入特性如图 3-33b 实线所示。如果将参考电压 U_{REF} 与 u_i 的输入端互换，即可得到比较器的另一条传输特性如图 3-33b 中的虚线所示。

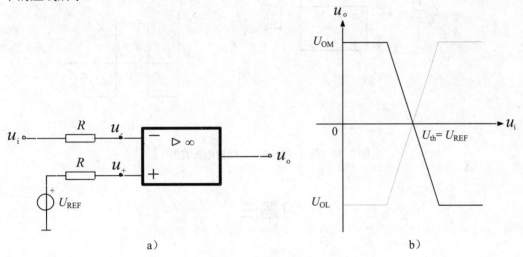

图 3-33 一般单限比较器及其电压传输特性

a）一般单限比较器；b）电压传输特性

【例 3-5】 单限比较器如图 3-34a 所示。已知 VZ_1 和 VZ_2 的稳定电压 $U_{Z1} = U_{Z2} = 5$ V，正向压降 $U_{D1(ON)} = U_{D2(ON)} \leqslant 0.3V$，$R_1 = 30$ kΩ，$R_2 = 10$ kΩ，参考电压 $U_{REF} = 2$ V。若输入电压 $u_i = 3\sin wt$（V），试画出输出电压的波形。

【解】 在电路中，根据"虚短"和"虚断"的概念，利用叠加定理，集成运放反相输入端的电位。

$$u = \frac{R_1}{R_1 + R_2} \cdot u_i + \frac{R_2}{R_1 + R_2} \cdot U_{REF}$$

令 $u_- = u_+ = 0$，则求出门限电压，

$$U_{th} = -\frac{R_2}{R_1} \cdot U_{REF} = -1 \text{（V）}$$

即 u_i 在 $U_{th} = -1$ V 附近稍有变化时，电路就会发生翻转，输出电压为 $U_{OH} = VZ_1 + U_{D2}(ON)$ = 5.3 V，当 $u_i > U_{th} = -1$ V 时，输出电压为 $U_{OL} = (-U_{Z2}) + (-U_{D1(ON)}) = -5.3$ V。根据以上分析结果和 $u_i = 3\sin wt$（V）波形，可画输出波形如图 3-24b 所示。

通过上例分析，得出分析电压比较器传输特性的方法是：首先研究集成运放输出端所接的限幅电路来确定电压比较器的输出电压；其次写出集成运放同相输入端和反相输入等于零时的门限电压 U_{th}；最后，u_o 在 u_i 过 U_{th} 时的跃变方向决定于 u_i 作用于集成运放的哪个

输入端。当 u_i 从反相输入端输入时，$u_i<U_{th}$，$u_o=U_{OH}$；$u_i>U_{th}$ 时，$u_o=U_{OL}$。u_i 从同相输入端输入时，则相反。

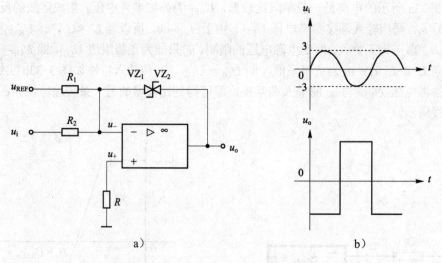

a)
b)

图 3-34　例 3-5 的输入、输出电压波形

习题三

一、填空题

1．两个大小相等、方向相反的信号叫_____；两个大小相等 、方向相同的信号叫_____。

2．差动放大电路的结构应对称，电阻阻值应_____。

3．差动分放大电路能有效的抑制_____信号，放大_____信号。

4．共模抑制比 K_{CMR} 为_____之比，电路的 K_{CMR} 越大，表明电路_____能力越强。

5．差动放大电路的突出优点是_____。

6．差动放大电路用恒流源代替发射极级公共电阻是为了_____。

7．理想运算放大器的开环差模电压放大倍数 A_{uo} 为_____，；输入阻抗 R_{id} 为_____，输出阻抗 R_{od} 为_____。

8．当动放大器两边的输入电压为 $u_{i1}=4$ m，$U_{i1}=-6$ mV，输入信号的差模分量为_____，共模分量为_____。

9．差动放大器两边的输入电压为 $u_{i1}=0.5$ V，$u_{i1}=-0.5$ V，差模电压放大倍数 $A_{ud}=100$，则输出电压为_____。

二、计算题

1．若差动放大电路中一输入端电压 $u_{i1}=3$ mV，试求下列不同情况下的差模分量与共模分量：

（1）$u_{i2}=3$ mV；　　　（2）$u_{i2}=-3$ mV；　　　（3）$u_{i2}=5$ mV；　　　（4）$u_{i2}=-5$ mV。

2．若差动放大电路输出表示式为：$u_o=103u_{i2}-99u_{i1}$，求：

（1）共模放大倍数 A_{uc}；

（2）差模放大倍数 A_{ud}；

（3）共模抑制比 K_{CMR}。

3．图 1 中所示的差动放大电路中，设 $\beta_1=\beta_2=\beta$，$r_{be1}=r_{be2}=r_{be}$。试求：

（1）静态工作点 I_C、U_{CE}；

（2）差模放大倍数 A_{ud} 和共模放大倍数 A_{uc}。

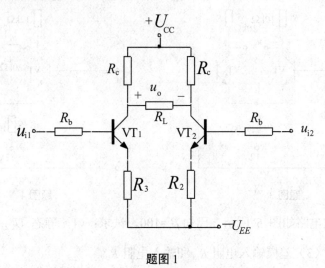

题图 1

4．图 2 中所示电路可实现"零输入时零输出"，即静态时输入端、输出端电位均为零。若三极管均为硅管，其 $U_{BE}=0.7$ V，$\beta=100$，求 R_c 之值。

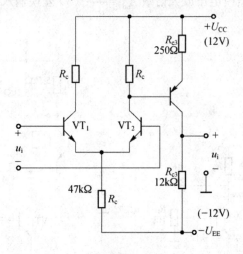

题图 2

5．电路如图 3 所示，已知 VT$_1$、VT$_2$ 的 $\beta_1=\beta_2=80$，$U_{BE1}=U_{BE2}=0.7$ V，$r_{bb}{}'=200$ Ω，

试求：（1）VT_1、VT_2 的静态工作点 I_C 及 U_{CE}；（2）差模电压放大倍数 $A_{ud}=\dfrac{u_o}{u_i}$；（3）差模输入电阻 R_{id} 和输出电阻 R_o。

6. 电路如图 4 所示，已知晶体管的 $\beta_1=\beta_2=100$，$r_{bb'}=200\ \Omega$，$U_{BE1}=U_{BE2}=0.7\ V$。试求：（1）VT_1、VT_2 的静态工作点 I_C 及 U_{CE}；（2）差模电压放大倍数 $A_{ud}=\dfrac{u_o}{u_1}$；（3）差模输入电阻 R_{id} 和输出电阻 R_o。

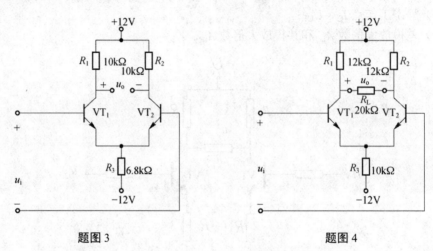

题图 3　　　　　　　　　　　　题图 4

7. 差分放大电路如图 5 所示，已知 $\beta=100$，试求：（1）静态 U_{C2}；（2）差模电压放大倍数 $A_{ud}=\dfrac{u_o}{u_i}$；（3）差模输入电阻 R_{id} 和输入电阻 R_o。

8. 差分放大电路如图 6 所示，已知晶体管的 $\beta=100$，$r_{bb'}=200\ \Omega$，$U_{BE1}=0.7\ V$。试求：（1）静态 U_{C1}；（2）差模电压放大倍数 $A_{ud}=\dfrac{u_o}{u_i}$；（3）差模输入电阻 R_{id} 和输入电阻 R_o。

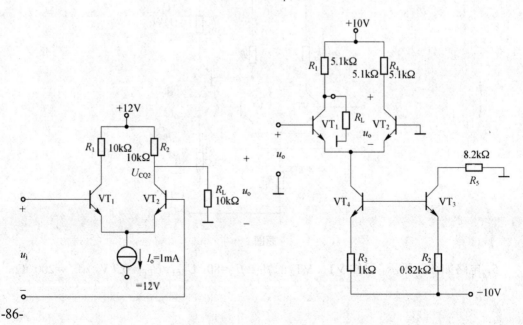

题图 5　　　　　　　　　　　　　　　　　　　　　题图 6

9. 电路如图 7 所示，试求：（1）输入电阻。（2）比例系数。

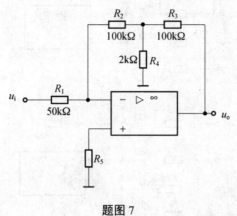

题图 7

10. 电路如图 8 所示，集成运放输出电压的最大幅值为 ±13V，填表 1。

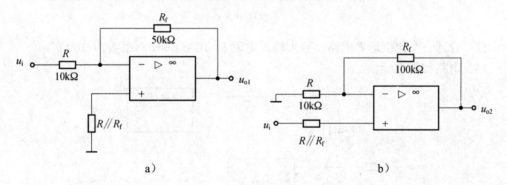

a)　　　　　　　　　　　　　　　　　　　　b)

题图 8

表 1

U_i（V）	0.01	0.1	0.5	1.0	1.5
U_{O1}（V）					
U_{O2}（V）					

11. 试求图 9 所示各电路输出电压与输入电压的运算关系式。

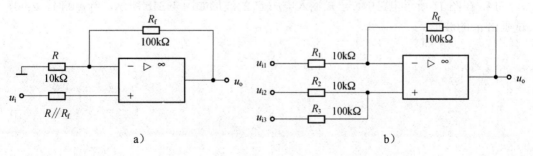

a)　　　　　　　　　　　　　　　　　　　　b)

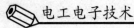

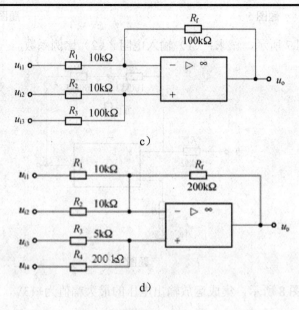

c)

d)

题图9

12. 设计一个比例运算电路，要求输入电阻 R_i=10 kΩ，比例系数为-100。

13. 电路如图 10 所示。

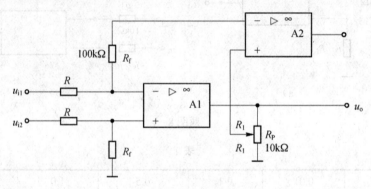

题图10

（1）写出 U_O 与 U_{i1}、U_{i2} 的运算关系式。

（2）当 RW 的动端在最上端时，若 U_{i1}=10 mV，U_{i2}=20 mV，则 U_O=?

（3）若 u_O 的最大幅值为±14 V，输入电压最大值 u_{i1max}=10 mV，u_{i2max}=20 mV，为了保证集成运放工作在线性区，R_2 的最大值为多少？

14. 在图 11 所示电路中，已知输入电压 U_i 的波形如图 4-31b 所示，当 t=0 时，u_o=0，试画出 u_o 的波形。

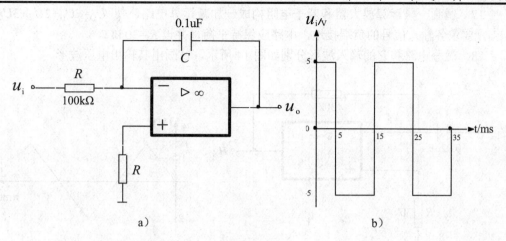

题图 11

15. 在图 12 所示电路中，已知 $R_1=R=R'=100\ \text{k}\Omega$，$R_2=R_f=100\ \text{k}\Omega$ C=1 μF。

（1）试求出 U_o 与 U_i 的运算关系。

（2）设当 $t=0$ 时 $u_o=0$，且 U_I 由零跃变为-1V，试求 u_o 由 0 上升到±6 V 所需时间。

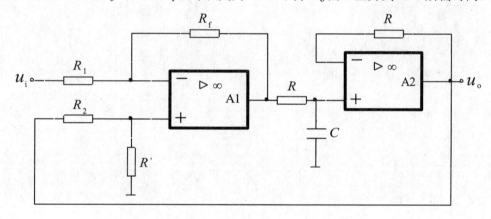

题图 12

16. 如图 13 所示是一减法运算电路，试推导出 U_O 的表达式。若取 $R_f=100\ \text{k}\Omega$，要求 $U_O=5U_{i1}-2U_{i2}$，问 R_1、R_2 应取何值？

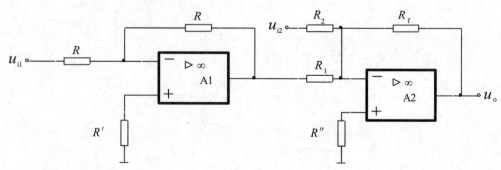

题图 13

17. 试画一只运算放大器和若干电阻构成一加减运算电路，使 $U_O = -U_{i1} + 2U_{i2} + 3U_{i3} - 4U_{i4}$。要求各输入信号的负端接地，电路应保持平衡，并设 $R_f = 30\ \text{k}\Omega$。

18. 微分电路和它的输入波形分别如图 14 所示。试画出其输出电压波形。

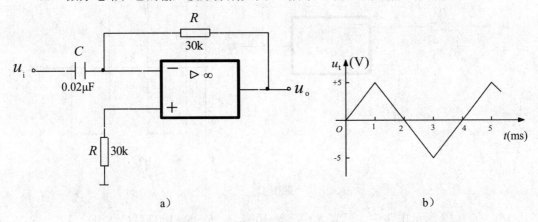

a)   b)

题图 14

第四章 负反馈放大电路

反馈在电子电路中的应用非常广泛。正反馈应用于各种振荡电路，用作产生各种波形的信号源；负反馈则是用来改善放大器的性能。在实际放大电路中几乎都采取负反馈措施。本章从反馈的基本概念入手，给出负反馈放大电路的方框图，介绍负反馈的分类及判别方法，分析负反馈对放大电路性能的影响。

第一节 反馈的基本知识

一、反馈与反馈支路

所谓反馈，就是将放大电路输出信号（电压或电流信号）的全部或一部分，通过反馈支路形成反馈信号引回到输入端，和输入信号作比较（相加或相减），再由比较所得的信号去控制输出。这样一来，输出不但取决于输入，也取决于输出本身。

在第二章的讨论中已经引入过反馈的概念，例如图 2-9 所示共射极放大电路，其工作点的稳定就是通过负反馈来实现的，当温度升高时，三极管参数 β、I_{CEO}、U_{BE} 的变化会导致 I_C 增大，I_C 的增大自然也导致 I_E 增大，于是电阻 R_e 上的压降增加、发射极电压 U_E 升高，由于基极电压 U_B 是稳定不变的，U_E 的升高就使 U_{BE} 下降，这一下降的趋势抵消了温度升高引起的 I_C 的增加，于是就达到了维持集电极电流 I_C 不变的目的。I_C 不变了，工作点就得到了稳定。

第三章讨论典型差分放大电路时，电阻 R_e 对共模信号所起的也是负反馈作用。如图 3-3 所示，输入的共模电压升高，两只晶体管的发射极电流加大，电阻 R_e 上的压降增加，于是，E 点的电压升高，E 点电压的升高趋向于减小两只三极管的发射结电压 U_{BE}，因此共模电压受到抑制。在这里，电阻 R_e 是反馈支路，通过它将输出信号引回到输入端。

二、反馈放大电路的组成

反馈放大电路由基本放大电路、反馈支路（网络）和比较环节组成，用图 4-1 所示的框图来表示反馈放大电路。图中 A 为基本放大电路，F 为反馈网络，圆圈中间加 X 的符号表示比较环节。其中 X_o、X_i 和 X_f 分别表示放大的输出信号、输入信号和反馈信号，它们可以是电压也可以是电流。输出信号 X_o 经反馈网络后形成反馈信号 X_f。X_f 与输出信号成正比，即：

$$X_f = FX_o$$

式中的比例系数 F 称为反馈系数。根据上式，反馈系数为反馈信号与输出信号的比值，即：

$$F = \frac{X_f}{X_o} \qquad (4-1)$$

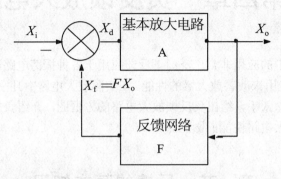

图 4-1 反馈放大电路框图

反馈信号 X_f 通过比较环节与输入信号 X_i 相减或相加，形成差值信号 X_d，这一差值信号是实际输入基本放大电路的信号，称为净输入信号。当比较环节使反馈信号和输入信号相加时，即：

$$X_d = X_i + X_f$$

这时 $X_d > X_i$，反馈信号加强了输入信号，这种反馈为正反馈。当比较环节使反馈信号和输入信号相减时，即：

$$X_d = X_i - X_f \qquad (4-2)$$

这时 $X_d < X_i$，反馈信号削弱输入信号，这种反馈称为负反馈。正反馈极易产生振荡，从而使放大电路工作不稳定，负反馈能有效地改善放大电路的各项性能指标，使放大电路稳定、可靠地工作。

分析图 4-1 所示的框图，设基本放大电路的增益（即开环增益）为 A，它等于放大电路的输出信号 X_o 和净输入信号 X_d 的比值，即：

$$A = \frac{X_o}{X_d} \qquad (4-3)$$

反馈放大电路的增益 A_f 即闭环增益，按定义是输出信号 X_o 和输入信号 X_i 的比值，即

$$A_f = \frac{X_o}{X_i} \qquad (4-4)$$

由式（4-2）解出 X_i 代入式（4-4），并将式（4-3）代入，可求得闭环增益 A_f 为

$$A_f = \frac{X_o}{X_d + X_f} = \frac{X_o / X_d}{X_d / X_d + X_f / X_d} = \frac{A}{1 + AF} \qquad (4-5)$$

式（4-5）表明了开环增益 A、闭环增益 A_f 及反馈系数 F 之间的关系，这是负反馈放大电路的一般表达式，是分析各种负反馈放大电路的基本公式。式中 X_i、X_d 各 X_o 既可以是电压也可以是电流，它们取不同的量可组合成各种不同类型的负反馈放大电路，这时式中 A、A_f 及 F 将有不同的含义。例如，X_i、X_d 和 X_o 都为电压信号时，开环增益 A 是输出电压和净输入电压之比，即为开环电压增益（或开环电压放大倍数）；闭环增益 A_f 是输出电

压和输入电压之比，即为闭环电压增益（或闭环电压放大倍数）；反馈系数是反馈电压和输出电压之比。X_i、X_d 和 X_o 都为电流信号时，开环增益 A 是输出电流和净输入电流之比，为开环电流增益；闭环增益 A_f 是输入电流和输入电流之比，为闭环电流增益；反馈系数是反馈电流和输出电流之比。

从式（4-5）可以看出，闭环增益 A_f 与（$1+AF$）成反比，负反馈时 $|1+AF|>1$，闭环增益 A_f 总小于开环增益 A，$|1+AF|$ 越大，A_f 下降越严重。（$1+AF$）称为反馈深度，它的大小反映了反馈的强弱，乘积 AF 称为环路的增益。

在使用式（4-5）时还要注意：在推导式（4-5）时，假定在开环放大电路中信号只从输入端传向输出端，在反馈网络中信号只从输出端传向输入端，实际上开环放大电路是由三极管、电阻、电容等元器件组成的，这些元器件具有将信号从输入传向输出端的能力，同时也具有使信号从输出端传向输入端的能力。反馈网络一般由无源元件构成，更是具有双向传输的能力，输入信号经比较环节输入基本放大电路的同时，也经反馈网络直接传输至输出端。这些情况在推导时并没有考虑进去，因此前面的推导是近似的，不过在一般情况下，由此所造成的误差并不大。

第二节　反馈电路的类型与判别

一、负反馈放大电路的基本类型

负反馈放大电路千变万化，要了解每个放大电路的各项性能指标，原则上可使用交直流等效电路分析的方法，分别求出静态工作点、闭环电压放大倍数、输入输出电阻等。但当放大电路的级数在二级以上时，这种分析将变得非常复杂。为此，首先研究负反馈的分类，分别研究各类负反馈对放大电路会产生哪些影响，有了这个基础，负反馈电路的分析就可以得到简化。在分析一个具体的负反馈放大电路时，首先确定该电路负反馈类型的归属，然后根据这种类型负反馈放大电路的一般特性，就可以大致知道这一放大电路的特征。在放大电路设计时，情况十分类似：根据放大电路设计要求中对于放大电路性能上的要求选择需要引入的负反馈类型，然根据选定的反馈类型确定反馈电路的连接方式，有必要时再进行定量的计算。

根据反馈信号取自输出电流还是输出电压，可分为电流负反馈和电压负反馈；根据反馈信号与输入信号是电压相加还是电流相加，又可以分为串联反馈和并联反馈，因此负反馈电路就有四种基本类型。

（1）电压串联负反馈：负反馈信号取自输出电压，反馈信号与输入信号相串联。

（2）电压并联负反馈：负反馈信号取自输出电压，反馈信号与输入信号相并联。

（3）电流串联负反馈：负反馈信号取自输出电流，反馈信号与输入信号相串联。

（4）电流并联负反馈：负反馈信号取自输出电流，反馈信号与输入信号相并联。

首先讨论四种基本类型如何判别，然后讨论各种类型负反馈对放大电路性能的影响。在反馈类型的判别之前，首先要确定放大电路中是否存在反馈，该反馈是否属负反馈，即需要判别反馈的极性，此外还要确定是直流反馈、交流反馈还是交直流反馈。

二、反馈极性的判别

在讨论负反馈放大电路的分类之前需要学会如何判别反馈的极性，以便确定究竟是负反馈还是正反馈。

判别反馈的极性，可用"瞬时极性判别法"。具体做法是先假定输入信号处于某一个瞬时极性（用"＋"表示正极性，"－"表示负极性），然后逐级推出各点瞬时极性，最后判断反馈到输入端的信号的极性与原假定极性相同还是相反，若反馈到输入端的信号与输入端信号同一点，极性相同，则为正反馈，极性相反，则为负反馈，若反馈信号与输入信号不同点，则极性相同为负反馈，极性不同则为正反馈。例如，图 4-2a 所示的放大电路，电阻 R_f 将输出信号反馈至输入端，为了判别反馈的极性，假设 VT_1 信号的瞬时极性为"＋"，则 VT_1 集电极输出信号极性为"－"（集电极信号与基极输入信号相位相反），传至 VT_2 射极，信号极性为"－"（基极与发射极同相位），该信号经电阻 R_f 传至 VT_1 输入端极性为"－"，与原输入信号的极性相反，反馈信号与输入信号同一点，因此属负反馈。

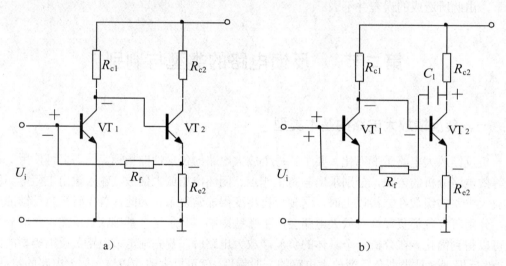

图 4-2　反馈极性的判别

图 4-2b 所示的电路，设 VT_1 基极输入信号的瞬时极性为"＋"，则 VT_1 集电极输出信号极性为"－"，传至 VT_1 的集电极，信号极性为"＋"，该信号经电容 C_1、电阻 R_f 传至 VT_1 输入端极性为"＋"，与原输入信号的极性相同，反馈信号与输入信号同一点，因此图 4-2b 所示的为正反馈。

三、直流负反馈与交流负反馈

负反馈可以存在于交流通路中，也可以存在于直流通路中，它们在负反馈放大电路中所起的作用不同，因此还需要讨论如何区分直流和交流反馈。可分为三种情况：

一是反馈只存在于直流通路中，称为直流反馈，直流负反馈在放大电路中常用于稳定静态工作点。例如，在工作点稳定的共发射极放大电路（见图 2-9）中的负反馈即属于这一种。该电路电阻 R_e 是反馈电阻，R_e 两端并联一旁路电容 C_e，形成交流信号通路，因此，

电阻 R_e 对交流信号没有反馈作用,这种反馈即为直流负反馈。

二是反馈仅存在于交流通路中,这种反馈就属交流反馈。例如,图 4-2b 中 R_f 和 C_1 所形成的反馈即属交流反馈,由于电容 C_1 的隔直流作用,这一支路不存在直流反馈。

三是反馈既存在于交流通路,又存在于直流通路,图 4-3 所示的放大电路中的负反馈即属于这种情况。这是在第二章已经学过的共集电极放大电路,R_e 所形成的直流负反馈,能稳定放大电路的静态工作点,其工作原理和图 2-4 所示共以射极放大电路中的负反馈相同;同时,图中 R_e 也对交流信号形成负反馈。

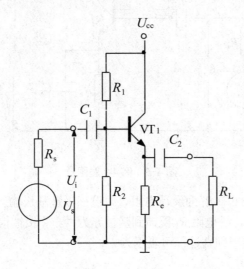

图 4-3　反馈既存在于直流通路又存在于交流通路

四、电压反馈和电流反馈的判别

电压反馈和电流反馈的判别可采用"两点法"。"两点法":反馈信号取自于输出信号同一点,则为电压反馈,取自于不同点,则为电流反馈。

【例 4-1】　共发射极负反馈放大电路如图 4-4 所示,试判别电路中反馈的极性,确定其属于电流反馈还是电压反馈。

【解】　(1)反馈极性的判别

图中电阻 R_e 为反馈电阻,假设输入端三极管 VT_1 基极信号极性为"+",发射极输出的信号极性亦为"+",这一正极性信号趋于减小三极管 b-e 结电压,相当于使基极有一个"−"极性的反馈信号,因此属负反馈。这一判别过程可表示为

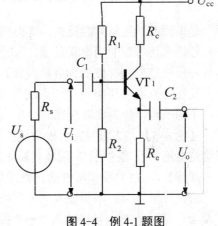

图 4-4　例 4-1 题图

$$U_B \uparrow \rightarrow U_E \uparrow \rightarrow U_{BE} \downarrow$$

(2)电压反馈和电流反馈的判别

输出端交流短路,即 VT_1 集电极经电容 C_2 接地(如图中虚线揭示),这种情况下 R_e

上的反馈电压并没有消失，因此属于电流反馈，这表示反馈信号取自输出电流。

【例4-2】 共发射极负反馈放大电路如图4-5所示，试确定电路中反馈的极性，判断其属于电流反馈还是电压反馈。

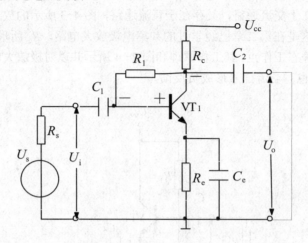

图4-5 例4-2题图

【解】 反馈极性。图中 R_1 为反馈电阻。假设三极管基极输入"＋"极性信号，则集电极输出"－"极性信号，经电阻 R_1 反馈到基极亦为"－"极性信号，与原输入信号极性相反，因此属负反馈。这一判别过程可表示为

$$U_B \uparrow \rightarrow U_C \downarrow$$

用输出短路判别法判别是电流反馈还是电压反馈。输出端交流短路，即 VT_1 集电极经电容 C_2 接是（如图中虚线所示），这种情况下 R_1 上的反馈电压消失，这表示反馈信号取自输出电压，因此属电压反馈。

五、串联反馈和并联反馈的判别

是串联反馈还是并联反馈，可根据反馈信号与输入信号的连接方式来判别。输入信号与反馈信号相串联的为串联反馈，这时两信号在输入端是以电压相加减的形式出现；输入信号与反馈信号相并联的为并联反馈，这时两信号在输入端是以电流相加减的形式出现。并联反馈的判断也可采用"两点法"，即反馈回来的信号与输入信号同一点，则为并联反馈；不同一点，则为串联反馈。

【例4-3】 二级共发射极负反馈放大电路如图4-6所示，反馈支路由 R_F，C_F 组成，试确定电路中反馈的极性，判断其属于电压反馈还是电流反馈，属并联反馈还是串联反馈。

【解】 （1）反馈极性的判别：

假设三极管 VT_1 基极输入"＋"极性信号，则其集电极输出"－"极性信号，经电容 C_2 耦合，三极管 VT_2 基极输入"－"极性信号，其集电极输出"＋"极性信号，这一信号经电容 C_3 电阻 R_F 电容 C_F 耦合，使三极管 VT_1 发射极得到一个"＋"极性信号，发射极电压的升高降低发射结电压，相当于在基极输入"－"极性信号，与原输入信号极性相反，

因此属负反馈。

（2）电压负反馈电流负反馈的判别：

用输出短路判别法，将输出交流短路，这时反馈信号不再存在，可见属电压负反馈。

（3）并联反馈串联反馈的判别：

为判别并联反馈还是串联反馈，画出反馈放大电路的输入回路如图 4-7 所示。假定极管 VT_1 输入信号 U_i，其极性为上"＋"下"－"，根据前面的分析，VT_1 基极"＋"极性信号引起的反馈信号为 U_F，其极性上"＋"下"－"，由图 4-7 所示，信号 U_i 和反馈信号 U_F 在输入回路中的关系是头尾相连接的关系（即电压串联关系），以电压的形式相减，属串联负反馈。因此，图 4-6 所示的即为电压串联负反馈电路。

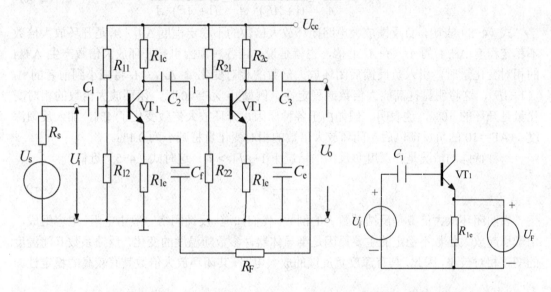

图 4-6　电压串联负反馈电路　　　　　图 4-7　例 4-3 电路的输入回路

第三节　负反馈对放大电路性能的影响

通过前面反馈放大电路框图组成的讨论知道，引入负反馈以后，放大电路的闭环放大倍数总是下降的，以牺牲放大倍数为代价，放大电路的其他性能得到了改善。如提高了放大倍数的稳定性，减小了非线性失真，扩展了通频带；还可以根据需要提高或降低输入、输出电阻。

一、提高放大倍数的稳定性

放大电路的开环放大倍数取决于三极管的电流放大倍数、发射极电阻和负载电阻等，由于温度变化、电源电压波动和负载变动等原因，开环放大倍数是不稳定的。为了说明负反馈在稳定放大电路放大倍数上所起的作用，我们引入开环放大倍数的相对变化量 $\Delta A/A$ 来描述开环放大倍数的稳定程度，其中 ΔA 表示各种原因引起的放大电路开环放大倍数的变化量，该变化量除以放大倍数，即为开环放大倍数的相对变化量。$\Delta A/A$ 越小就表示放

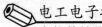

大倍数越稳定。同理，$\Delta A_f / A_f$ 反映闭环放大倍数的稳定性。

式（4-5）两边对 dA 求导：

$$\frac{dA_f}{dA} = \frac{1}{(1+AF)^2} \qquad (4-6)$$

由此可得：

$$\Delta A_f = \frac{1}{(1+AF)^2} \Delta A \qquad (4-7)$$

等式两边除以 A_f：

$$\frac{\Delta A_f}{A_f} = \frac{1}{(1+AF)^2} \frac{\Delta A}{A_f} = \frac{1}{(1+AF)} \frac{\Delta A}{A} \qquad (4-8)$$

式（4-8）表明，负反馈放大电路闭环放大倍数的不稳定程度 $\Delta A_f / A_f$ 是开环放大倍数不稳定程度 $\Delta A/A$ 的 $1/（1+AF）$ 倍，也就是说，由各种原因引起开环放大倍数产生 $\Delta A/A$ 的相对变化量时，引入负反馈后闭环放大倍数的相对变化量 $\Delta A_f / A_f$ 将减小到前者的 $1/（1+AF）$，这将明显提高放大倍数的稳定性。例如 $1+AF=10$ 时，闭环放大倍数的相对变化量是开环的 10%，这表明，假如由于各种原因，开环放大倍数变化了 1%，加入反馈深度 $1+AF=10$ 的负反馈以后，闭环放大倍数的相对变化量将减小为 0.1%。

一种特殊的情况是在深度负反馈的情况下 $|1+AF| \gg 1$，这时式（4-5）近似：

$$A_f = \frac{A}{1+AF} \approx \frac{1}{F} \qquad (4-9)$$

表明闭环放大倍数是反馈系数 F 的倒数。我们知道，反馈网络一般由电阻、电容组成，由于引起放大倍数不稳定的主要原因是半导体器件参数随温度的变化，反馈系数 F 随温度的变化相对较小，因此，具有深度负反馈的放大电路，其闭环放大倍数具有较高的稳定性。

二、减小非线性失真

第二章中曾指出，静态工作点取得过高或过低会导致放大电路输出信号饱和失真或截止失真。除了这种工作点选择不当引起的失真外，放大电路还存在非线性失真。

严格地说，晶体管和场效应管都是非线性的器件。例如，从图 4-8 所示的晶体管输入特性曲线可以看出，基极电流和发射结电压 u_{BE} 之间的关系并不是严格线性的，基极输入电压 u_{BE} 为正弦波时，基极电流并非是完美的正弦波，其正半周明显的偏高。因此，由晶体管组成放大电路时其输出电压也就不会是完美的正弦波。除此之外，放大电路中还可能包含其他非线性元器件（如光电器件等），这些非线性元器件也会造成输出信号偏离正弦波。上述因晶体管等非线性元器件所造成的输出信号失真称为非线性失真。

负反馈如何减小非线性失真呢？下面进行定性的说明。用 A 表示没有引入反馈时的放大电路，输入的正弦波信号经放大后出现非线性失真，输出信号偏离正弦波。如果输出信号的前半周在，后半周小，如图 4-9a 所示，这表示基本放大器 A 的非线性趋向于使输入信号的前半周有更高的放大倍数。现在加入负反馈（见图 4-9b），输出电压经反馈网络输出反馈信号 X_f，设反馈系数 F 为常数，则所形成的反馈信号 X_f 也是前半周大，后半周小。反馈信号与正常的输入信号 X_i 相减后所形成净输入信号 $X_d - X_i$　X_f，却变成了前半周小，后半周大，这样就使输出信号的前半周得到压缩，后半周得到扩大，结果使前、后半周的幅度趋于一致，于是就使输出信号的非线性失真变小。

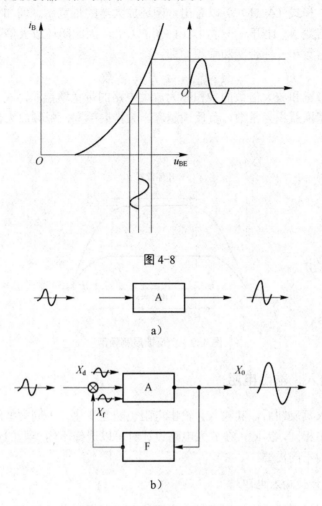

图 4-8

a)

b)

图 4-9 负反馈减小非线性失真

三、展宽通频带

负反馈能展宽放大电路的通频带，展宽的原理和改善非线性失真类似。在低频段和高频段由于输出信号下降，因反馈系数 F 为一固定值，反馈至输入端的反馈信号也下降，于是原输入信号与反馈信号相减后的净输入信号增加，从而使得放大电路输出的下降程度经不加负反馈时为小，这就相当于放大电路的通频得到了展宽。负反馈展宽通频带的情况如图 4-9 所示，图中 F_{bw} 为开环带宽，F_{bwf} 为展宽后的闭环带宽。可以证明：

$$F_{bwf} = (1 + A_m F) f_{bw} \qquad （4-10）$$

即通频带被展宽了 $（1+A_m F）$ 倍。式中 A_m 为开环情况下的中频放大倍数。加了负反、反馈以后，闭环中频放大倍数 $A_m f$ 因负反馈而下降为：

$$A_{mf} = \frac{A}{(1 + A_m F)} A_m \qquad (4\text{-}11)$$

由式（4-10）和式（4-11）可以看出，闭环放大器的带宽 f_{bwf} 增加了（$1+A_m F$）倍，同时其中频放大倍数 A_{mf} 比开环小了 $1/$（$1+A_m F$）倍，因此闭环放大倍数和闭环带宽的乘积等于开环放大倍数和开环带宽和乘积，即：

$$A_{mf} f_{bwf} = A_m f_{bw} = 常数 \qquad (4\text{-}12)$$

放大电路的带宽和放大倍数的乘积称为放大电路的带宽增益积，式（4-12）表明负反馈放大电路的带宽增益积为常数，负反馈越深，频带展越宽，中频放大倍数也下降得越厉害。

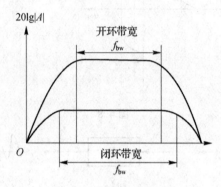

图 4-9　负反馈展宽频带

四、改变输入、输出电阻

放大电路引入负反馈后，其输入、输出电阻也随之变化。不同类型的反馈对输入、输出电阻的影响各不相同，因此，在放大电路设计时可以选择不同类型的负反馈以满足对于输入、输出电阻的不同需要。

1. 串联负反馈使输入电阻增大

无论采用电压反馈还是电流负反馈，只要输入端属串联负反馈方式，与无反馈时相比其输入电阻都要增加，增加的倍数即为反馈深度（$1+AF$），即：

$$r_{if} = (1 + AF) r_i \qquad (4\text{-}13)$$

式中，r_{if} 为加负反馈后的输入电阻；r_i 为无负反馈时的输入电阻。

2. 并联负反馈使输入电阻减小

无论采用电压负反馈还是电流负反馈，只要输入端属并联负反馈方式，与无反馈时相比，其输入电阻都要减不，减小的倍数即为反馈深度（$1+AF$），即：

$$r_{if} = \frac{r_i}{1 + AF} \qquad (4\text{-}14)$$

式中，r_{if} 为加负反馈后的输入电阻；r_i 为无负反馈时的输入电阻。

3. 电压负反馈使输出电阻减小。

电压负反馈趋向于稳定输出电压，因此将减小输出电阻。这是因为一个电源的内阻（相当于放大器的输出电阻）很低时，其输出电压就不会随负载电阻的变化而发生很大的变化；反之，电源内阻很高，负载电阻变化时输出电压也随之变化，电源内阻越低，输出电压越稳定。电压负反馈能稳定输出电压，说明其输出电阻一定是降低的。

可以证明，电压负反馈放大电路闭环输出电阻 R_{of} 减小的数是反馈深度（$1+AF$）：

$$r_{of} = \frac{r_o}{1+AF} \tag{4-15}$$

4. 电流负反馈使输出电阻增大

电流负反馈趋向于稳定输出电流，因此将增加输出电阻。输出电流的稳定是与高输出电阻相联系的，电源的内阻（相当于放大器的输出电阻）很高。其输出电流就不会因负载电阻的变化而发生很大的变化，就能稳定输出电流。电流负反馈能稳定输出电流，说明其输出电阻一定是提高的。

可以证明，电流负反馈放大电路闭环输出电阻 R_{of} 提高的倍数也是反馈深度（$1+AF$）：

$$r_{of} = (1+AF)r_o \tag{4-16}$$

习题四

1. 什么是反馈？常见的反馈有哪几类？
2. 简述不同类型的负反馈对放大器的 R_i、R_o 产生何种影响？
3. 在图 1 所示的各电路中，试判断：
(1) 反馈网络由哪些元件组成？
(2) 哪些构成本级反馈？哪些构成级间反馈？

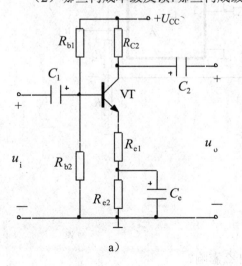

a)

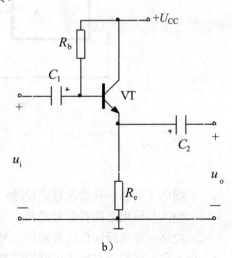

b)

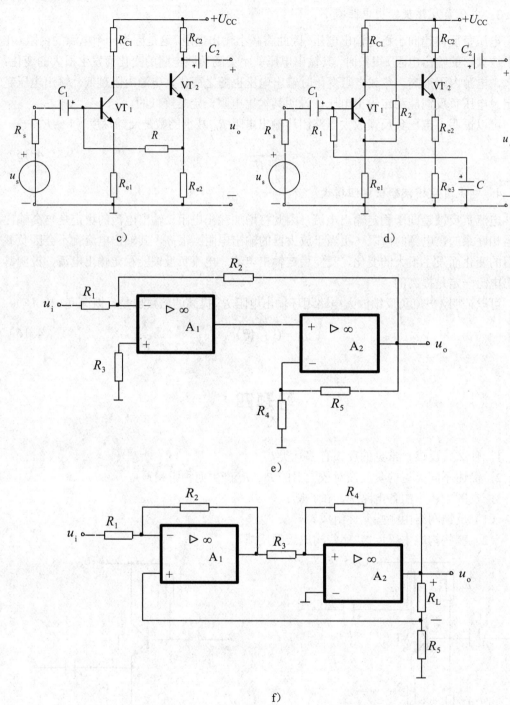

题图 1

4. 试指出下列哪一种情况存大反馈：

（1）输入与输出之间有信号通路；

（2）电路中存在反向传达室输的信号通路。

5. 引入负反馈后，对放人电路的性能产生什么影响？

6．如果要求：（1）稳定静态工作点；（2）稳定输出电压；（3）稳定输出电流；（4）提高输入电阻；（5）降低输出电阻。分别应引入什么类型的反馈？

7．为什么负反馈会减少输出波形的非线性失真？

8．什么叫自激？有哪些原因会引起自激？如何避免？

9．试分析图 2 所示的电路，指出反馈元件、反馈极性和组态，并说明这些反馈对放大电路性能各有何不同的影响？

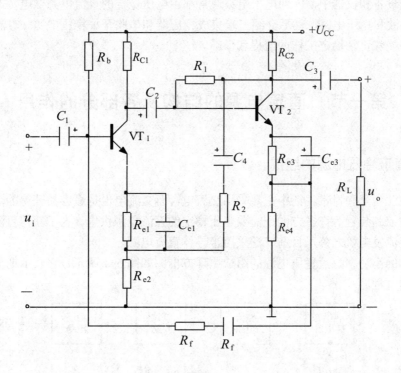

题图 2

10．指出下面的说法是否正确，并说明理由。

（1）负反馈能改善放大器的非线性失真，截止失真和饱和失真都属于非线性失真，因此当放大器加上负反馈后，就不会出现截止失真和饱和失真了，静态工作点如何设置也就无关紧要了。

（2）负反馈能展宽频带，因此可以用低频管代替高频管，只要加上足够深的负反馈即可。

第五章　直流稳压电源

在电子设备和仪器中，内部电子电路通常都由电压稳定的直流电源供电，本章首先讨论整流、滤波和稳压电路，然后介绍三端集成稳压器和串联开关稳压电源。直流稳压电源是电子电路能够正常稳定工作的前提和保障。

第一节　直流电源的结构及各部分的作用

一、直流稳压电源的组成

在工农业生产和日常生活中主要采用交流电，而交流电也是最容易获得的，但在电子线路和自动控制装置等许多方面还需要电压稳定的直流电源供电。为了获得直流电，除了用电池和直流发电机之外，目前广泛采用半导体直流电源。

最简单的小功率直流稳压电源的组成原理方框图如图 5-1 所示，它表示把交流电转换成直流电的过程。

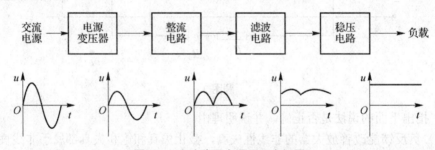

图 5-1　直流稳压电源原理方框图

各部分作用如下：

（1）整流电路是将工频交流电转换为具有直流电成分的脉动直流电。

（2）滤波电路是将脉动直流中的交流成分滤除，减少交流成分，增加直流成分。

（3）稳压电路对整流后的直流电压采用负反馈技术进一步稳定直流电压。在对直流电压的稳定程度要求较低的电路中，稳压环节也可以不要。

二、直流稳压电源工作过程

其工作过程一般为：首先由电源变压器将 220 V 的交流电压变换为所需要的交流电压值；然后利用整流元件（二极管、晶闸管）的单向导电性将交流电压整流为单向脉动的直流电压，再通过电容或电感储能元件组成的滤波电路减小其脉动成分，从而得到比较平滑的直流电压；经过整流、滤波后得到的直流电压是易受电网波动（一般有 ±10% 左右的波动）及负载变化的影响，因而在整流、滤波电路之后，还需稳压电路，当电网电压波动、负载和温度变化时，维持输出直流电压的稳定。

第二节　二极管整流电路

整流电路的任务是将交流电变换成直流电。完成这一任务主要靠二极管的单向导电作用，因此二极管是构成整流电路的关键元件（常称之为整流管）。常见的整流电路有单相半波、全波、桥式整流电路。

一、单相半波整流电路

图 5-2 表示一个最简单的单相半波整流电路。图中 T 为电源变压器，它将 220 V 的电网电压变换为合适的交流电压，VD 为整流二极管，电阻 R_L 代表需要用直流电源的负载。

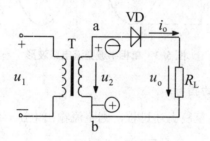

图 5-2　单相半波整流电路

1. 工作原理

设 $u_2 = \sqrt{2}U_2 \sin \omega t V$，其中 u_2 为变压器副边电压有效值。在 $0 \sim \pi$ 时间内，即在变压器副边电压 u_2 的正半周内，其极性是上端为正、下端为负，二极管 VD 承受正向电压而导通，此时有电流流过负载，并且与二极管上流过的电流相等，即 $i_o = i_{VD}$。忽略二极管上的压降，负载上输出电压 $u_o = u_2$，输出波形与 u_2 相同。

在 $\pi \to 2\pi$ 时间内，即在 u_2 负半周时，变压器副边电压上端为负，下端为正，二极管 VD 承受反向电压，此时二极管截止，负载上无电流流过，输出电压 $u_O = 0$，此时 u_2 电压全部加在二极管 VD 上。其电路波形如图 5-3 所示。

综合上述，单相半波整流电路的工作原理为：在变压器副边电压 u_2 为正的半个周期内，二极管正向导通，电流经二极管流向负载，在 R_L 上得到一个极性为上正下负的电压；而在 u_2 为负半周时，二极管反向截止，电流等于零。所以在负载电阻 R_L 两端得到的电压 u_o 的极性是单方向的，达到了整流的目的。从上述分析可知，此电路只有半个周期有波形，另外半个周期无波形，因此称其为半波整流电路。

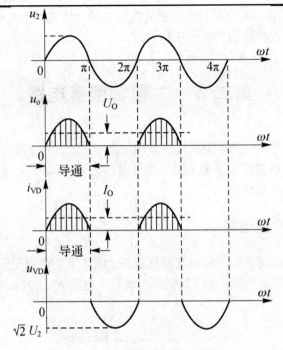

图 5-3　单相半波整流电路波形

2. 单相半波整流电路的指标

单相半波整流电路不断重复上述过程，则整流输出电压有：

$$u_{\mathrm{O}} = \begin{cases} \sqrt{2}U_2\sin\omega t\,V & 0 \leqslant \omega t \quad \pi \\ 0 & \pi \leqslant \omega t \quad 2\pi \end{cases}$$

负载上输出平均电压（U_{o}）即单相半波整流电压的平均值为：

$$U_{\mathrm{O}} = \frac{1}{2\pi}\int_0^{2\pi} u_0 \mathrm{d}(\omega t) = \frac{1}{2\pi}\int_0^{2\pi} \sqrt{2}u_2\sin\omega t\mathrm{d}(\omega t) = \frac{\sqrt{2}}{\pi}U_2 = 0.45U_2 \tag{5-1}$$

为了选用合适的二极管，还须计算出流过二极管的正向平均电流 I_{VD} 和二极管承受的最高反向电压 U_{RM}。

流经二极管的电流等于负载电流：

$$I_{\mathrm{VD}} = I_{\mathrm{o}} = \frac{U_{\mathrm{o}}}{R_{\mathrm{L}}} = 0.45\frac{U_2}{R_{\mathrm{L}}} \tag{5-2}$$

二极管承受的最大反向电压为变压器副边电压的峰值，即：

$$U_{\mathrm{RM}} = \sqrt{2}U_2 \tag{5-3}$$

单相半波整流电路比较简单，使用的整流元件少；但由于只利用了交流电压的半个周期，因此变压器利用率和整流效率低，输出电压脉动大，仅适用于负载电流较小（几十毫安以下）且对电源要求不高的场合。

二、单相全波整流电路

图 5-4 所示为全波整流电路，它实际上是由两个半波整流电路组成。变压器次级绕组具有中心抽头，使次级的两个感应电压大小相等，但对地的电位正好相反。

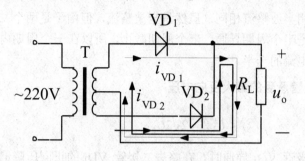

图 5-4　全波整流电路

1. 工作原理

在 u_2 的正半周内，变压器副边电压是上端为正、下端为负，二极管 VD$_1$ 承受正向电压而导通，电流 i_{VD1} 经负载 R_L 回到变压器副边中心抽头；此时二极管 VD$_2$ 因承受反向电压作用而截止，因此 VD$_2$ 支路中没有电流流过。

在 u_2 的负半周内，变压器副边电压是上端为负、下端为正，二极管 VD$_1$ 因承受反向电压作用而截止，因此 VD$_1$ 支路中没有电流流过；此时二极管 VD$_2$ 承受正向电压而导通，电流 i_{VD2} 经负载 R_L 回到变压器副边中心抽头。

由此可见，在变压器副边电压 u_2 的整个周期内，两个二极管 VD$_1$、VD$_2$ 轮流导通，使负载上均有电流流过，且流过负载的电流 i_o 是单一方向的全波脉动电流，故这种整流电路称为全波整流电路，其电路工作波形如图 5-5 所示。

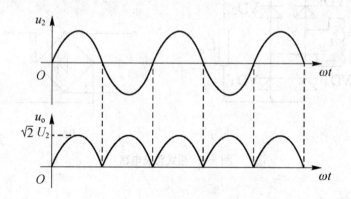

图 5-5　全波整流电路波形图

2. 单相全波整流电路的指标

（1）输出电压、电流的平均值

$$U_o = 0.9U_2 \tag{5-4}$$

$$I_o = 0.9U_2/R_L \qquad (5-5)$$

（2）整流二极管的平均电流

$$I_{VD} = \frac{1}{2} I_o = 0.45 \frac{U_2}{R_L} \qquad (5-6)$$

这个数值与单相半波整流相同，虽然是全波整流，但由于是两个二极管轮流导通，对于单个二极管仍然是半个周期导通，半个周期截止，所以在一个周期内流过每个二极管的平均电流只有负载电流的一半。

（3）整流二极管承受的最大反向电压

$$U_{RM} = 2\sqrt{2}U_2 \qquad (5-7)$$

这是因为当二极管 VD_1 导通时，在略去二极管 VD_1 的正向压降情况下，此时反向截止的二极管 VD_2 上的反向电压等于变压器整个副边的全部电压，其最大值为 $2\sqrt{2}U_2$。同理，当 VD_2 导通时，作用在 VD_1 上的反向电压也是如此。

单相全波整流电路的整流效率高，输出电压高且波动较小，但变压器必须有中心抽头，二极管承受的反向电压高，电路对变压器和二极管的要求较高。

三、单相桥式整流电路

单相半波、全波整流电路有明显的不足之处，针对这些不足，在实践中又产生了桥式整流电路，如图 5-6 所示。四个二极管组成一个桥式整流电路，这个桥也可以简化成如图 5-6b 所示。

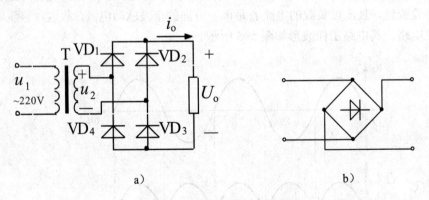

a)　　　　　　　　　　　　b)

图 5-6　桥式整流电路

1. 工作原理

单相桥式整流电路由变压器、四个二极管和负载组成。当 U_2 为正半周时，二极管管 VD_1 和 VD_3 导通，而二极管 VD_2 和 VD_4 截止，负载 R_L 上的电流是自上而下流过负载，负载上得到了与 U_2 正半周相同的电压；在 U_2 的负半周，二极管 VD_2 和 VD_4 导通而 VD_1 和 VD_3 截止，负载 R_L 上的电流仍然是自上而下流过负载，负载上得到了与 U_2 负半周相同的电压。其电路工作波形如图 5-7 所示。

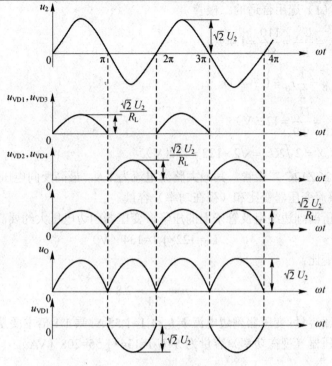

图 5-7 桥式整流波形

2. 单相桥式整流电路的指标

（1）输出电压、电流的平均值

$$U_o = 0.9 U_2 \tag{5-8}$$

$$I_o = 0.9 U_2 / R_L \tag{5-9}$$

（2）整流二极管的平均电流

$$I_{VD} = \frac{1}{2} I_o = 0.45 \frac{U_2}{R_L} \tag{5-10}$$

这个数值与单相半波整流相同，虽然是全波整流，但由于是两组二极管轮流导通，对于单个二极管仍然是半个周期导通，半个周期截止，所以在一个周期内流过每个二极管的平均电流只有负载电流的一半。

（3）整流二极管承受的最大反向电压

$$U_{RM} = \sqrt{2} U_2 \tag{5-11}$$

综上所述，单相桥式整流电路比单相半波整流电路只是增加了整流二极管的个数，结果使负载上的电压与电流都比单相半波整流提高一倍，而其他参数没有变化。因此，单相桥式整流电路得到了广泛应用。

【例 5-1】 有一单相桥式整流电路要求输出电压 $U_O = 110\,\text{V}$，$R_L = 80\,\Omega$，交流电压为 $380\,\text{V}$，（1）如何选用合适的二极管？（2）求整流变压器变比和（视在）功率容量。

【解】 （1）选用合适的二极管

$$I_O = \frac{U_O}{R_L} = \frac{110}{80} = 1.4(A)$$

$$I_{VD} = \frac{1}{2}I_O = 0.7(A)$$

$$U_2 = \frac{U_O}{0.9} = 122(V)$$

$$U_{RM} = 2\sqrt{2}U_2 = \sqrt{2} \times 122 = 172(V)$$

由此可选 2CZ12C 二极管，其最大整流电流为 1 A，最高反向电压为 300 V。

（2）求整流变压器变比和（视在功率）容量

考虑到变压器副边绕组及管子上的压降，变压器副边电压大约要高出 10%，即：

$$U_2=122\times1.1=134 （V）$$

则变压器变比：

$$n = \frac{380}{134} = 2.8$$

再求变压器容量：变压器副边电流 $I=I_O\times1.1=1.55 A$，乘 1.1 倍主要是考虑变压器损耗。故整流变压器（视在功率）容量为 $S=U_2I=134\times1.55=208$ （VA）。

第三节 滤波电路

经过整流后，输出电压在方向上没有变化，但输出电压起伏较大，这样的直流电源如作为电子设备的电源会产生不良的影响，甚至不能正常工作。为了改善输出电压的脉动性，必须采用滤波电路。常用的滤波电路有电容滤波、电感滤波、LC 滤波和 π 型号滤波。

一、电容滤波

最简单的电容滤波电路是在整流电路的负载 RL 两端并联一只较大容量的电解电容器，如图 5-8a 所示。

当负载开路时，设电容无能量储存，输出电压从零开始增大，电容器开始充电，充电时间常数 $\tau =R_{in}C$（其中 R_{in} 为变压器副边绕组和二极管的正向电阻），由于变压器副边绕组和二极管的正向电阻小，电容器充电很快达到 u_2 的最大值 $u_c = \sqrt{2}U_2$，此后 u_2 下降，由于 $u_2<u_c$ 四只二极管处于反向偏置而截止，电容无放电回路，所以 u_o 从最大值下降时，电容可通过负载 R_L 放电，放电时间常数为 $\tau =R_LC$，在 R_L 较大时，放电时间常数比充电时间常数大，u_o 按指数规律下降。U_o 的值再增大后，电容再继续充电，同时向负载提供电流，电容上的电压仍然很快地上升，达到 u_2 的最大值后，电容又通过负载 R_L 放电，这样不断地进行充电放电，在负载上得到比较平滑的电流电压波形。如图 5-8b 所示。

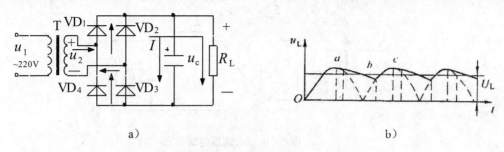

a)

b)

图 5-8 桥式整流电容滤波电路和工作波形

在实际应用中，为了保证输出电压的平滑，使脉动万分减小，电容器 C 的容量选择应满足 $R_L C \geqslant (3 \sim 5) T/2$，其中 T 为交流电的周期。在单相桥式整流电容滤波时的直流电压一般为：

$$U_O \approx 1.2 U_2 \qquad (5-12)$$

电容滤波电路简单，但负载电流不能过大，否则会影响滤波效果，所以电容滤波适用于负载变动不大、电流较小的场合。

二、电感滤波

在整流电路和负载之间，串联一个电感量较大的铁心线圈就构成了一个简单的电感滤波电路，如图 5-9 所示。

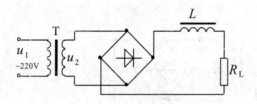

图 5-9 电感滤波电路

根据电感的特点，流过线圈的电流发生变化时，线圈中要产生自感电动势的方向与电流方向相反，自感电动势阻碍电流的增加，同时将能量储存起来，使电流增加缓慢；反之，当电流减小时，自感电流减小缓慢。因而使负载电流和负载电压脉动大为减小。

电感滤波电路外特性较好，带负载能力较强，但是体积大，比较笨重，电阻也较大，因而其上有一定的直流压降，造成输出电压的降低。在单相桥式整流电感滤波时的直流电压一般为：

$$U_O \approx 0.9 U_2 \qquad (5-13)$$

三、复式滤波

1. LC 滤波电路

采用单一的电容或电感滤波时，电路虽然简单，但滤波效果欠佳，大多数场合要求滤波效果更好。可把两种滤波方式结合起来，组成 LC 滤波电路，如图 5-10 所示。

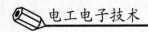
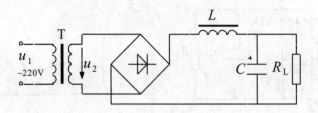

图 5-10 LC 滤波电路

与电容滤波电路比较，LC 滤波电路的优点是：外特性比较好，负载对输出电压影响小，电感元件限制了电流的脉动峰值，减小了对整流二极管的冲击。它主要适用于电流较大，要求电压脉动较小的场合。LC 滤波电路的直流输出电压平均值和电感滤波电路一样，为：

$$U_O \approx 0.9U_2 \tag{5-14}$$

2. π 型滤波电路

为了进一步减小输出的脉动成分，可在 LC 滤波电路的输入端再增加一个滤波电容就组成了 LC—π 滤波电路，如图 5-11a 所示。这种滤波电路的输出电流波形更加平滑，适当选择电路参数，输出电压同样可以达到 $U_O \approx 1.2U_2$。

当负载电阻 R_L 较大，负载电流较小时，可用电阻代替电感，组成 RC-π 滤波电路，如图 5-11b 所示。这种滤波电路体积小，重量轻，所以得到广泛应用。

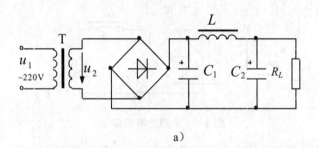

a）

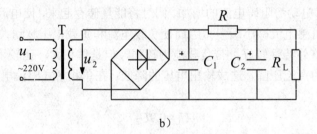

b）

图 5-11 型滤波电路

a）LC-π 滤波电路；b）RC-π 滤波电路

第四节　稳压电路

整流、滤波后得到的直流输出电压往往会随交流电压的波动和负载的变化而变化。造成这种直流输出电压不稳定的因素有两个：一是当负载改变时，负载电流将随着改变。由于电源变压器和整流二极管、滤波电容都有一定的等效电阻，因此当负载电流变化时，等效电阻上的压降也变化，即使交流电网电压不变，直流输出电压也会改变。二是电网电压常有一些变化，在正常情况下变化±10%是常见的。当电网电压变化时，即使负载未变，直流输出电压也会改变。当用一个不稳定的电压对负载进行供电时，会引起负载的工作不稳定，甚至不能工作。特别是一些精密仪器、计算机、自动控制设备等都要求有很稳定的直流电源。因此在整流滤波电路后面需要再加一级稳压电路，以获得稳定的直流输出电压。

一、稳压电路的工作原理

利用一个硅稳压管 VZ 和一个限流电阻 R 即可组成一简单稳压电路。电路如图 5-12 所示。图中稳压管 VZ 与负载电阻 R_L 并联，在并联后与整流滤波电路连接时，要串上一个限流电阻 R，由于 VZ 与 R_L 并联，所以也称并联型稳压电路。

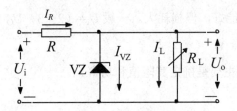

图 5-12　硅稳压管稳压电路

这里要指出的是：硅稳压管的极性不可接反，一定要使它处于反向工作状态，如果接错，硅稳压管正向导通而造成短路，输出电压 U_o 也将趋近于零。

下面来讨论稳压电路工作原理。

（1）如果输入电压 U_i 不变而负载电阻 R_L 减小，这时负载上电流 I_L 要增加，电阻 R 上的电流 $I_R=I_L+I_{VZ}$ 也有增大的趋势，则 $U_R=I_RR$ 也就趋于增大，这将引起输出电压 $U_0=U_{VZ}$ 的下降。稳压管的反向伏安特性已经表明，如果 I_R 基本不变，这样输出电压 $U_O=U_i-I_RR$ 也就基本稳定下来。当负载电阻 R_L 增大时，I_L 减小，I_{VZ} 增加，保证了 I_R 基本不变，同样稳定了输出电压 U_o。稳压过程可表示如下：

$$R_L \downarrow \to I_L \uparrow \to I_R \uparrow \to U_R \uparrow \to U_o(U_{VZ}) \downarrow \to I_{VZ} \downarrow \to I_R \downarrow \to U_R \downarrow \to U_o \uparrow$$

$$或 R_L \uparrow \to I_L \downarrow \to I_R \downarrow \to U_R \downarrow \to U_o \uparrow$$

（2）如果负载电阻 R_L 保持不变，而电网电压的波动引起输入电压 U_i 升高时，电路的传输作用使输出电压也就是稳压管两端电压趋于上升。由稳压管反向伏安特性可知，稳压管电流 I_{VZ} 将显著增加，于是电流 $I_R=I_L+I_{VZ}$ 加大，所以电压 $U_R=I_RR$ 升高，即输入电压的增加量基本降落在电阻 R 上，从而使输出电压 U_o 基本上没有变化，达到了稳定输出电压的目的；同理电压 U_i 降低时，也通过类似过程来稳定输出电压 U_O。稳定过程可表示如下：

$$U_i \uparrow \rightarrow U_{VZ} \uparrow \rightarrow I_Z \uparrow \rightarrow I_R \uparrow \rightarrow U_R \uparrow \rightarrow U_O \downarrow$$

$$或 U_i \downarrow \rightarrow U_{VZ} \downarrow \rightarrow I_Z \downarrow \rightarrow I_R \downarrow \rightarrow U_R \downarrow \rightarrow U_O \uparrow$$

由此可见，稳压管稳压电路是依靠稳压管的反向特性，即反向击穿电压有微小的变化引起电流较大的变化，通过限流电阻的电压调整，来达到稳压的目的。

二、硅稳压管稳压电路参数的选择

1、硅稳压管的选择

可根据下列条件初选硅稳压管：

$$\left. \begin{array}{l} U_{VZ} = U_O \\ I_{VZmax} \dots (2\sim3)I_{Lmax} \end{array} \right\}$$

当 U_i 增加时，会使硅稳压管的 I_{VZ} 增加，所以电流选择应适当大一些。

2、输入电压 U_i 的确定

U_i 高，R 大，稳定性能好，但损耗大。一般 $U_i = (2\sim3) U_O$

3、限流电阻 R 的选择

限流电阻 R 的选择，主要是确定其阻值和功率。

（1）阻值的确定

在 U_i 最小和 I_L 最大时，流过稳压管的电流最小，此时电流不能低于稳压管最小稳定电流。

$$I_{VZ} = \frac{U_{imin} - U_{VZ}}{R} - I_{Lmax} \dots I_{VZmin}$$

即：

$$R \ ,, \ \frac{U_{imin} - U_{VZ}}{I_{VZmin} + I_{Lmax}} \qquad (5\text{-}15)$$

在 U_i 最高和 I_L 最小时，流过稳压管的电流最大，此时应保证电流 I_{VZ} 不大于稳压管最大稳定电流值。

$$I_{VZ} = \frac{U_{imax} - U_{VZ}}{R} - I_{Lmin} \ ,, \ I_{VZmax}$$

即：

$$R \dots \frac{U_{imax} - U_{VZ}}{I_{VZmax} + I_{Lmin}} \qquad (5\text{-}16)$$

限流电阻 R 的阻值应同时满足以上两式。

（2）功率的确定

$$P_R = (2\sim3)\frac{U^2_{RM}}{R}(2\sim3)\frac{(U_{imax}-U_{VZ})^2}{R} \qquad (5-17)$$

P_R 应适当选择大一些。

【例 5-2】　选择图 5-12 稳压电路元件参数。要求：$U_O=10V$，$I_L=0\sim10$ mA，U_i波动范围为 $\pm10\%$。

【解】　（1）选择稳压管

$$U_{VZ} = U_O = 10\ V$$

$$I_{VZ} = 2I_{Lmax} = 2\times10\times10^{-3} = 20(mA)$$

查手册得 2CW7 管参数为：

$$U_{VZ} = 9\sim10.5\ V, I_{VZmax} = 23\ mA, I_{VZmin} = 5\ mA, P_{RM} = 0.25\ W$$

符合要求，故选 2CW7。

（2）确定 U_i

$$U_i = (2\sim3)U_o = 2.5\times10 = 25(V)$$

（3）选择 R

$$U_{imax} = 1.1U_i = 27.5(V)$$

$$U_{imin} = 0.9U_i = 22.5(V)$$

$$\frac{U_{imax}-U_{VZ}}{I_{VZmax}+I_{Lmin}} \geqslant R \geqslant \frac{U_{imin}-U_{VZ}}{I_{VZmin}+I_{Lmax}}$$

$$\frac{27.5-10}{23+0} \geqslant R \geqslant \frac{22.5-10}{5+10}$$

$$761(\Omega) \geqslant R \geqslant 833(\Omega)$$

取 $R=820\ \Omega$。

电阻功率：

$$P_R = 2.5\times\frac{(U_{imax}-U_{VZ})^2}{R} = 2.5\times\frac{(27.5-10)^2}{820} = 0.93(W)$$

取 $P_R=1\ W$。

第五节　集成稳压器

随着集成工艺的发展，稳压电路也制成了集成器件。它将调节管、比较放大单元、启动单元和保护环节等元件都集成在一块芯片上，具有体积小、重量轻、使用调整方便、运行可靠和价格低等一系列优点，因而得到广泛的应用。集成稳压器的规格种类繁多，具体电路结构也有差导。按内部工作方式分为串联型（调整电路与负载相串联）、并联型（调整电路与负载相并联）和开关型（调整电路工作在开头状态）。按引出端分类，有三端固定式、三端可调式和多端可调式稳压器等。实际应用中最简便的是三端集成稳压器，这种稳压器有三个引线端；不稳定电压输入端（一般与整流滤波电路输出相连）、稳定电压输出端（与负载相连）和公共接地端。

一、固定式三端集成稳压器

1. 正电压输出稳压器

常用的三端固定正电压稳压器有 7800 系列，型号中的 00 两位数表示输出电压的稳定值，分别为 5、6、9、12、15、18、24 V。例如，7812 的输出电压为 12 V，7805 输出电压是 5 V。

按输出电流大小不同，又分为：CW7800 系列，最大输出电流为 1～1.5 A；CW78M00 系列，最大输出电流为 0.5 A；CW78L00 系列，最大输出电流为 100 mA 左右。

7800 系列三端稳压器的外部引脚如图 5-13a 所示，1 脚为输入端，2 脚为输出端，3 脚为公共接地端。

2. 负电压输出稳压器

常用的三端固负电压稳压器有 7900 系列，型号中的 00 两位表示输出电压的稳定值，和 7800 系列相对应，分别为-5、-6、-9、-12、-15、-18、-24 V。

按输出电流大小不同，和 7800 系列一样，也分为：CW7900 系列、CW79M00 系列和 CW79L00 系列。管脚如图 5-13b 所示，1 脚为公共端，2 脚为输出端，3 脚为输入端。

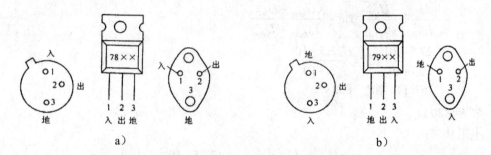

图 5-13　三端集成稳压器外形和引线端排列

3. 固定式三端集成稳压器应用举例

图 5-14a 所示是应用 78LXX 输出固定电压 U_o 的典型电路图。正常工作时，输入、输出电压差应大小 2～3 V。电路中接入电容 C_1、C_2 是用来实现频率补偿的，可防止稳压器产生高频自激振荡并抑制电路引入的高频干扰。C_3 是电解电容，以减小稳压电源输出端由输入电源引入的低频干扰。VD 是保护二极管，当输入端意外短路时，给输出电容器 C_3 一个放电通路，防止 C_3 两端电压作用于调整管的 be 结，造成调整管 be 结击穿而损坏。

图 5-14b 电是扩大 78LXX 输出电流的电路，并具有过流保护功能。电路中加入了功率三极管 VT_1，向输出端提供额外的电流 I_{o1}，使输出电流 I_o 增加为 $I_o=I_{o1}+I_{o2}$。其工作原理为：正常工作时，VT_2、VT_3 截止，电阻 R_1 上的电流产生压降使 VT_1 导通，使输出电流增加。若 I_o 过流（即超过某个限额），则 I_{o1} 也增加，电流检测电阻 R_3 上压降增加增大使

VT$_3$上压降增大使 VT$_3$上压降增大使 VT$_3$导通，导致 VT$_2$趋于饱和，使 VT$_1$管基-射间电压 U_{BE1} 降低，限制了功率管 T_1 的电流 I_{C1}，保护功率管不致因过流而损坏。

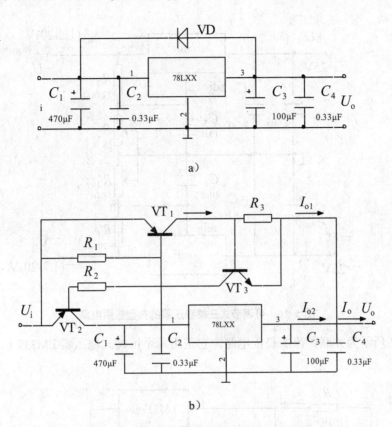

图 5-14　固定式三端集成稳压器的应用电路

二、可调式三端集成稳压器

可调三端集成稳压器的调压范围为 1.25～37 V，输出电流可达 1.5 A。常用的有 LM117、LM217、LM317、LM337 和 LM337L 系列。图 5-15a 所示为正可调输出稳压器，图 5-15b 所示为负可调输出稳压器。

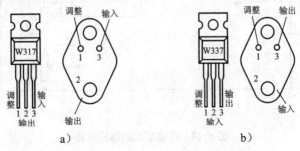

图 5-15　可调三端集成稳压器外形及引线端排列

图 5-16 所示为可调式端稳压器的典型应用电路，由 LM117 和 LM137 组成正、负输出电压可调的稳压器。为保证空载情况下输出电压稳定，R_1 和 R_1' 不宜高于 240 Ω，典

型值为 120～240Ω。R_2 和 R_2' 的大小根据输出电压调节范围确定。该电路输入电压 U_i 分别为 ±25 V，则输出电压可调范围为 ±（1.2～20）V。

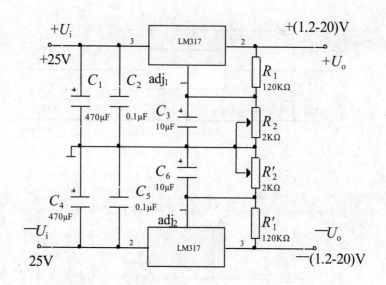

图 5-16　可调节式三端稳压器的典型应用电路

图 5-17 所示为并联扩流的稳压电路，它是用两个可调式稳压器 LM317 组成。

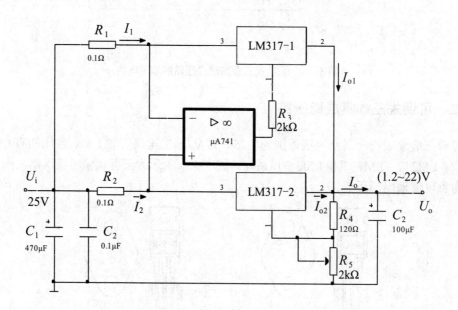

图 5-17　并联扩流的稳压电路

输入电压 U_i=25 V，输出电流 $I_o=I_{o1}+I_{o2}$=3 A，输出电压可调节范围为 ±（1.2 V～22 V）。电路中的集成运放 μA741 是用来平衡两稳压器的输出电流。例如 LM317-1 输出电流 I_{o1} 大于 LM317-2 输出电流 I_{o2} 时，电阻 R_1 上的电压降增加，运放的同相端电位降低，运放输出端电压降低，通过调整端 adj1 使输出电压 U_o 下降，输出电流 I_{o1} 减小，恢复平衡；反之亦然。改变电阻 R_4 可调节输出电压的数值。

注意：

这类稳压器是依靠外接电阻来调节输出电压的，为保证输出电压的精度和稳定性，要选择精度高的电阻，同时电阻要紧靠稳压器，防止输出电流在连线电阻上产生误差电压。

习题五

一、简答题

1. 桥式整流电路为何能将交流电变为直流电？这种直流电能否直接用来作为晶体管放大器的整流电源？

2. 桥式整流电路接入电容滤波后，输出直流电压为什么会升高？

3. 什么叫滤波器？我们所介绍的几种滤波器，它们都如何起滤波作用？

4. 倍压整流电路工作原理如何？它们为什么能提高电压？

5. 为什么未经稳压的电源在实际中应用得较少？

6. 稳压管稳压电路中限流电阻应根据什么来选择？

7. 集成稳压器有什么优点？

8. 关式稳压电源是怎样实现稳压的？

二、判断题

判断下列说法是否正确，用"√"或"×"表示判断结果填入空格内。

1. 整流电路可将正弦电压变为脉动的直流电压。 （ ）

2. 电容滤波电器适用于小负载电流，而电感滤波电路适用于大负载电流。 （ ）

3. 在单相桥式整流电容滤波电路中，若有一只整流管断开，输出电压平均值变为原来的一半。 （ ）

4. 对于理想的稳压电路，$\triangle U_o / U_1 = 0$，$R_o = 0$。 （ ）

5. 线性直流电源中的调整管工作在放大状态，开关型直流电源中的调整管工作在开关状态。 （ ）

6. 因为串联型稳压电路中引入了深度负反馈，因此也可能产生自激振荡。 （ ）

7. 在稳压管稳压电路中，稳压管的最大稳定电流必须大于最大负载电流。 （ ）

三、选择题

1. 整流的目的是_____。

　　A. 将交流变为直流　　　　B. 高频变为低频　　　C. 将正弦波变为方波

2. 在单相桥式整流电路中，若有一只整流管接反，则_____。

　　A. 输出电压约为 $2U_{VD}$　　　　　　　　　　B. 变为半波整流

C. 整流管将因电流过大而烧坏

3. 直流稳压电源中滤波电路的作用是_____。

   A. 将交流变为直流   B. 将高频变为低频

   C. 将交、直流混合量中的交流成分滤掉

4. 若要组成输出电压可调、最大输出电流为 3 A 的直流稳压电源，则应采用_____

_____。

   A. 电容滤波稳压管稳压电路   B. 电感滤波稳压管稳压电路

   C. 电容滤波串联型稳压电路   D. 电感滤波串联型稳压电路

5. 串联型稳压电路中的放大环节所放大的对象是_____。

   A. 基准电压   B. 采样电压

   C. 基准电压与采样电压之差

6. 开关型直流电源比线性直流电源效率高的原因是非曲直_____。

   A. 调整管工作在开关状态   B. 输出端有 LC 滤波电路

   C. 可以不用电源变压器

四、计算题

1. 电路如图 1 所示，变压器副边电压有效值为 $2U_2$。

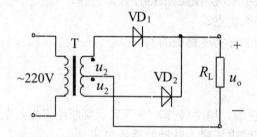

题图 1

（1）画出 u_2、u_{VD1} 和 u_o 的波形。

（2）求出输出电压平均值 U_o 和输出电流平均值 I_L 的表达式。

（3）二极管的平均电流 I_{VD} 和所承受的最大反向电压 U_{Fmax} 的表达式。

2. 分别判断如图 2 所示各电路能否作为滤波电路，简述理由。

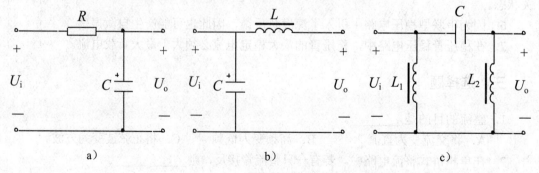

题图 2

3．在桥式整流电路中，变压器副绕组电压 U_2=15 V，负载 R_L=1 kΩ，若输出直流电压 U_o 和输出负载电流 I_L，则应选用反向工作电压为多大的二极管？

4．如果上题中有一个二极管开路，则输出直流电压和电流分别为多大？

5．在输出电压 u_o=9 V，负载电流 R_L=20 mA 时，桥式整流电容滤波电路的输入电压（变压器副边电压）应为多大？若电网频率为 50 Hz，则滤波电容应选多大？

6．在习题 5-17 中，稳压管的稳压值 U_{VZ}=9 V，最大工作电流为 25 mA，最小工作电流为 5 mA；负载电阻在 300~450 kΩ 之间变动，U_i=15 V，试确定限流电阻 R 的选择范围。

7．有一桥式整流电容滤波电路，已知交流电压源电压为 220 V，R_L=50 Ω，或要求输出直流电压为 12 V。（1）求每只二极管的电流和最大反向工作电压；（2）选择滤波电容的容量和耐压值。

8．有一硅二极管稳压器，要求稳压输出 12 V，最小工作电流为 5 mA，负载电流在 0~6 mA 之间变化，电网电压变化±10%。试画出电路图和选择元件参数。

9．电路如图 3 所示。合理连线，构成 5 V 的直流电源。

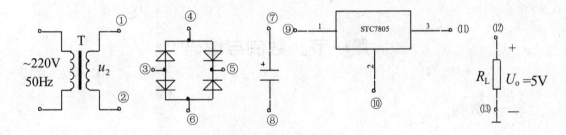

题图 3

第六章 数字逻辑基础

数字信号是指在时间和幅值上都是断续变化的离散信号。用以加工、传递、处理数字信号的电路称为数字电路。研究数字电路时注重电路输出、输入间的逻辑关系，因此不能采用模拟电路的分析方法。主要采用的分析工具是逻辑代数，电路的功能用真值表、逻辑表达式或波形图表示。数字电路按组成的结构可分为分立元件电路和集成电路两大类。集成电路按集成度分为小规模、中规模、大规模和超大规模集成电路。根据电路逻辑功能的不同，数字电路又可分为组合逻辑电路和时序逻辑电路两大类。数字电路与模拟电路比较有诸多优点：便于高度集成化，可靠性高、抗干扰能力强，数字信息便于长期保存，产品系列多、通用性强、成本低，保密性好。

第一节 数制与编码

一、数制

数制即是计数进位制的简称。日常生活中，人们最习惯使用十进制数——"逢十进一"。而在数字系统中常采用二进制数，有时也使用八进制数和十六进制数。本节将通过对十进制数的分析和扩展，掌握其他 N 进制数的概念。

1. 十进制

十进制数采用十个不同的数码 0，1，2，3，…，9 来表示数，其基数为 10。十进制数的进位规律是"逢十进一"，如 8+5=13。

任意十进制整数的数值可以表示为，各数码与所处数位上权的乘积之和，即：

$$[N]_{10} = \sum_{-m}^{n-1} a_i \times 10^i = a_{n-1}10^{n-1} + a_{n-2}10^{n-2} + \ldots + a_0 10^0 \qquad (6\text{-}1)$$

例如，数 552 可以表示为：

$$552 = 5 \times 10^2 + 5 \times 10^1 + 2 \times 10^0$$

式中，n 表示整数的位数，m 表示小数的位数，i 表示当前的数码所在位置，a_i 表示第 i 位上的数码，10^i 表示十进制数第 i 位上的权。$[N]_{10}$ 中的下标表示数制，10 表示是十进制数，通常可省略十进制数的下标。

在数字电路中，若采用十进制，将要求电路能识别十个数码所对应的电平，这将提高电路的设计难度和成本。所以在数字系统中多采用二进制。

2. 二进制

与十进制数相对应，二进制数采用两个不同的数码 0，1 来表示数。因其基数为 2，所

以称为二进制数。二进制数的进位规律是"逢二进一"，即"1+1=10"。任意二进制的数值可以表示为

$$[N]_2 = \sum_{-\infty}^{\infty} K_i \times 2^i \qquad (6\text{-}2)$$

式中，K_i 表示二进制数第 i 位数码。二进制数的下标为 2。

例，$[1001]_2 = 1 \times 2^3 + 0 \times 2^2 + 0 \times 2^1 + 1 \times 2^0 = 8+0+0+1 = [9]_{10}$

由此可见，将一个二进制数按照位权展开求和即可转换为十进制数。二进制运算规律简单：

加法：0+0=0；0+1=1；1+0=1；1+1=0（同时向高位进 1）

减法：0-0=0；1-1=0；1-0=1；0-1=1（同时向高位借 1）

乘法：0×0=0；0×1=0；1×0=0；1×1=1

除法：0÷1=0；1÷1=1

3. 八进制

由于二进制数往往位数很多，不便于书写与记忆。因此在数字系统、计算机的资料中常采用八进制与十六进制来表示二进制。

八进制的共有八种不同的数码 0、1、2、3、…、7。其基数是 8，进位规律是"逢八进一"。每个数位的权是 8^i，其中 i 是数码所在的位置。例如：

$$[251]_8 = 2 \times 8^2 + 5 \times 8^1 + 1 \times 8^0 = 2 \times 64 + 5 \times 8 + 1 \times 1 = [169]_{10}$$

4. 十六进制

十六进制的共有十六种不同的数码，10 以上的数码用 A、B、C、D、E、F 来表示。即 0、1、2、3、…、9、**A**（10）、**B**（11）、**C**（12）、**D**（13）、**E**（14）、**F**（15）。基数是 16，进位规律是"逢十六进一"。每个数位的权是 16^i。例如：

$$[2EA]_{16} = 2 \times 16^2 + 14 \times 16^1 + 10 \times 16^0 = 2 \times 256 + 14 \times 16 + 10 \times 1 = [746]_{10}$$

比较二进制、八进制和十六进制数的数值表达式，可得任意 A 进制数的数值可表示为

$$[N]_A = \sum_{-\infty}^{\infty} K_i \times A^i \qquad (6\text{-}3)$$

式中，A 为基数，K_i 表示 A 进制数第 i 位数码，A^i 为表示第 i 位数的权。此外，在一些书籍中，使用 $[N]_B$、$[N]_O$、$[N]_D$、$[N]_H$ 来表示二、八、十、十六进制数。

二、数制的转换

1. 非十进制转换成十进制

二进制、八进制、十六进制转换成十进制，只要把它们按照位权展开，求出各加权系数之和，就得到相应进制数所对应的十进制数。如：

$[1101]_2 = 1 \times \mathbf{2}^3 + 1 \times \mathbf{2}^2 + 0 \times \mathbf{2}^1 + 1 \times \mathbf{2}^0 = [13]_{10}$

$[128]_8 = 1 \times 8^2 + 2 \times 8^1 + 8 \times 8^0 = 64+16+8 = [88]_{10}$

$[5D]_{16} = 5 \times 16^1 + 13 \times 16^0 = 80+13 = [93]_{10}$

2. 十进制数转换二进制

将一个十进制数转换成二进制，分为整数部分转换和小数部分转换。整数转换——除 2 取余法（直到商为 0 为止）。

【例 6-2】 求 $[29]_{10}=[\qquad]_2$。

【解】

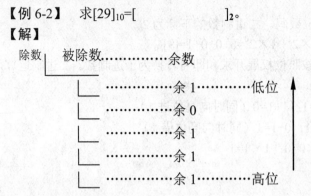

故，$[29]_{10}=[11101]_2$

十进制数与十六、八进制数的转换，可以先进行十进制数与二进制数的转换，再进行二进制数与十六、八进制数进行转换。

3. 二进制、八进制和十六进制的相互转换

（1）二进制和八进制的相互转换

一个二进制数转换成八进制，只需把二进制数从小数点位置向两边按 3 位二进制数划分开，不足 3 位的补 0，然后把 3 位二进制数表示的八进制数写出来就是对应的八进制数。如：

$$[1100101]_2=[\underline{001}\ \underline{100}\ \underline{101}]_2=[145]_8$$

将一个八进制数转换成二进制，只要把八进制数的每一位用 3 位二进制数表示出来即为对应的二进制数，如：

$$[217]_8=[\underline{010}\ \underline{001}\ \underline{111}]_2$$

（2）二进制和十六进制的相互转换

一个二进制数转换成十六进制，只需把二进制数从小数点位置向两边按 4 位二进制数划分开，不足 4 位的补 0，然后把 4 位二进制数表示的八进制数写出来就是对应的十六进制数。十六进制数转换成八进制，只需将每一位十六进制数用四位二进制数表示即可。如：

$$[1100101]_2=[\underline{0110}\ \underline{0101}]_2=[65]_{16} \qquad [5D8]_{16}=[\underline{0101}\ \underline{1101}\ \underline{1000}]_2$$

三、编码

在数字系统中的信息可分为两类，一类是数值，另一类是文字符号（包括控制符）。文字符号的信息，往往也采用一定位数的二进制数码来表示，这个特定的二进制码称为代码。建立这种代码与十进制数值、字母、符号的一一对应的关系称为编码。若要对 A 项信息进行编码，则需 n 位二进制数码与之对应，n 应满足 $2n \geqslant A$。下面介绍几种常见的代码。

1. 二–十进制编码（BCD 码）

二～十进制码,是用四位二进制数码 $b_3b_2b_1b_0$ 表示一位十进制数的数码,简称BCD码。四位二进制数的十六种不同组合中，只用其中的十种组合来表示十进制数的 0～9，所以 BCD 码根据选择不同的组合可产生有多种不同类型的 BCD 码。几种常见的 BCD 码与十进制数码的关系如表 6-1 所示：

表 6-1 几种常见的 BCD 码

十进制数	8421BCD 码	2421BCD（A）码	2421BCD（B）码	5421BCD 码	余 3 码
0	0000	0000	0000	0000	0011
1	0001	0001	0001	0001	0100
2	0010	0010	0010	0010	0101
3	0011	0011	0011	0011	0110
4	0100	0100	0100	0100	0111
5	0101	0101	1011	1000	1000
6	0110	0110	1100	1001	1001
7	0111	0111	1101	1010	1010
8	1000	1110	1110	1011	1011
9	1001	1111	1111	1100	1100
权	8421	2421	2421	5421	无权

在表 6-1 的每类 BCD 码中，不出现的余下六种组合是无效编码。除"余 3 码"是由 8421BCD 码加 3 得到的,没有固定的权以外,其他 BCD 码的权等于其名称。其中 8421BCD 码是简单而常用的一种二–十进制编码。

【例 6-3】 求 $[10010011]_{8421BCD}=[\qquad]_{10}$

【解】 8421BCD 码与十进制码的转换的方法：按顺序将每组四位二进制数书写成十进制数。

$[1001\ 0011]_{8421BCD}=[93]_{10}$

2. 格雷码

格雷码是另一种常见的无权编码，又称反射循环码。这种代码的特点是：相邻的两个码组之间仅有一位不同。常见的三位以内的格雷码的排列如表 6-2 所示。

表 6-2 三位以内的格雷码的排列

顺序	1	2	3	4	5	6	7	8
1 位格雷码	0	1						
2 位格雷码	00	01	11	10				
3 位格雷码	000	001	011	010	110	111	101	100

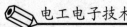

第二节　逻辑函数的表示方法

逻辑代数中，也用字母来表示变量，称为逻辑变量。在数字电路中常表现为低电平和高电平，并常用二元常量 0 和 1 来表述。此时，0 和 1 不表示数量的大小，而是表示两种对立的逻辑状态。所以逻辑变量的取值只能是 0 或 1。在逻辑代数中，有与、或、非三种基本的逻辑运算。所有的逻辑代数运算都可以由这三种基本运算相互组合得到。

一、三种基本逻辑运算

1. 与运算

图 6-1a 给出串联开关灯控电路。电源通过开关 A 和 B 向灯泡 Y 供电，只有开关 A 和 B 同时 "闭合" 时，灯泡才亮。开关 A 和 B 中只要有一个或二个都 "断开"，灯泡 Y 不会亮。从此电路可总结出如下逻辑关系：只有决定一个事件（灯 Y "亮"）的所有条件（开关 A "闭合"、开关 B "闭合"）都具备时，这件事（灯 Y "亮"）才发生，否则这件事不发生（灯 Y "灭"），这种逻辑关系称为与逻辑。用表格来描述此逻辑关系可得表 6-3。如将此表用二元常量来表示，设开关 "断开" 和灯 "灭" 都用 0 表示，而设开关 "闭合" 和灯 "亮" 都用 1 表示，并将输入、输出变量都用逻辑变量表示，则得逻辑真值表，即表 6-4。

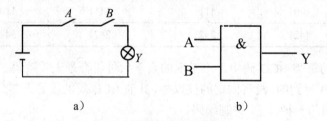

a)　　　　　　　　　　　　　　b)

图 6-1　串联开关灯控电路

表 6-3　与逻辑关系表表

开关 A	开关 B	灯 Y
断开	断开	灭
断开	闭合	灭
闭合	断开	灭
闭合	闭合	亮

表 6-4　与逻辑真值表

A	B	Y
0	0	0
0	1	0
1	0	0
1	1	1

若用逻辑表式来描述，则可写为：

$$Y = A \cdot B \tag{6-4}$$

式中的小圆点 "·" 表示 A、B 的与运算，也表示为逻辑乘。在不引起混淆的前提下，逻辑乘 "·" 常被省略，写成 $Y = AB$。

与运算的规则是：输入变量（A、B）全为 1 时，输出变量为 1，否则输出变量为 0。

在数字电路中实现与逻辑功能的电路称为 "与门"。"与门" 的逻辑符号如图 6-1b 所示。该符号表示两个输入的与逻辑关系。

（2）或运算

图 6-2a 给出并联开关灯控电路。电源通过开关 A 或 B 向灯泡 Y 供电，只要开关 A 或开关 B 或者二个开关都"闭合"，灯泡就亮。而开关 A 和 B 二者都"断开"，灯泡 Y 才不亮。

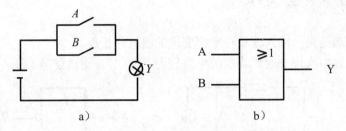

a)　　　　　　　　　　　b)

图 6-2　并联开关灯控电路

由此可总结出如下逻辑关系：在决定一个事件（灯 Y "亮"）的几个条件（开关 A "闭合"、开关 B "闭合"）中只要有一个或一个以上条件具备时，这件事（灯 Y "亮"）就发生，只有条件全不具备时，这件事才不发生（灯 Y "灭"），这种逻辑关系称为或逻辑。或逻辑的真值表如表 6-5 所示。

表 6-5　或逻辑真值表

A	B	Y
0	0	0
0	1	1
1	0	1
1	1	1

或运算的逻辑表达式可写为：

$$Y = A + B \tag{6-5}$$

式中的"+"表示 A、B 的或运算，也表示为逻辑加。注意，逻辑或运算与二进制加法运算是不同的概念。在二进制加法中，1+1=10，此时的 0 和 1 表示数值，它们的组合表示数量的大小。而在逻辑或运算中，若输入变量 A=B=1，则 Y=A+B=1+1=1，此时 1 表示逻辑变量的取值，而逻辑变量的取值无大小之分，只表示两种对立的状态 0 或 1。一个逻辑变量的取值不会出 0 和 1 的组合 10。

或运算的规则是：输入变量（A、B）全为 0 时，输出变量为 0，否则输出变量为 1。

在数字电路中实现或逻辑功能的电路称为"或门"。"或门"的逻辑符号如图 6-2b 所示。

3. 非运算

图 6-3a 是旁路开关灯控电路。开关 A "断开"时，电源通过限流电阻向灯泡 Y 供电，灯亮。而当开关 A "闭合"，灯泡 Y 两端就被短路，灯灭。由此得第三种逻辑关系：决定一个事件（灯 Y "亮"）的发生，是以其相反的条件（开关"断开"）为依据，这种逻辑关系称为非逻辑。非逻辑的真值表如表 6-6 所示。

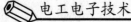

表 6-6 非逻辑真值表

A	Y
0	1
1	0

非运算的逻辑表达式可写为：

$$Y=\overline{A}$$

非运算的规则是：输入变量与输出变量的取值总相反。

在数字电路中实现非逻辑功能的电路称为"非门"，逻辑符号如图 6-3b 所示。

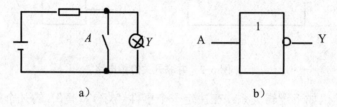

a)   b)

图 6-3 旁路开关灯控电路

二、复合逻辑运算

三种基本逻辑运算与、或、非组合在一起，就形成组合逻辑运算，其运算顺序为：

（1）先算与（逻辑乘），后算或（逻辑加）。如 $A+B\cdot C$，应先算与运算符，后算或运算符。

（2）有括号，先算括号内。如 $(A+B)\cdot C$，应先算括号内的或运算，后算括号外的与运算。

（3）有非号，先算"非"号下的表达式，后进行非运算。如 $\overline{A+B\cdot C}$，应先算与运算符，后算或运算符，最后算非运算。而 $A+\overline{B\cdot C}$，应先算与运算符，后算非运算符，最后算或运算。

几种常用的组合逻辑运算如表 6-7 所示，其逻辑真值表如表 6-8 和表 6-9。

表 6-7 常见的几种复合逻辑运算

名称	逻辑符号	表达式	运算规则
与非运算	A —[&]— Y B	$Y=\overline{A\cdot B}$	先与后非
或非运算	A —[≥1]— Y B	$Y=\overline{A+B}$	先或后非
同或运算	A —[=1]— Y B	$Y=\overline{A}\overline{B}+AB=A\odot B$	输入相同出 1，输入不同出 0

名称	逻辑符号	表达式	运算规则
与或非运算		$Y = \overline{A \cdot B \cdot C + D \cdot E \cdot F}$	先与再或后非
异或运算		$Y = \overline{A}B + A\overline{B} = A \oplus B$	输入不同出 1，输入相同出 0

表 6-8　异或运算真值表

A	B	Y
0	0	0
0	1	1
1	0	1
1	1	0

表 6-9　同或运算真值表

A	B	Y
0	0	1
0	1	0
1	0	0
1	1	1

三、逻辑函数及其表示方法

1. 逻辑函数

与代数的函数定义相似，在研究事件的因果变化时，决定事件变化的因素称为逻辑自变量，与之对应的事件结果称为逻辑结果，逻辑自变量与逻辑结果之间的函数关系称为逻辑函数。逻辑函数是由与、或、非三种基本逻辑运算组合而成。它的一般表达式：

$$Y = F（A、B、C、D\cdots\cdots）$$

式中，Y 表示输出变量，A、B、C、D、……表示输入变量，F 表示输入与输出变量之间的逻辑关系。

2. 逻辑函数的表示方法

1. 真值表

真值表是用数字符号表示逻辑函数的一种方法。它反映了各输入逻辑变量的取值组合与函数值之间的对应关系。对一个确定的逻辑函数来说，它的真值表也唯一被确定。

特点：能够直观、明了地反映变量取值与函数值的对应关系。

【例 6-4】　一个多数表决电路，有三个输入端，一个输出端，它的功能是输出与输入的多数一致。试列出该电路的真值表。

【解】　根据题意，设三个输入变量为 A、B、C，输出为 Y。当三个输入变量中有两个及两个以上为 1 时，输出为 1；输入有两个及两个以上为 0 时，输出为 0。由此，可列出真值表。

A B C	Y	A B C	Y
0 0 0	0	1 0 0	0
0 0 1	0	1 0 1	1
0 1 0	0	1 1 0	1
0 1 1	1	1 1 1	1

2. 逻辑函数式

逻辑函数式是用与、或、非等运算关系组合起来的逻辑代数式。它是数字电路输入量与输出量之间逻辑函数关系的表达式，也称函数式或代数式。其优点是：形式简洁，书写方便，直接反映了变量间的运算关系，便于用逻辑图实现该函数。

【例6-5】 写出如图所示逻辑图的函数表达式。

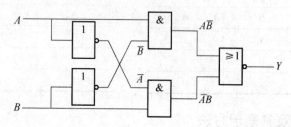

【解】 根据门电路的逻辑符号和对应的逻辑运算，由前向后逐级推算，即可写出输出函数 Y 的表达式：

$$Y = \overline{A}B + A\overline{B}$$

【例6-6】 已知逻辑函数的逻辑图如图 6-4 所示，求逻辑函数的表达式和真值表。

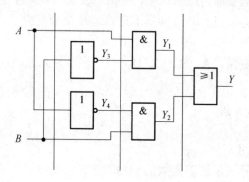

图 6-4　例 6-6 题图

【解】 （1）求逻辑表达式的方法：先标明各级输出，再逐级写出各级表达式；最后代入得逻辑函数表达式。

$Y_1 = A \cdot Y_3$；　$Y_2 = B \cdot Y_4$；　$Y_3 = \overline{B}$；　$Y_4 = \overline{A}$

$Y = Y_1 + Y_2 = \overline{A}B + A\overline{B} = A \oplus B$

（2）依据表达式计算可得真值表如表 6-10 所示。

表 6-10　例 6-7 真值表

A	B	Y
0	0	1
0	1	0
1	0	0
1	1	1

3. 逻辑图

逻辑图是用逻辑符号表示逻辑函数的方法。特点：逻辑符号与数字电路器件有明显的对应关系，比较接近于工程实际。它可以把实际电路的组成和功能清楚地表示出来，另外又可以从已知的逻辑图方便地选取电路器件，制作成实际数字电路。

【例 6-7】　画出与函数式 $Y=AB+BC+AC$ 对应的逻辑图。

【解】　分析表达式，并根据运算顺序，首先应用三个与门分别实现 A 与 B、B 与 C 和 A 与 C，然后再用或门将三个与项相加。

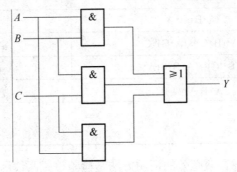

4. 波形图

波形图反映了逻辑变量的取值时间变化的规律，所以也叫做时序图。波形图可以直观地表达输入变量与输出变之间的逻辑关系。下图为函数 $F = \overline{A}C + BC$ 的输入 A、B、C 和 F 输出的波形图：

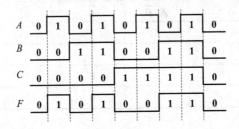

其特点是：能清楚地表达出变量间的时间关系和函数值随时间变化的规律。

第三节　逻辑代数的基本定律及规则

一、基本公式

与代数运算相似，逻辑代数的运算也存在一些基本定律，如表 6-11。掌握这些定律是进行逻辑代数运算与推演的必备知识，也是进行数字电路分析与设计的重要基础之一。

表 6-11　逻辑代数基本定律

名称	与运算	或运算
01 律	$A \cdot 1 = A$ $A \cdot 0 = 0$	$A + 0 = A$ $A + 1 = 1$
互补律	$A \cdot \overline{A} = 0$	$A + \overline{A} = 1$
重叠律	$A \cdot A = A$	$A + A = A$
交换律	$A \cdot B = B \cdot A$	$A + B = B + A$
结合律	$A \cdot (B \cdot C) = (A \cdot B) \cdot C$	$A + (B + C) = (A + B) + C$
分配律	$A \cdot (B + C) = (A \cdot B) + (A \cdot C)$	$A + (B \cdot C) = (A + B) \cdot (A + C)$
反演律	$\overline{A \cdot B} = \overline{A} + \overline{B}$	$\overline{A + B} = \overline{A} \cdot \overline{B}$
还原律	$\overline{\overline{A}} = A$	

表 6-11 所列的定律，最有效的证明方法是检验等式两边函数的真值表是否相同。

【例 6-8】　用真值表法证明公式 $\overline{A \cdot B} = \overline{A} + \overline{B}$。

证明：将等式两边的函数表达式的真值表合并成一个真值表得表 6-12。

表 6-12　例 6-8 的真值表

输入		左边函数		右边函数		
A	B	$A \cdot B$	$\overline{A \cdot B}$	$\overline{A}$	$\overline{B}$	$\overline{A} + \overline{B}$
0	0	0	1	1	1	1
0	1	0	1	1	0	1
1	0	0	1	0	1	1
1	1	1	0	0	0	0

故等式两边函数相等，公式 $\overline{A \cdot B} = \overline{A} + \overline{B}$ 成立。此定律可推演为多位输入变量的形式：

$$\overline{A \cdot B \cdot C \cdots} = \overline{A} + \overline{B} + \overline{C} + \cdots$$

读者可运用真值表证明法，证明 $\overline{A + B} = \overline{A} \cdot \overline{B}$ 和 $A + (B \cdot C) = (A + B) \cdot (A + C)$ 是否成立。

二、常用公式

在逻辑代数中的一些常用公式，往往给化简逻辑函数带来许多方便，从而达到简化数字电路的设计的作用。下面，列出一些常用的公式。读者可自行用真值表法或由基本公式推演证明这些常用公式。

（1）$AB+A=A$

（2）$AB+A\bar{B}=A$

（3）$A+A\bar{B}=A+B$

（4）$AB+\bar{A}C+BC=AB+\bar{A}C$

（5）$\overline{A\oplus B}=A\odot B$

三、逻辑代数的基本规则

逻辑代数的基本规则有代入规则、反演规则和对偶规则。代入规则可用于基本定律和常用公式的推广；利用反演规则可求逻辑函数的非函数，利用对偶规则可简化公式的记忆。

1. 代入规则

由于任何一个逻辑函数与任何一个逻辑变量的取值都一样，只能 0 或 1。可以将任何一个含有逻辑变量 A 的等式，用一个逻辑函数来替代所有变量 A 的位置，则等式仍成立，这称为代入规则。

【例 6-9】　证明：在 $A(B+C)=AB+AC$ 中，用 BCD 代入原式所有出现 A，则等式仍成立。

【证明】

左边=$BCD(B+C)=BCD\cdot B+BCD\cdot C=BCD+BCD=BCD$

右边=$BCD\cdot B+BCD\cdot C=BCD+BCD=BCD$

左边=右边，等式成立。

同理，用 CD 代替等式 $\overline{A\cdot B}=\bar{A}+\bar{B}$ 的 B 变量，得到的等式 $\overline{A+CD}=\bar{A}+\overline{CD}$ 仍是成立。

2. 反演规则

若求逻辑函数的反函数，应用反演规则来求解十分快捷。其方法可叫做："三变，一不变"。"三变"是将原函数中所有的"+"与"·"互变换，"0"与"1"互变换，原变量与反变量互变换（运用一次反演规则，原反变量的变换只能转换一次）；"一不变"是变量间的运算次序不变。

基本定律中的反演律 $\overline{A\cdot B}=\bar{A}+\bar{B}$，也可以应用反演规则得到。$\overline{A\cdot B}$ 可以认为是求函数 $Y=AB$ 的反函数，$A\cdot B$ 作为原函数。利用反演规则，原变量 A 和 B 变换为 $\bar{A}$ 和 $\bar{B}$，原函数的"·"运算变换为"+"运算，运算次序不变，得 $\overline{A\cdot B}=\bar{Y}=\bar{A}+\bar{B}$。

【例 6-10】　求逻辑函数 $Y=A\cdot 1+(B+\bar{C}+0)D+\overline{EF}$ 的反函数。

【解】　先将原函数进行与运算和非运算符下的变量加上括号，以保持变量运算的次序在变换中不变。

$$Y = (A \cdot 1) + [(B + \overline{C} + 0)D] + (E\overline{F})$$

$$\overline{Y} = (\overline{A} + 0) \cdot [(\overline{B} \cdot C \cdot 1) + \overline{D}] \cdot (\overline{E\overline{F}})$$

$$= \overline{A} \cdot [(\overline{B} \cdot C) + \overline{D}] \cdot (\overline{E\overline{F}})$$

$$= \overline{A}\,\overline{E}F \cdot [(\overline{B} \cdot C) + \overline{D}] = \overline{A}BC\overline{E}F + \overline{A}D\overline{E}F$$

3、对偶规则

所谓对偶规则，是指当某个逻辑恒等式成立时，其对偶式也成立。

在记忆表 6-11 逻辑代数基本定律的多条公式时，能利用对偶规则从第二列的"与运算公式"得到第三列"或运算公式"，达到事半功倍的效果。其方法可叫做："二变，二不变"。"二变"是将原函数中所有的"+"与"·"互变换，"0"与"1"互变换；"二不变"是原变量与反变量都不变换，变量间的运算次序不变，那么得到的新逻辑恒等式称为原等式的对偶式。例如，公式 $A+1=1$ 的对偶式是 $A \cdot 0=0$；公式 $\overline{A+B} = \overline{A} \cdot \overline{B}$ 的对偶式是 $\overline{A \cdot B} = \overline{A} + \overline{B}$；公式 $A \cdot (B+C) = (A \cdot B) + (A \cdot C)$ 的对偶式是 $A + (B \cdot C) = (A+B) \cdot (A+C)$。

利用对偶规则，还可以从已知的公式中得到更多的运算公式。例如，常用公式中的 $A + \overline{A}B = A + B$ 成立，则它的对偶式 $A \cdot (\overline{A}+B) = A \cdot B$ 也成立。

第四节　逻辑函数的标准表达式

一、逻辑函数的常见形式

一个逻辑函数可以有多种不同的逻辑表达式，例如：

$$Y = AB + \overline{B}C \qquad \text{与一或表达式}$$

$$= (A + \overline{B}) \cdot (B + C) \qquad \text{或一与表达式}$$

$$= \overline{\overline{AB} \cdot \overline{\overline{B}C}} \qquad \text{与一非表达式}$$

$$= \overline{\overline{A + \overline{B}} + \overline{B + C}} \qquad \text{或一非表达式}$$

$$= \overline{\overline{AB} + \overline{\overline{B}C}} \qquad \text{与一或一非表达式}$$

常用逻辑函数标准表达式主要是标准的与一或表达式和标准的或一与表达式。

为得到逻辑函数标准的与一或表达式和标准的或一与表达式，首先要理解最小项和最大项的的概念。

二、最小项和最大项

1. 最小项

最小项又称为标准与项，指在含 n 个变量的逻辑函数中，如果有一个与项含有所有变量，该与项的每个变量以反变量形式或原变量形式出现并且只出现一次，该与项就是 n 个变量的最小项。对于 n 个自变量的逻辑函数，共有 2^n 个最小项。

例如，A、B、C 是三个逻辑变量，由这三个变量可构成许多与项，依据最小项的定义，能构成最小项的只有 $2^3=8$ 个：$\overline{A}\overline{B}\overline{C}$、$\overline{A}\overline{B}C$、$\overline{A}B\overline{C}$、$\overline{A}BC$、$A\overline{B}\overline{C}$、$A\overline{B}C$、$AB\overline{C}$、$ABC$。

为了表示方便，常把最小项加以编号。以 3 个变量的最小项 $\overline{A}BC$ 为例，将最小项的反变量用 0 表示，原变量用 1 表示，所得二进制数 011，转换成十进制数为 3，所以把 $\overline{A}BC$ 记作 m_3。按此原则，可得 3 个变量的最小项编号如表 6-13 所示。

表 6-13　三个变量最小项编号

最小项	$\overline{A}\overline{B}\overline{C}$	$\overline{A}\overline{B}C$	$\overline{A}B\overline{C}$	$\overline{A}BC$	$A\overline{B}\overline{C}$	$A\overline{B}C$	$AB\overline{C}$	ABC
二进制编码	000	001	010	011	100	101	110	111
十进制编码	0	1	2	3	4	5	6	7
最小项编号	m_0	m_1	m_2	m_3	m_4	m_5	m_6	m_7

2. 最大项

最大项又称为标准或项，指在含 n 个变量的逻辑函数中，如果有一个或项含有所有变量，该或项的每个变量以反变量形式或原变量形式出现并且只出现一次，该或项就是 n 个变量的最大项。对于 n 个自变量的逻辑函数，共有 2^n 个最大项。

还是 A、B、C 三个逻辑变量，根据据最大项的定义，能构成最大项的只有 $2^3=8$ 个：$\overline{A}+\overline{B}+\overline{C}$、$\overline{A}+\overline{B}+C$、$\overline{A}+B+\overline{C}$、$\overline{A}+B+C$、$A+\overline{B}+\overline{C}$、$A+\overline{B}+C$、$A+B+\overline{C}$、$A+B+C$。

最小项的编号用小写字母 m 附下标表示，最大项的编号则用大写 M 附下标表示。最大项编号的方法：该或项将其原变量用 0、反变量用 1 代入（与最小项的相反），将其对应的二进制数转换为十进制数作为 M 的下标。例如最大项 $\overline{A}+\overline{B}+C$ 对应 $[110]_2=[6]_{10}$，所以把 $\overline{A}+\overline{B}+C$ 记作 M_6。按此原则，可得 3 个变量的最大项编号如表 6-14 所示。

表 6-14　三个变量最大项编号

最大项	$A+B+C$	$A+B+\overline{C}$	$A+\overline{B}+C$	$A+\overline{B}+\overline{C}$	$\overline{A}+B+C$	$\overline{A}+B+\overline{C}$	$\overline{A}+\overline{B}+C$	$\overline{A}+\overline{B}+\overline{C}$
二进制编码	000	001	010	011	100	101	110	111
十进制编码	0	1	2	3	4	5	6	7
最大项编号	M_0	M_1	M_2	M_3	M_4	M_5	M_6	M_7

3. 逻辑函数的标准表达式

任何一个逻辑函数都可以表示成唯一的一组最小项之和，称为标准与或表达式，也称为最小项表达式。

对于不是最小项表达式的与或表达式，可利用公式 $A+\overline{A}=1$ 和 $A(B+C)=AB+BC$ 来配项展开成最小项表达式。

【例 6-11】

$$Y = \overline{A} + BC$$

$$= \overline{A}(B + \overline{B})(C + \overline{C}) + (A + \overline{A})BC$$

$$= \overline{A}BC + \overline{A}B\overline{C} + \overline{A}\overline{B}C + \overline{A}\overline{B}\overline{C} + ABC + \overline{A}BC$$

$$= \overline{A}BC + \overline{A}\overline{B}C + \overline{A}B\overline{C} + \overline{A}\overline{B}\overline{C} + ABC$$

$$= m_0 + m_1 + m_2 + m_3 + m_7$$

$$= \sum m(0,1,2,3,7)$$

如果列出了函数的真值表，则只要将函数值为 1 的那些最小项相加，便是函数的最小项表达式。

三、逻辑函数的化简

设计逻辑电路时，电路的复杂程度与逻辑函数表达式的繁简程度密切相关。通常逻辑函数表达式越简单，对应的逻辑电路也就越简单，所需要的器件也就愈少，这样既节省了电路成本，也提高了电路的运算速度和可靠性。所以逻辑函数化简十分必要。

在概括逻辑问题时，常从真值表直接查到的是与或表达式，同时与或表达式也比较容易转换成其他形式的表达式，所以本节所谓的化简，就是指要求化简为最简的与一或表达式。

最简与或表达式的标准是：表达式中的与项的个数最少；每个与项所含的变量个数最少。公式法化简是利用逻辑函数的基本公式、定律及常用公式来对函数进行的化简方法。通常公式法化简可概括为如下几种方法。

1. 并项法

利用 $AB + A\overline{B} = A$，将两项合并为一项，并消去一个变量。

例如：$\overline{A}BC + \overline{A}B\overline{C} = \overline{A}C \cdot (B + \overline{B}) = \overline{A}C$

$\overline{A}B\overline{C} + \overline{A}\overline{B}C = \overline{A}BC + \overline{A}\overline{B}C = \overline{A}B(\overline{C} + C) + \overline{A}\overline{B}(C + \overline{C}) = \overline{A}B + \overline{A}\overline{B} = \overline{A}(B + \overline{B}) = \overline{A}$

2. 吸收法

利用 A+AB=A，吸收多余 AB 这一项。

例如：$\overline{A}C + \overline{A}BC(D + E) = \overline{A}C \cdot [1 + \overline{B}(D + E)] = \overline{A}C \cdot 1 = \overline{A}C$

3. 消去法

利用 $A + A\overline{B} = A + B$，消去多余的因子 $\overline{A}$。

例如：$ABC + \overline{ABC} \cdot D = ABC + D$

$\overline{A}B + \overline{A}\,\overline{C} + \overline{B}C = \overline{A}(B + \overline{C}) + \overline{B}C = \overline{A} \cdot \overline{\overline{B}C} + \overline{B}C = \overline{A} + \overline{B}C$

4. 配项法

为达到化简的目的，有时给某个与项乘以 $A + \overline{A} = 1$，把一项变为两项与其他项合并进

行化简；有时也可以添加一项，如 $B\overline{B}=0$；或者将某个与项乘以 $1+A=1$，再进行化简。

如，$AB+\overline{A}C+BC = AB + \overline{A}C = BC(A+\overline{A}) = AB + \overline{A}C + ABC + \overline{A}BC$

$$=AB(1+C)+\overline{A}C(1+B) = AB + \overline{A}C$$

【例6-12】 用公式法化简 $AB+\overline{A}C+\overline{C}D+D$

【解】 $AB+\overline{A}C+\overline{C}D+D$

$\quad=AB+\overline{A}C+(\overline{C}D+\overline{D})$ （利用消去法，$A+\overline{A}B=A+B$ ）

$\quad=AB+(\overline{A}C+\overline{C})+\overline{D}$

$\quad=AB+\overline{A}+\overline{C}+\overline{D}$

$\quad=\overline{A}+B+\overline{C}+\overline{D}$

【例6-13】 用公式法化简 $A\overline{B}+BC+\overline{A}\,\overline{C}+AB+A\overline{B}C$

【解】 $A\overline{B}+BC+\overline{A}\,\overline{C}+AB+A\overline{B}C$

$\quad=(A\overline{B}+A\overline{B}C)+BC+\overline{A}\,\overline{C}+AB$ （利用吸收法，$A+AB=A$ ）

$\quad=A\overline{B}+BC+\overline{A}\,\overline{C}+AB$

$\quad=A(B+\overline{B})+BC+\overline{A}\,\overline{C}$ （利用并项法，$AB+A\overline{B}=A$ ）

$\quad=(A+\overline{A}\,\overline{C})+BC$ （利用消去法，$A+\overline{A}B=A+B$ ）

$\quad=A+(\overline{C}+BC)$ （利用消去法，$A+\overline{A}B=A+B$ ）

$\quad=A+B+\overline{C}$

除了利用逻辑代数公式进行化简外，还可以进行逻辑表达式的变换。例如，将一个与或表达式转换成可以用与门电路实现的与非–与非表达式，只需将原与或表达式先二次求非，再利用一次反演律，去掉其中的一个非号。如，$Y=AB+\overline{A}C=\overline{\overline{AB+\overline{A}C}}=\overline{\overline{AB}\cdot\overline{\overline{A}C}}$ 。

习题六

1．将下列十进制数转换为二进制。

（1）$(186)_{10}$ （2）$(35)_{10}$ （3）$(98)_{10}$ （4）$(192)_{10}$

2．将下列二进制转换为十进制和八进制。

（1）$(11001010)_2$ （2）$(101110)_2$ （3）$(100011)_2$

3．将下列八进制转换为二进制和十六进制。

（1）$(328)_8$ （2）$(136)_8$ （3）$(725)_8$ （4）$(658)_8$

4．将下列十六进制转换为二级制和十进制。

（1）$(6CE)_{16}$ （2）$(8ED)_{16}$ （3）$(A98)_{16}$ （4）$(D82)_{16}$

5．试用列真值表的方法证明下列异或运算公式。

（1）$A\oplus 0=A$ （2）$A\oplus 1=\overline{A}$ （3）$A\oplus A=0$ （4）$A\oplus\overline{A}=1$

6．用逻辑代数的基本公式和常用公式将下列逻辑函数化为最简与或形式。

（1）$Y=A\overline{B}+B+\overline{A}B$

（2）$Y=AB\overline{C}+\overline{A}+B+\overline{C}$

（3） $Y = \overline{A}BC + A\overline{B}$

（4） $Y = A\overline{B}CD + ABD + A\overline{CD}$

（5） $Y = A\overline{B}(\overline{ACD} + AD + \overline{\overline{BC}})(\overline{A} + B)$

7. 已知逻辑函数 Y 的真值表如表 1 所示，写出 Y 的逻辑函数式。

题表 1

A	B	C	Y
0	0	0	1
0	0	1	1
0	1	0	1
0	1	1	0
1	0	0	0
1	0	1	0
1	1	0	0
1	1	1	1

8. 写出图 1 中各逻辑图的逻辑函数式，并化简为最简与或式。

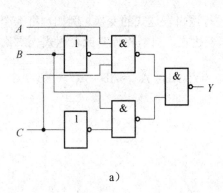

a）　　　　　　　　　b）

题图 1

9. 求下列函数的反函数并化为最简与或形式。

（1） $Y = AB + C$

（2） $Y = (A + BC)\overline{C}D$

（3） $Y = \overline{(A + \overline{B})(\overline{A} + C)AC + BC}$

（4） $Y = \overline{\overline{A}\overline{B}C} + \overline{C}D(AC + BC)$

（5） $Y = A\overline{D} + \overline{A}\,\overline{C} + \overline{B}\,\overline{C}D + C$

10. 将下列各函数式化为最小项之和的形式。

（1） $Y = \overline{A}BC + AC + \overline{B}C$

（2） $Y = A\overline{B}\,\overline{C}D + BCD + \overline{A}D$

（3） $Y = A + B + CD$

（4） $Y = AB + \overline{\overline{BC}(\overline{C} + \overline{D})}$

11．证明下列逻辑恒等式。

（1） $A\overline{B} + B + \overline{A}B = A + B$

（2） $(A + \overline{C})(B + D)(B + \overline{D}) = AB + B\overline{C}$

（3） $\overline{\overline{\overline{(A + B + \overline{C})}\overline{C}D} + (B + \overline{C})(A\overline{B}D + \overline{B}\overline{C})} = 1$

（4） $\overline{A}\overline{B}\overline{C}\overline{D} + \overline{A}B\overline{C}\overline{D} + A\overline{B}\overline{C}\overline{D} + ABCD = \overline{AC} + \overline{A}\overline{C} + B\overline{D} + \overline{B}D$

12．用公式法化简下列函数。

（1） $F = A\overline{B}\overline{C} + A\overline{B}C + AB\overline{C} + ABC$

（2） $F = \overline{A}\overline{B}C + \overline{A}BC + AB\overline{C} + AB\overline{C}$

（3） $F = A + \overline{A}BCD + A\overline{B}\overline{C} + BC + \overline{B}C$

（4） $F = \overline{A}\overline{B}\overline{C} + AC + B + C$

（5） $F = (A + \overline{A}C)(A + CD + D)$

第七章　逻辑门电路

所谓"逻辑"是指事件的前因后果所遵循的规律，反映事物逻辑关系的变量称为逻辑变量。如果把数字电路的输入信号看作"条件"，把输出信号看作"结果"，那么数字电路的输入与输出信号之间存在着一定的因果关系，即存在逻辑关系，能实现一定逻辑功能的电路称为逻辑门电路。它是构成数字电路的基本单元。基本逻辑门电路有：与门、或门和非门，复合逻辑门电路有：与非门、或非门、与或非门、异或门等。集成技术迅速发展和广泛运用的今天，分立元件门电路已经很少有人用了，但不管功能多么强，结构多么复杂的集成门电路，都是以分立元件门电路为基础，经过改造演变过来的，了解分立元件门电路的工作原理，有助于学习和掌握集成门电路。分立元件门电路包括二极管门电路和三极管门电路两类。

第一节　基本逻辑门

一、逻辑电路基本知识

1. 逻辑状态的表示方法

用数字符号 0 和 1 表示相互对立的逻辑状态，称为逻辑 0 和逻辑 1。

表 7-1　常见的对立逻辑状态示例

一种状态	高电位	有脉冲	闭合	真	上	是	……	1
另一种状态	低电位	无脉冲	断开	假	下	非	……	0

2. 高、低电平规定

用高电平、低电平来描述电位的高低。高低电平不是一个固定值，而是一个电平变化范围，如图 7-1a 所示。在集成逻辑门电路中规定：

标准高电平 V_{SH}——高电平的下限值。

标准低电平 V_{SL}——低电平的上限值。

应用时，高电平应大于或等于 V_{SH}；低电平应小于或等于 V_{SL}。

3. 正、负逻辑规定

正逻辑：用 1 表示高电平，用 0 表示低电平的逻辑体制。

负逻辑：用 1 表示低电平，用 0 表示高电平的逻辑体制。

二、基本逻辑门电路

基本的逻辑门电路包括三种：与门、或门和非门。

1. 与门

与门电路是能满足输入与输出变量之间与逻辑关系的电路。由二极管组成的与门电路如图 7-2a 所示，图 7-2b 是二输入与门的逻辑符号。图中 A、B 为输入端，Y 为输出端。下面分析二极管与门的工作原理。

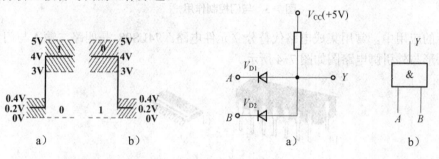

图 7-1　正逻辑和负逻辑

a）正逻辑；b）负逻辑

图 7-2　二极管与门

a）电路；b）逻辑符号

当 A、B 都为低电平（如 $V_A=V_B=0\,V$ 时），V_{D1}、V_{D2} 都正向导通。设二极管的正向导通压降为 0.7 V，则输出电压为 0.7 V。

当 A、B 中任一个为低电平时，接低电平的二极管优先导通，使输出仍为低电平 0.7 V。当输出为 0.7 V 时，接高电平的二极管反偏截止。

当 A、B 都为高电平（如 $V_A=V_B=3\,V$ 时），V_{D1}、V_{D2} 都正向导通，输出电压为 3.7 V。

设高电平用 1 表示，低电平用 0 表示，上述输入输出关系可归入表 7-2 中。

表 7-2　二极管与门真值表

A	B	Y
0	0	0
0	1	0
1	0	0
1	1	1

这种用高电平表示 1，低电平表示 0 的方式称为正逻辑，反之称为负逻辑。从表 7-1 可知，Y 与 A、B 之间的关系是：只有当 A 和 B 全为 1，Y 输出 1；否则 Y 输出 0。其逻辑表达式为：

$$Y=A\cdot B$$

与门除了能进行与运算外，还常在数控电路中用作控制门。其控制作用如图 7-3 所示。当控制端 A 为高电平 1 时，输入端 B 的矩形脉冲能通过与门到达输出端，称与门被打开。反之，当控制端 A 为低电平 0 时，输出为 0，输入信号不能通过与门，称与门被关闭。

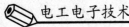
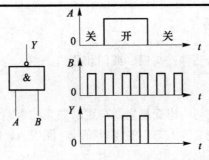

图 7-3　与门控制作用

在实际的应用中，常用集成电路代替分立元件电路。74LS08 是四路二输入与门集成电路，其外形与外引脚电路图如图 7-4 所示。

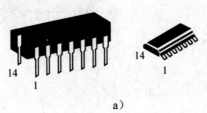

a）

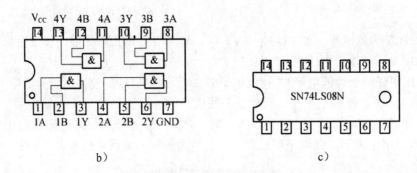

b）　　　　　　　　　　　　　　　　c）

图 7-4　74LS08 外形与外引脚图

a）外形图；b）外引脚图；c）正面俯视图

集成电路的外引脚排序是有规律的。识别的方法是：面对集成电路的字符标志面，以半圆缺口或小圆点的左下方开始为 1 脚，按逆时针顺序编号，直到编完为止。图 7-4 中，14 脚外接电源正极（+5 V），7 脚接地。引脚名称中，A 和 B 表示输入端，Y 表示输出端。同属一个逻辑与门的前缀相同，如 2A、2B 和 2Y 同属一个与门，对应外引脚分别为 4、5 和 6。注意，只有在 V_{CC} 和 GND 接上正确的电压时，集成块中的与门才能正常工作。工作时，高电平输出电压 V_{OH} 典型值为 3.6 V，低电平输出电压 V_{OL} 典型值为 0.3 V。

常用的 TTL 集成与门电路还有 3 路 3 输入与门电路 74LS11 和 2 路 4 输入与门电路 74LS21，它们的外引脚图如图 7-5a 和 b 所示。其中，NC 表示不用的引脚。

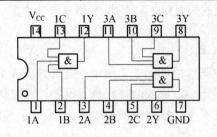 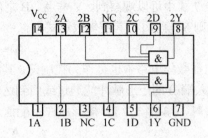

a）   b）

图7-5 其他与门集成电路外引脚图

a）74LS11；b）74LS21

2. 或门

或门电路是能满足输入与输出变量之间或逻辑关系的电路。图7-6是由二极管组成的二输入或门的逻辑电路和逻辑符号。图中A、B为输入端，Y为输出端。二极管或门的工作原理如下：

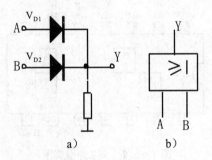

a）   b）

图7-6 二极管或门

a）电路；b）逻辑符号

（1）当A、B都为低电平（如 $V_A=V_B=0$ V 时，V_{D1}、V_{D2} 都反向截止，则输出的电压为0 V。

（2）当 A、B 中任一个为高电平3 V时，接高电平的二极管优先导通，使输出为高电平 2.3 V，输入为低电平的二极管则反偏截止。

（3）当 A、B 都为高电平（如 $V_A=V_B=3$ V）时，V_{D1}、V_{D2} 正向导通，输出电压为2.3 V。

设高电平用1表示，低电平用0表示，上述输入输出关系如表7-3所示。

表7-3 二极管或门真值表

A	B	Y
0	0	0
0	1	1
1	0	1
1	1	1

从表 7-3 中可以观察到，Y 与 A、B 之间的关系是：只有当 A 和 B 全为 0 时，Y 才输出 0；否则 Y 输出 1。其逻辑表达式为：

$$Y = A + B$$

或门在数控电路中也可作为控制门。其控制作用如图 7-7 所示。当控制端 A 为低电平 0 时，输入端 B 的矩形脉冲能通过或门到达输出端，称或门被打开。反之，当控制端 A 为高电平 1 时，输出恒为 1，矩形脉冲不能通过或门，称为或门被关闭。

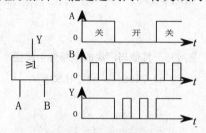

图 7-7 或门控制作用

在实际的应用中，常使用 TTL 集成或门电路是 4 路二输入的或门 74LS32，其外引脚电路图如图 7-8 所示。其引脚顺序与 74LS08 相同。

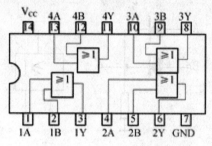

图 7-8 74LS32 外引脚图

3. 非门

三极管有三种工作状态：截止、放大和饱和。在模拟电子技术中，三极管主要工作在放大区，而在数字电子技术中，三极管主要工作在截止区和饱和区。由三极管反相器构成的非门电路及逻辑符号如图 7-9a 所示。它能满足输入与输出变量之间逻辑非关系。反相器的电压传输特性如图 7-9b 所示。

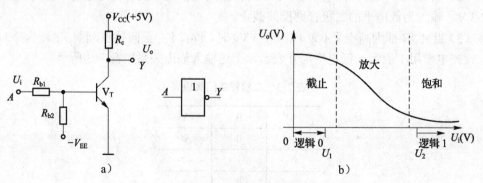

图 7-9 三极管反相器

a）电路与逻辑符号；b）传输特性

图 7-9b 中，电压 u_1 表示三极管发射结导通电压，u_2 是恰好使 $I_B = I_{BS}$（临界饱和电流）的电压。当 $u_i < u_1$ 时，三极管截止；当 $u_i > u_1$ 时，三极管饱和。设逻辑 0 电压小于 u_1，逻辑 1 的电压大于 u_2。那么，当输入为逻辑 0 时，三极管截止，输出 Y 接近 V_{CC}，即输出逻辑 1；当输入为逻辑 1 时，三极管饱和，输出 Y 约为 0.3 V，即输出逻辑 0。由此可得反相器的输入与输出端之间能实现非逻辑运算。其真值表如表 7-4 所示。逻辑表达式为：

$$Y = \overline{A}$$

表 7-4 三极管非门真值表

A	Y
0	1
1	0

在实际的应用中，常使用 6 路非门 TTL 集成电路 74LS04，其外引脚电路图如图 7-10 所示。

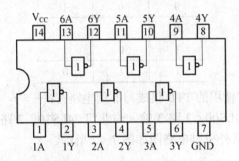

图 7-10 74LS04 外引脚图

第二节 复合逻辑门

复合逻辑门是由两种以上的基本逻辑门电路组合而成。常见的复合逻辑门电路有与非门、或非门、与或非门、异或门和同或门。其中，与非门和或非门应用最广泛。下面将着重介绍与非门和或非门。

一、与非门

如图 7-11a 所示电路是由与门和非门串接而成的复合逻辑与非门。图 7-11b 是与非门的逻辑符号。图 7-11a 中，A、B 为输入端，Y 为输出端。P 点是与门和非门电路的连接点，P 即是与门的输出端，也是非门的输入端。由此可得：

$$P = A \cdot B$$
$$Y = \overline{P} = \overline{A \cdot B}$$

与非门的真值表如表 7-5 所示。

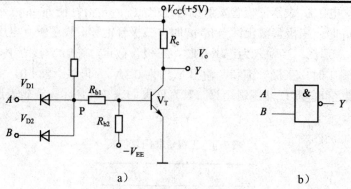

图 7-11　分立元件与非门

a）与非门电路；b）逻辑符号

表 7-5　与非门真值表

A	B	Y
0	0	1
0	1	1
1	0	1
1	1	0

在实际的应用中，常使用的 TTL 集成与非门电路有：

4 路 2 输入与非门 74LS00、3 路 3 输入与非门 74LS10、2 路 4 输入与非门 74LS20、八输入与非门 74LS30。其外引脚电路图如图 7-12 所示。

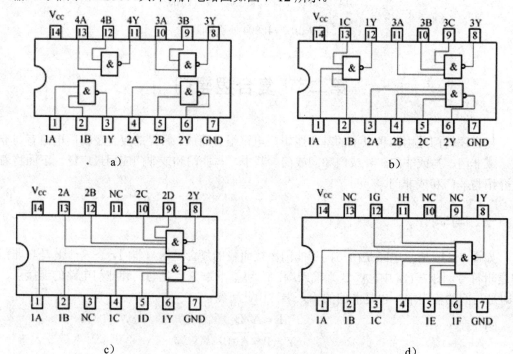

图 7-12　常用 TTL 与非门外引脚图

a）74LS00；b）74LS10；c）74LS20；d）74LS30

【例 7-1】 试用 74LS00 实现逻辑函数 $Y=A+B\overline{C}$。

【解】 因为 74LS00 只能进行与非运算，所以，先利用反演定律将 $Y=A+B\overline{C}$ 转换成与非运算。

$$Y = A + B\overline{C} = \overline{\overline{A+B\overline{C}}} = \overline{\overline{A} \cdot \overline{B\overline{C}}} = \overline{\overline{A \cdot A} \cdot \overline{B \cdot C \cdot C}}$$

按逻辑表达式绘出逻辑图如图 7-13 所示。与非门引脚边的数字是外引脚序号。

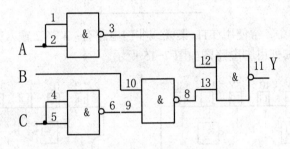

图 7-13 例 7-1 的逻辑图

二、或非门

如图 7-14 所示电路是由或门和非门串接而成的复合逻辑或非门及其逻辑符号。图 7-14a 中 A、B 为输入端，Y 为输出端。P 点是与门和非门电路的连接点。P 是或门的输出端，也是非门的输入端。由此可得：

$$P=A+B \qquad\qquad Y=\overline{P}=\overline{A+B}$$

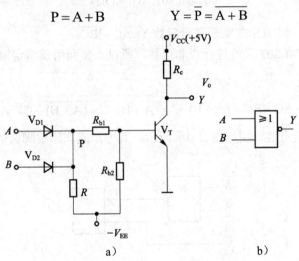

图 7-14 分立元件或非门

a）或非门电路；b）逻辑符号

或非门的真值表如表 7-6 所示。

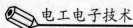

表 7-6　与或门真值表

A	B	Y
0	0	1
0	1	1
1	0	1
1	1	0

在实际的应用中，常使用 TTL 集成或非门电路有：4 路 2 输入或门 74LS02、3 路 3 输入或门 74LS27。其外引脚电路图如图 7-15 所示。

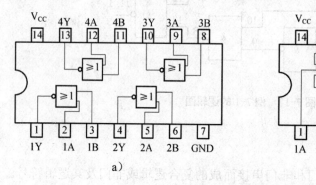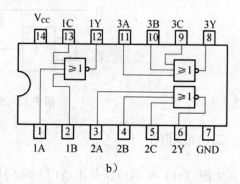

图 7-15　常用 TTL 或非门外引脚图

a）74LS02；b）74LS27

【例 7-2】　试用 74LS02 实现逻辑函数 $Y=A\overline{C}+B\overline{C}$。

【解】　因为 74LS02 只能进行或非运算，所以，先利用反演定律将 $Y=A\overline{C}+B\overline{C}$ 转换成或非运算。

$$Y = A\overline{C}+B\overline{C} = (A+B)\cdot\overline{C} = \overline{\overline{(A+B)\cdot\overline{C}}} = \overline{\overline{(A+B)}+\overline{\overline{C}}} = \overline{\overline{A+B}+C}$$

按逻辑表达式绘出逻辑图如图 7-16 所示，其中，或非门引脚边的数字代表外引脚序号。

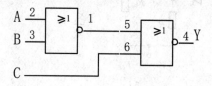

图 7-16　例 7-2 的逻辑图

三、与或非门

如图 7-17 所示是 74LS55 的外引脚图和逻辑符号。它是 2 路 4 输入的"与或非"逻辑门电路。从图 7-17a 中可以看出，与或非门是由两个四输入的与门和一个二输入的或非门构成，运算时先进行两路四输入的与运算，再将与的结果进行或非运算。其逻辑表达式为：

$$Y = \overline{ABCD + EFGH}$$

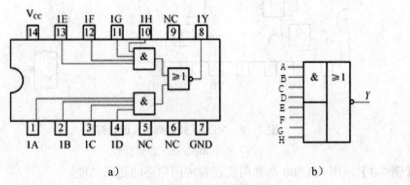

图 7-17 74LS55 外引脚图及逻辑符号

a）外引脚图；b）逻辑符号

另外，74LS54 是 3-2-2-3 输入"与或非"门电路，如图 7-18 所示。电路内部包含是由 2 个 2 输入与门和 2 个 3 输入与门作为第一级输入，1 个四输入或非门作为末级输出。其逻辑表达式为：

$$Y = \overline{ABC + DE + FG + HIJ}$$

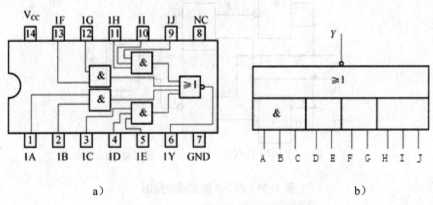

图 7-18 74LS54 外引脚图及逻辑符号

a）外引脚图；b）逻辑符号

四、异或门

TTL 集成逻辑门电路 74LS86 是 4 路 2 输入的"异或"门。其外引脚图及逻辑符号如图 7-19 所示。逻辑表达式为：

$$Y = A \oplus B = \overline{A}B + A\overline{B}$$

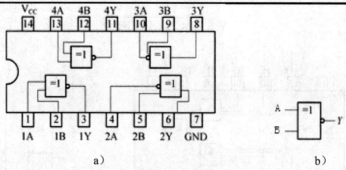

图 7-19　74LS86 外引脚图及逻辑符号

a）外引脚图；b）逻辑符号

【例 7-3】　用 74LS00 与非门实现异或门电路的逻辑功能。

【解】　分析：异或门的表达式中含与、或、非运算，而 74LS00 只能进行与非运算。所以应先将表达式转换成与非—与非表达式。

$$Y = A \oplus B = \overline{A}B + A\overline{B}$$
$$= \overline{\overline{\overline{A}B + A\overline{B}}} = \overline{\overline{\overline{A}B} \cdot \overline{A\overline{B}}}$$

用逻辑图表示如图 7-20 所示。

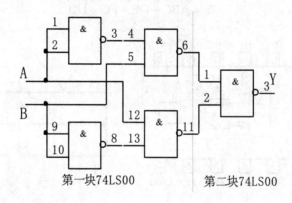

第一块74LS00　　　　第二块74LS00

图 7-20　例 7-3 的逻辑电路图

五、同或门

同或运算与异或运算之间是逻辑非的关系。在设计中可以用异或门再接一个"非"门可得到同或门的逻辑功能，如图 7-21 所示。在 TTL 集成电路中，74LS266 是集电集开路（又称为 OC 门）的 4 路 2 输入同或门，其外引脚图和逻辑符号如图 7-22 所示。同或门的逻辑表达式为：

$$Y = A \odot B = \overline{A}\,\overline{B} + AB$$

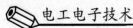

图 7-21　同或与异或的关系

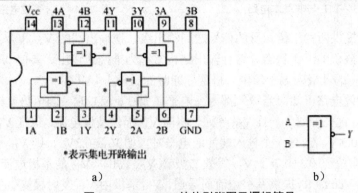

*表示集电开路输出

a）

b）

图 7-22 74LS266 的外引脚图及逻辑符号

a）外引脚图；b）逻辑符号

*第三节 数字逻辑电路系列

TTL 系列和 CMOS 系列数字逻辑电路是数字电路设计中最常用的两种系列。

一、TTL 逻辑电路

TTL 逻辑电路是晶体管-晶体管逻辑（Transistor-Transistor Logic）电路的缩写，属于双极型集成逻辑电路。TTL 与非门电路是 TTL 集成电路门电路的基本单元。

1. TTL 与非门工作原理

TTL 与非门的基本电路如图 7-23 所示。该电路由三部分组成：输入级采用多发射极管 V_{T1} 构成，它等效于三个二极管（如图 7-24 所示），其中 V_{D1} 和 V_{D2} 等效于分立元件的与门。中间级由 V_{T2} 构成，输出级由 V_{T3}、V_{T4} 和 V_{T5} 构成。

图 7-23　TTL 与非基本电路　　　　　　　　图 7-24　V_{T1} 等效电路

由于中间级提供两种相位相反的信号送到输出级，使输出端的 V_{T4} 和 V_{T5} 总是处在一个饱和导通一个截止的工作状态。这种输出结构常称为推挽式输出。要使 V_{T5} 导通，V_{T2} 应先导通，即 V_{T2} 的基极应大于二个二极管导通时的压降 1.4 V。

从 V_{T1} 的等效电路可知，当输入都为高电平（如 3.6 V）时，因电势差较大的缘故，V_{D3} 比 V_{D1} 和 V_{D2} 优先导通。一旦 V_{D3} 导通，将向 V_{T2} 提供基极电流，保证 V_{T2} 和 V_{T5} 饱和导通，$U_o=V_{CES}=0.3$ V。当有一个输入端为低电平时（如 $V_{D1}=0.3$V），则 V_{D1} 优先于 V_{D3} 导通，V_{T1} 的基极钳位于 0.3+0.7=1 V。等效二极管 V_{D3} 截止，V_{T2} 的基极电流为 0，V_{T2} 和 V_{T5} 截止，V_{T3} 由 Vcc 经 R_2 提供基极电流而导通。V_{T4} 基极由 V_{T3} 发射极提供更大的电流而饱和导通。忽略 R_2 上的压降，$U_o \approx 5-0.7-0.7=3.6$ V。

根据上述工作原理，在两种不同的输入状态下，电路的工作状态如表 7-7 所示。可见输出与输入之间具有与非的逻辑关系。

表 7-7　TTL 内部三极管的状态

输入状态	V_{T2}	V_{T4}	V_{T5}	输出状态	输出电压 U_o	门的状态
全 "1"	饱和	截止	饱和	0	0.3V	打开
有 "0"	截止	饱和	截止	1	3.6V	关闭

2. TTL 与非门的电压传输特性

电压传输特性是指输出电压随输入电压变化而变化的特性，通常用电压传输特性曲线来表示。TTL 与非门的电压传输特性曲线的测试方法与测试曲线如图 7-25b 所示。

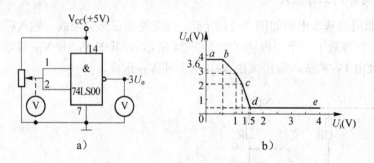

图 7-25　TTL 与非门电压传输特性

a）测试电路；b）电压传输特性曲线

ab 段（又称截止区）：当 0 V < u_i < 0.6 V 时，V_{T2} 截止，V_{T5} 截止，V_{T4} 饱和。电路输出 $U_o=3.6$ V。

bc 段（线性区）和 cd 段（转折区）：当 0.6 V ≤ u_i < 1.4 V，VT4 和 VT5 中有一个处于放大状态，输出随输入的上升而下降，当 u_i 上升到 CD 的中点，输出 u_o 快速下降到 0.3 V。此时的输入电压称为阈值电压 U_{TH}。一般认为，$U_{TH} \approx 1.4$ V。

de 段（又称饱和区）：当 $u_i>1.4$ V 以后，VT2 饱和、VT5 饱和。电路输出 $u_o=0.3$ V。

3. TTL 与非门的主要参数

（1）输出高电平 U_{OH}。这是指输出端空载，输入端有一个或一个以上接低电平时，所对应的输出端电压。典型值为 3.6 V。

（2）输出低电平 U_{OL}。这是指输出空载，输入全为高电平时的输出电平。典型值为 0.3 V。

（3）阈值电压 U_{TH}。这是指电压传输特性曲线转折区中点所对应的输入电压值，与非门输出高、低电平的分界值。典型值为 1.4 V。

（4）开门电平 U_{ON}。在保证输出电平为额定低电平时，所允许输入高电平的最小值。典型值为 2.0 V。

（5）关门电平 U_{OFF}。保证输出电平为额定高电平时，所允许输入低电平的最大值。74 系列为 0.8 V，54 系列为 0.7 V。

（6）扇出系数 N_O。这是指在保证与非门正常工作的条件下，与非门能驱动同类门电路的个数。这个数值越大，说明门电路的带负载能力越强。典型值 $N_O \geqslant 8$。

（7）关断延时 T_{PLH} 和导通延时 T_{PHL}。导通延时 T_{PHL} 是指输入波形上升沿中点与输出波形下降沿中点的时间间隔。关断延时 T_{PLH} 是指输入波形下降沿中点与输出波形上升沿中点时间间隔。通常用两者的平均值 T_{pd} 平均传输延时来表示门电路开关速度。典型的 TTL 与非门平均传输延时约为 10 ns。

（8）功耗。门电路的电源平均电流与电源电压的乘积称为门电路的功耗。

4. 其他常用的 TTL 逻辑门

（1）集电极开路门（OC 门）

在设计逻辑电路时，经常会遇到 TTL 门电路由于输出高电平 U_{OH} 只有 3.6V 或输出的电流过小不足以驱动后级电路的问题。此时，将输出级 OC 门就可改善此问题。

如图 7-26a 所示电路，以一个外接电阻 R_L 和外接电源 V_{CC}' 取代为 TTL 与非门提供高电平输出的 VT3 和 VT4，来实现与非门的逻辑功能，这种电路称为集电极开路与非门（简称 OC 门），R_L 称为上拉电阻。注意，在使用 OC 门时，外接上电源和上拉电阻才能正常实现逻辑功能。图 7-26b 是其逻辑符号。

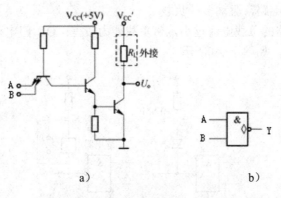

a) b)

图 7-26 集电极开路与非门

a）OC 门电路；b）OC 门逻辑符号

OC 门有多种用途：

➤ OC 门能实现高电平的转移

一般的 TTL 门电路高电平输出只有 3.6 V，在需要更高输出电平时，可按图 7-27 所示电路将 OC 门的输出端经电阻 R_L 接到 V_{CC}' 的电源上。

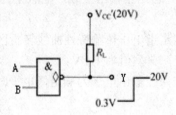

图 7-27　利用 OC 门实现高电平转移

➤ 实现"线与"

在使用 TTL 与非门设计逻辑电路时，不允许将两个输出端直接并联在一起。而 OC 门因外加的 R_L 能起限流作用，可以将输出端并联起来，并具有新的特性，如图 7-28 所示。当所有的 OC 门输出都是高电平时，电路的总输出为高电平，而当任一个 OC 门输出为低电平时，总电路的输出为低电平。其逻辑表达式为：

$$Y = \overline{AB} \cdot \overline{CD}$$

当 OC 门的输出端并联时，相当于在输出端加了一个与门，最终实现与逻辑功能，称为"线与"。

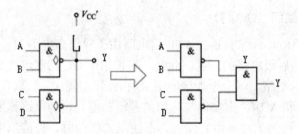

图 7-28　OC 门的线与

➤ 可作为接口电路，驱动多种负载

普通 TTL 门电路的负载电流过小，带负载能力较差。OC 门电路可直接驱动指示灯、继电器和脉冲变压器，如图 7-29 所示。

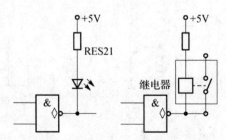

图 7-29　利用 OC 门作接口电路

（2）三态门（简称 TSL）

三态门的输出端有三种工作状态：

门截止，输出高电平；

门导通，输出低电平；

高阻态，或称第三态，输出端相当于悬空。

其逻辑符号如图 7-30 所示。

图 7-30a 是高电平有效的三态门。当 EN=1 时，三态门的输出由数据输入端决定，即 $Y=\overline{A \cdot B}$，取值可"0"可"1"。当 EN=0 时，电路处于第三状态——高阻态，信号无法通过门电路。图 7-30b 是低电平有效的三态门。

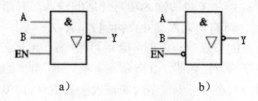

图 7-30 三态门的逻辑符号

a）高电平有效；b）低电平有效

常用的三态逻辑门电路有：控制端是低电平有效的 74LS125 和控制端是高电平有效的 74LS126 的三态门。

5. TTL 逻辑门使用常识

（1）TTL **系列型号**

国内的型号以"CT"作为前缀，其中"C"表示中国制造，"T"表示 TTL。国际上通常以美国德克萨斯（Texas）仪器公司的产品为公认的参照系列，前面冠以 SN54/SN74。SN 是英文半导体的缩写，54 是军用产品系列，74 是民用产品系列。54 系列在可靠性、功耗、体积上要优于 74 系列。例如，54 系列的门电路可在-50～+120℃正常工作，而 74 系列只能可靠工作在 0～75℃之间。TTL 门电路系列如表 7-8 所示。

表 7-8 TTL 门电路系列

名称	子系列	国标型号	外国型号
标准 TTL	（中速）TTL	CT54/CT74…	SN54/SN74…
低功耗 TTL	LTTL	CT54L/CT74L…	SN54L/SN74L…
高速 TTL	HTTL	CT54H/CT74H…	SN54H/SN74H…
肖特基 TTL	STTL	CT54S/CTS74…	SN54S/SN74S…
低功耗肖特基 TTL	LSTTL	CT54LS/CTLS74…	SN54LS/SN74LS…
先进低功耗肖特基 TTL	ALSTTL	CT54ALS/CT74ALS…	SN54ALS/SNALS74…
先进肖特基 TTL	ASTTL	CT54AS/CTAS74…	SN54AS/SNAS74…
快速 TTL	FTTL	CT54F/CT74F…	SN54F/SN74F…

在表 7-8 中，HTTL 和 LTTL 系列基本被淘汰，现最常用的是 LSTTL，总类和产量都远远大于其他类型。而 ALSTTL、ASTTL、FTTL 是正发展的产品，性能更佳。但只要是序号相同，它们的逻辑功能和引脚排序也完全相同。如 74LS00 与 74F00 序号同是 "00"，都是四路二输入的与非门，外引脚排序也相同，只是 74F00 的关断延时与导通延时比 74LS00 的时间短许多，工作速度更快。

（2）TTL 门电路使用的注意事项

工作电压：TTL 正电源充许的工作电压范围是 +4.5～+5.5 V，负电源端 "GND" 接地。TTL 电路对电源电压的要求比较严格，如果工作电压过高会损坏 TTL 集成电路，电压过低，电路将不能正常工作。

多余输入端的处理：可将多余的输入端与使用的输入端并接同一个输入信号。如用 74LS00 充当非门使用时，可将两输入端并接得到 $Y = \overline{A \cdot A} = \overline{A}$，如图 7-31a 所示。

根据与运算和或运算的特点，与门的多余端可接 "1" 电平，或门的多余输入端可接 "0" 电平。接 "1" 电平的方法如图 7-32b 所示，接 "0" 电平的方法如图 7-32c 所示。

通过设计接地电阻的大小，可以使多余的输入接上相应的 "0" 电平或 "1" 电平。当接地电阻 $R \geqslant 2$ kΩ，相当于接上 "1" 电平；当接地电阻 $R \leqslant 0.7$ kΩ，相当于接上 "0" 电平。特殊情况下，输入端直接连接到地，此时的 $R=0$，相当于接 "0" 电平当；当输入端悬空，相当于 $R=\infty$，此时相当于接上 "1" 电平，如图 7-32d 所示。但一般情况下，多余的输入端不要悬空，防止信号从空端引入，使电路工作不稳定。

输出端处理：不能直接接电源或直接接地，否则将导致器件损坏。

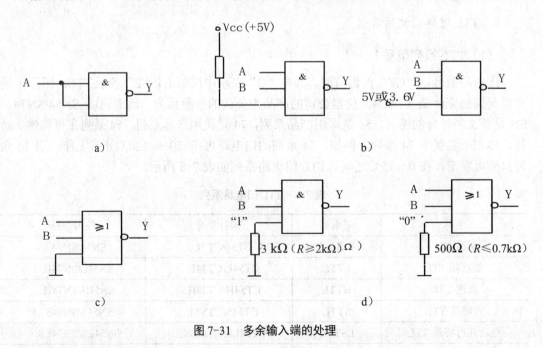

图 7-31 多余输入端的处理

a）并联多余的输入；b）与门多余端接 "1" 电平；c）或门多余端接 "0" 电平；d）接电阻到地

二、CMOS 逻辑电路

MOS 逻辑电路由 MOS 管构成，MOS 管的基本结构可分为 N 沟道和 P 沟道两种。CMOS 逻辑电路是由 P 沟道和 N 沟道 MOS 管互补构成。CMOS 比由相同沟道构成的 PMOS 和 NMOS 电路的工作速度快，应用更为广泛。

1. COMS 反相器

在 CMOS 集成逻辑电路中，CMOS 反向器是最基本的单元电路。如图 7-32 所示，CMOS 反向器由 N 沟道增强型 MOS 管 V_{T1} 和 P 沟道增强型 MOS 管 V_{T2} 构成。将两 MOS 管的栅极连接在一起构成反相器的输入端，将两 MOS 管的漏极连接在一起构成反相器的输出端，V_{T1} 的源极接电源的正极 V_{DD}，V_{T2} 的源极 V_{SS} 接地。其中，CMOS 的 V_{DD} 取值较宽，可在 3～18 V 工作。且电路应满足 $V_{DD} > V_{GS(th)1} + \left| V_{GS(th)2} \right|$。

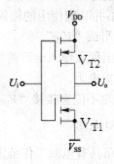

图 7-32　CMOS 反相器

设电路输入低电平 $U_{IL}=0$ V，输入高电平 $U_{IH}=V_{DD}$。当 $U_1=U_{IL}=0$ V 时，由于 $U_{GS1}=0$ V$<U_{GS(TH)1}$，V_{T1} 截止，而 $U_{GS2}=0-V_{DD}=-V_{DD}< U_{GS(TH)2}$，$V_{T2}$ 导通。故输出高电平 $U_{OH}≈+V_{DD}$。当 $U_1=U_{IH}=+V_{DD}$V 时，由于 $U_{GS1}=+V_{DD}> U_{GS(TH)1}$，$V_{T1}$ 导通，而 $U_{GS2}=V_{DD}-V_{DD}=0$ V$> U_{GS(TH)2}$，V_{T2} 截止。故输出低电平 $U_{OL}≈0$V，实现反相功能。

2. CMOS 逻辑门使用常识

（1）CMOS 门电路电路的系列型号

在数字电路设计中常使用的 CMOS 逻辑电路系列，如表 7-9 所示。

表 7-9　常用的 CMOS 系列

名称	缩写	国标型号
标准 CMOS 系列	CMOS	4000 系列/14000 系列/14500 系列
高速 CMOS 系列	HCMOS	40H 系列
新的高速型系列	HC	74HC 系列/54HC 系列
先进的 CMOS 系列	AC	74AC 系列/54AC 系列
与 TTL 电平兼容的 AC 系列	ACT	74ACT 系列

因标准 CMOS 逻辑门电路可在 3～18 V 环境下工作，使用最广泛。而 HC 系列的新高速 CMOS 门电路具有输出端与 LSTTL 系列输出端相同，即 HC 系列的输出直接可接 LS 系列的 TTL 门电路；其输入端与标准的 CMOS 输出端兼容，即可用 HC 系列的输入端直接连接在标准 CMOS 系列的输出端上；若在 HC 系列的输入端上加上拉电阻，HC 的输入端还可以接在 LS 系列的 TTL 门电路的输出端。ACT 系列的 CMOS 逻辑门可与 TTL 门电路兼容使用，即可看成是 TTL 电路使用。

（2）CMOS **集成电路使用注意事项**

工作电压：CMOS 的正电源端"V_{DD}"充许的工作电压范围是 3～18 V，负电源端"V_{SS}"常接地。

输入电路的静电防护：在储存与运输 CMOS 器件时，应采用金属屏蔽层作包装材料，不能用容易产生静电的化工材料或化纤织物。在组装和调试时，所有仪器设备应接地良好。

多余输入端的处理：输入端不能悬空，输入端接电阻到地，不论阻值多少都相当于输入"0"电平。多余的输入端最好不并联到使用的输入端上，而应根据与门输入端接高电平或"V_{DD}"，或门的输入端接低电平或"V_{SS}"。

输入电路的过流保护：在可能出现大输入电流的场合、在输入线较长或在输入端接有大电容时，都应在输入端加过流保护电阻。

输出端的处理：CMOS 的输出端不能直接接"V_{DD}"或"V_{SS}"，以免损坏器件。

3. **TTL 与 CMOS 逻辑门的接口电路**

与 TTL 电路相比，CMOS 电路具有电源工作范围广、抗干扰能力强、扇出系数大的优点，但同时存在工作速度较慢的缺点。所以在数字电路中，经常会因各取所长的缘故，应用几种不同类型的集成电路。而不同的集成电路之间的工作电压不相同、输入和输出电平、负载能力也不尽相同。为了保证电路的正常工作，常需要在 TTL 和 CMOS 电路之间采用接口电路。

不论是 TTL 电路驱动 CMOS 电路还是 CMOS 电路驱动 TTL 电路，作为驱动的门必须提供合乎标准的高、低电平和足够的驱动电流，即要求同时满足以下四个表达式：

$$U_{OH(MIN)} \geqslant U_{IH(MIN)}; \qquad U_{OL(MAX)} \leqslant U_{IL(MAX)};$$

$$I_{OH(MAX)} \geqslant n I_{IH(MAX)}; \qquad I_{OL(MAX)} \geqslant m I_{IL(MAX)}$$

为了便于比较，表 7-10 列出了 TTL 与 CMOS 电路的输出电压、输出电流、输入电压与输入电流等主要参数。

表 7-10 TTL 与 CMOS 的主要输入与输出参数

电路种类 主要参数	TTL 74 系列	TTL 74LS 系列	CMOS 4000 系列	CMOS 74HC 系列
$U_{OH(MIN)}$ /V	2.4	2.7	4.6	4.4
$U_{IH(MIN)}$ /V	2	2	3.5	3.5
$U_{OL(MAX)}$ /V	0.4	0.5	0.05	0.1
$U_{IL(MAX)}$ /V	0.8	0.8	1.5	1

$I_{OH(MAX)}$ /mA	-0.4	-0.4	-0.51	-4
$I_{IH(MAX)}$ /uA	40	20	0.1	0.1
$I_{OL(MAX)}$ /mA	16	8	0.51	4
$I_{IL(MAX)}$ /mA	-1.6	-0.4	-0.1×10^{-3}	-0.1×10^{-3}

其中，CMOS4000 系列是在 V_{DD} =5 V 时的参数。

（1）TTL 电路驱动 CMOS 电路

TTL 电路驱动 CMOS 电路主要需要解决的问题是：将 TTL 输出的高电平提高到 CMOS 高电平的要求上。常采用以下三种方式。

➤ 利用 TTL 的 OC 门电路

TTL 的 OC 门其中一个用途是可以提高输出的高电平。利用 OC 门作为 TTL 驱动 CMOS 的接口电路，只需将外接的电源设置为 CMOS 的正电源 V_{DD} 和 R_L 适当的即可，如图 7-33a 所示。

➤ 利用三极管

利用工作在开关状态下的三极管作为接口电路使 TTL 驱动 CMOS。如图 7-33b 所示，逻辑表达式为 $Y = \overline{A \cdot B}$。其中三极管的集电极接电阻到 CMOS 的正电源 V_{DD} 上。当 TTL 门电路输出低电平时，三极管 T 截止，三极管的输出为 $U_O = V_C = V_{DD}$，相当于 CMOS 的输入端输入高电平。当 TTL 门电路输出高电平时，三极管饱和，$U_O = U_{CES} = 0.3$ V，相当于 CMOS 输入端输入的低电平。所以，当利用工作在开关状态下的三极管作为 TTL 驱动 CMOS 的接口电路时，相当于 TTL 和 CMOS 门之间增加了一个非门。

➤ 利用上拉电阻

利用 CMOS 的输入电流为 0，可以在 TTL 的输出端与 CMOS 的输入端添加一个上拉电阻，如图 7-33c 所示，表达式为 $Y = A \cdot B$。当与非门输出高电平时，与非门内部的 VT5 截止，同时 CMOS 的输入也无电流流过，即 R_C 上的电流为 0，CMOS 的输入电压 $U_i = V_{DD}$，相当于输入高电平。当与非门输出为低电平时，与非门内部的 VT5 饱和导通，CMOS 的输入端电压 $U_i = U_{CES} = 0.3$ V。相当于输入低电平。

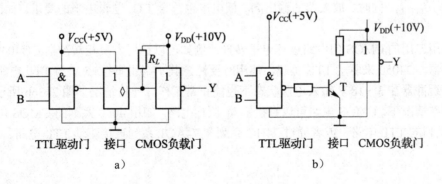

TTL驱动门　接口　CMOS负载门　　　　　　TTL驱动门　接口　CMOS负载门

a)　　　　　　　　　　　　　　　　b)

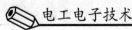

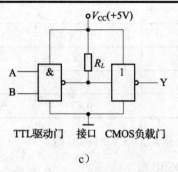

图 7-33 TTL 电路驱动 CMOS 电路

a）利用 OC 门；b）利用三极管；c）利用上拉电阻

也可以利用专用的 CMOS 门电路进行电平的转换。如 CC40109 就是带有电平偏移的门电路。使用时如图 7-34 所示进行连接。

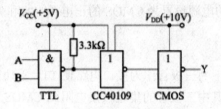

图 7-34 利用 CC40109 进行电平转移

（2）CMOS 电路驱动 TTL 电路

因为 CMOS 电路的工作电压范围较宽，也包括了 5 V，所以当 CMOS 电路工作在 $V_{DD}=5$ V 状态下时，CMOS 电路输出的逻辑电平与 TTL 的逻辑电平兼容。但在 CMOS 输出为低电平时，CMOS 电路不能提供足够大的驱动电流驱动 TTL 门电路。为了解决驱动电流过小的问题，需要在 CMOS 电路和 TTL 电路之间添加接口电路。

利用三极管作为接口电路。利用三极管电流放大原理，可以获得足够大的驱动电流驱动 TTL 门电路。只要放大器的参数选择合理，即可以做到既满足 $i_B \leqslant I_{OH}(CMOS)$，又满足 $I_{OL} \geqslant n I_{Il(TTL)}$，同时，放大器的输出高、低电平也符合 TTL 逻辑电平的要求。如图 7-35a 所示。

利用专用的 CMOS 门电路进行电平转换。例如可以选用六反相缓冲器 CD4049、六同相缓冲器 CD4050 来驱动 TTL 负载，使用时要注意其 V_{DD} 引脚接+5 V 与 TTL 电路相同，而这种缓冲器在 3～18 V 输入电压状态下也能正常工作。连接情况如图 7-36b 所示。

特殊情况下，CMOS 电路可以直接驱动 TTL 电路。如用 4000 系列的 CMOS 电路驱动 74LS 系列的 TTL 电路，或者通过 74HC 系列和 74ACT 系列直接驱动 TTL 电路。

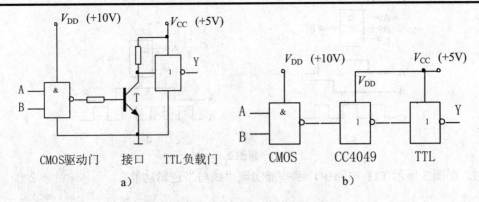

图 7-35　CMOS 驱动 TTL 的接口电路

a）利用电流放大三极管；b）利用专用 CMOS 电路

习题七

1. 在图 1 所示二极管门电路中，设二极管导通压降 V_D=+0.7 V，内阻 r_D<10 Ω。设输入信号的 V_{1H} = +5 V，V_{IL} = 0 V，则它的输出信号 V_{OH} 和 V_{OL} 各等于几伏？

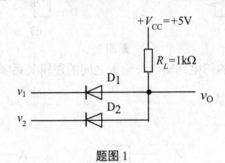

题图 1

2. 对应图 2 所示的各种情况，分别画出 F 的波形。

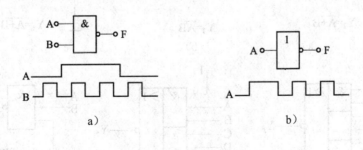

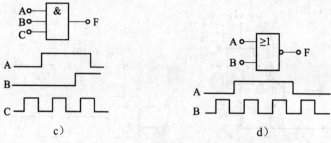

c)   d)

题图 2

3. 在图 3 所示 TTL 电路中，哪些能实现"线与"逻辑功能？

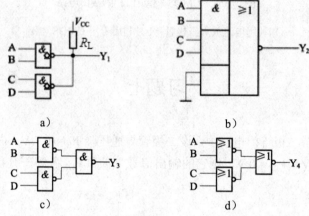

a)   b)

c)   d)

题图 3

4. 试判断图 4 所示的门电路输出与输入之间的逻辑关系哪些是正确的，哪些是错误的，把错误的改正。

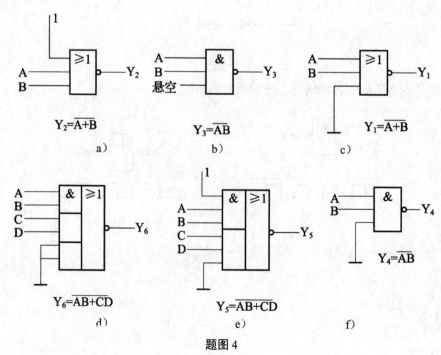

$Y_2 = \overline{A+B}$ $Y_3 = \overline{AB}$ $Y_1 = \overline{A+B}$

a)   b)   c)

$Y_6 = \overline{AB+CD}$ $Y_5 = \overline{AB+CD}$ $Y_4 = \overline{AB}$

d)   e)   f)

题图 4

5. 在图 5 所示的 TTL 门电路中，要求实现规定的逻辑功能时，连接有无错误？有错误的请改正。

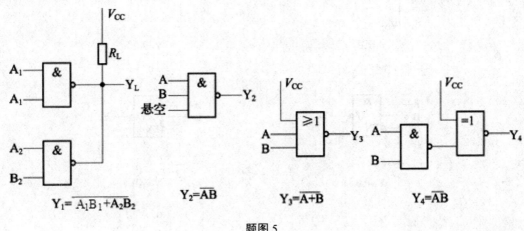

题图 5

6. 已知门电路的输入 A、B 和输出 Y 的波形如图 6 所示，是分别列出它们的真值表，写出逻辑表达式，并画出逻辑电路图。

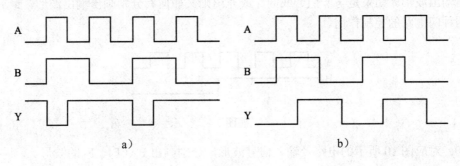

题图 6

7. 写出图 7 中逻辑函数表达式。

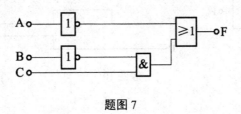

题图 7

8. 判断图 8 所示的 TTL 三态门电路能否按照要求的逻辑关系正常工作，如有错误，请改正。

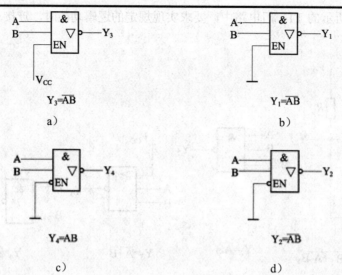

题图 8

9. 如果与门的两个输入端中，A、B 为信号输入端。设 A、B 的信号波形如图 9 所示，试画出输出波形。如果是与非门、或门、或非门则又如何？分别画出输出波形，最后总结上述四种门电路的控制作用。

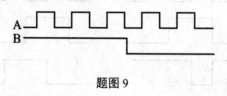

题图 9

10. 对应图 10 所示的电路及输入信号波形，分别画出 F_1、F_2、F_3 的波形。

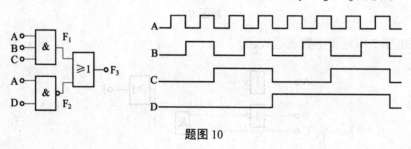

题图 10

第八章　组合逻辑电路应用

在实际应用中，往往是将若干个门电路组合起来共同实现复杂的逻辑功能。这种电路就是数字电路。根据逻辑功能的不同特点，数字电路分成组合逻辑电路和时序逻辑电路两类。如果任何时刻输出信号的值，仅取决于该时刻各输入信号的取值组合，这样的电路称为组合逻辑电路。组合逻辑电路的特点在于：

（1）输入输出之间没有反馈通路；

（2）电路中无记忆元件。

输出信号以前的状态，对输出信号没有影响。——这是和时序逻辑电路的根本区别。如图 8-1 所示，可以看出电灯的点亮或熄灭（信号输出），只与 K_1、K_2 当时的开闭情况有关（当时输出信号）。

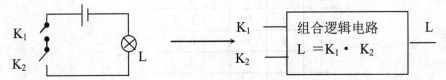

图 8-1　组合逻辑电路示意图

组合逻辑电路是由各种门电路组成。常用的有编码器、译码器、数据选择器、数据分配器、数字比较器和加法器等。组合逻辑电路功能的表示方法主要有逻辑函数表达式、真值表、逻辑图、波形图等，本章主要用前三种方式来描述组合逻辑电路，其中，真值表具有描述的唯一性。

第一节　组合逻辑电路的分析和设计方法

对组合逻辑电路的分析主要是根据给定的逻辑图，找出输入信号和输出信号之间的关系，从而确定它的逻辑功能。而组合逻辑电路的设计是根据给出的实际问题，求出能实现这一逻辑功能的最佳逻辑电路。

一、组合逻辑电路的分析

组合逻辑电路的分析方法，就是根据给出的逻辑电路图，求出描述该电路的逻辑函数表达式或者真值表，确定器逻辑功能的过程。基本分析步骤如下：

（1）由给定逻辑电路写出输出逻辑函数式；

（2）根据逻辑函数式列真值表；

（3）分析逻辑功能。

【例8-1】 分析图8-2所示逻辑电路的功能。

【解】 （1）逐级写出输出逻辑函数表达式（并且适当化简成便于表达成真值表的形式）。

$$Y_1 = A \oplus B$$

$$Y = Y_1 \oplus C = A \oplus B \oplus C = \overline{A}\overline{B}C + \overline{A}B\overline{C} + A\overline{B}\overline{C} + ABC$$

（2）列真值表。将 A、B、C 各种取值组合代入式中，求出函数值，可列出真值表。如表8-1所示。

表 8-1　例 8-1 的真值表

输入			输出
A	B	C	Y
0	0	0	0
0	0	1	1
0	1	0	1
0	1	1	0
1	0	0	1
1	0	1	0
1	1	0	0
1	1	1	1

（3）逻辑功能分析。由真值表可看出：在输入 A、B、C 三个变量中，有奇数个 1 时，输出 Y 为 1，否则 Y 为 0，因此，图8-2又称为奇校验电路。

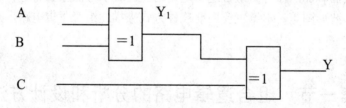

图 8-2　例 8-1 的逻辑电路

二、组合逻辑电路的设计

组合逻辑电路的设计就是根据已知的逻辑要求，设计出能实现该要求的逻辑功能，并采用要求的器件构成的或者最简的组合逻辑电路。所谓最简，就是电路用到的门电路最少，器件的种类最少，并且器件之间的连线最少。设计的基本步骤如下：

（1）分析逻辑要求的因果关系，确定输入、输出变量，定义 0、1 的逻辑含义。

（2）按照要求的因果关系写出真值表。

（3）根据真值表写出函数表达式并化简成适当的形式。

（4）根据化简后的函数表达式画出逻辑电路图。

【例8-2】 设计一个 A、B、C 三人表决电路。当表决某个提案时，多数人同意，提案通过，同时 A 具有否决权。用与非门实现。

【解】 （1）确定输入输出变量，定义 0、1 的逻辑含义。

设 A、B、C 三个人，表决同意用 1 表示，不同意时用 0 表示。

Y 为表决结果，提案通过用 1 表示，通不过用 0 表示，

（2）由要求写出真值表。

注意考虑 A 具有否决权。

表 8-2　例 8-2 的真值表

输入			输出
A	B	C	Y
0	0	0	0
0	0	1	0
0	1	0	0
0	1	1	0
1	0	0	0
1	0	1	1
1	1	0	1
1	1	1	1

（3）由真值表写逻辑函数：

$$Y = A\overline{B}C + AB\overline{C} + ABC = AC + AB = \overline{\overline{ACAB}}$$

（4）画逻辑图。

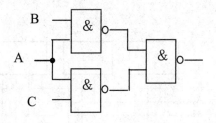

图 8-3　例 8-2 的逻辑电路

第二节　编码器

编码，就是用文字、数码等符号表示特定的信息。比如，将若干位二进制码元按一定的规律排列组合，得到若干种不同的码字，并将每个码字对应以固定的信息，这个将信息转换成码字的过程就称为二进制编码，如表 8-3 所示。本章主要讨论的就是这样的数字编码。在数字设备中多采用二进制，而日常生活中常用十进制，这种转换即是二—十进制编码。其中 4 位编码表示 0～9 十个信号的编码方式称为 8421BCD 码，如表 8-4 所示。

表 8-3 二进制编码表					表 8-4 二—十进制编码（8421BCD 编码）			

输入信号	编码输出	输入信号	编码输出	输入信号	编码输出	输入信号	编码输出
0	0000	8	1000	0	0000	8	1000
1	0001	9	1001	1	0001	9	1001
2	0010	10	1010	2	0010	10	00010000
3	0011	11	1011	3	0011	11	00010001
4	0100	12	1100	4	0100	12	00010010
5	0101	13	1101	5	0101	13	00010011
6	0110	14	1110	6	0110	14	00010100
7	0111	15	1111	7	0111	15	00010101

完成编码工作的数字电路称为编码器。按编码的不同，编码器可分为二进制编码器、二—十进制编码器等。无论何种编码器，它们一般具有 M 个输入端（编码对象），N 个输出端（N 位码元）。因为 N 位码元有 2^N 种组合，最多只能表示 2^N 种信息，且码与编码对象的对应关系是一一对应的，不能两个信息共用一个码，所以输入输出端口数的关系应满足：

$$2^N \geqslant M$$

一、二进制编码器

若编码器的输入信号的个数 M 与输出变量的位数 N 满足 $2^N=M$，则称为二进制编码器。

常见的二进制编码器有 4 线—2 线、8 线—3 线、16 线—4 线等。图 8-4 所示为三个或门组成的，有 8 个输入端、3 个输出端的 8 线—3 线编码器。该电路输出结果如表 8-5 所示。其输出与输入间的逻辑关系可以简化为表 8-6 所示的真值表。

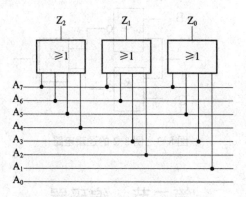

图 8-4 8 线—3 线编码器的逻辑图

表 8-5 图 8-4 电路真值表

输入								输出		
A_7	A_6	A_5	A_4	A_3	A_2	A_1	A_0	Y_2	Y_1	Y_0
0	0	0	0	0	0	0	1	0	0	0
0	0	0	0	0	0	1	0	0	0	1

输入								输出		
A_7	A_6	A_5	A_4	A_3	A_2	A_1	A_0	Y_2	Y_1	Y_0
0	0	0	0	0	1	0	0	0	1	0
0	0	0	0	1	0	0	0	0	1	1
0	0	0	1	0	0	0	0	1	0	0
0	0	1	0	0	0	0	0	1	0	1
0	1	0	0	0	0	0	0	1	1	0
1	0	0	0	0	0	0	0	1	1	1

图 8-4 所示的编码器以高电平作为输入信号（即称输入高电平有效），当 8 个输入变量中某一个输入为高电平时，表示对该输入信号进行编码，编码结果以高电平代表输出逻辑"1"，称为输出高电平有效。并且，在任何时刻，所有的输入变量中只能有一个输入为高电平（即不能同时对两个信号进行编码），否则会产生逻辑混乱。由逻辑图或真值表可以写出输出端的表达式为：

$$\begin{cases} Y_2=A_4+A_5+A_6+A_7 \\ Y_1=A_2+A_3+A_6+A_7 \\ Y_0=A_1+A_3+A_5+A_7 \end{cases}$$

表 8-6　三位二进制编码器真值表

简化表示输入信号	输出		
	Y_2	Y_1	Y_0
A_0	0	0	0
A_1	0	0	1
A_2	0	1	0
A_3	0	1	1
A_4	1	0	0
A_5	1	0	1
A_6	1	1	0
A_7	1	1	1

二、二–十进制编码器

将十进制数的十个数字 0～9 编成二进制代码的电路，叫做二—十进制编码器。因为 8421BCD 码自左向右每一位的权分别为 8、4、2、1，所以二—十进制编码器也叫 8421BCD 码编码器。

要对 10 个信号进行编码，根据编码器的一般原则，即：$2^N \geqslant M$，N 代表输出端数，M 代表输入端数，至少需要 4 位二进制代码，即：$2^4 \geqslant 10$。才能将十个信号进行编码。所以二—十进制编码器是十输入四输出的。

下面以 8421BCD 码的编码器为例，说明编码器的设计思路，对其他的编码器也是适用的。数码 0 到 9 通常用十条输入到编码器的数据线表示，其输入方式多用键盘输入，当按下某键时，对应的数据线为低电平，希望由编码器得到 8421BCD 码。输出是四条编码线。由此可以列出其真值表，如表 8-7 所示。

表 8-7　8421BCD 编码器真值表

输				入						输		出		输入简化
I_0	I_1	I_2	I_3	I_4	I_5	I_6	I_7	I_8	I_9	A	B	C	D	表示
0	1	1	1	1	1	1	1	1	1	0	0	0	0	0
1	0	1	1	1	1	1	1	1	1	0	0	0	1	1
1	1	0	1	1	1	1	1	1	1	0	0	1	0	2
1	1	1	0	1	1	1	1	1	1	0	0	1	1	3
1	1	1	1	0	1	1	1	1	1	0	1	0	0	4
1	1	1	1	1	0	1	1	1	1	0	1	0	1	5
1	1	1	1	1	1	0	1	1	1	0	1	1	0	6
1	1	1	1	1	1	1	0	1	1	0	1	1	1	7
1	1	1	1	1	1	1	1	0	1	1	0	0	0	8
1	1	1	1	1	1	1	1	1	0	1	0	0	1	9

因为输入相互排斥（其约束要求是某一个为 0 时，其余全为 1），所以该表中只有十种变量组合，其他不允许。由表可得：

$$\begin{cases} A = \overline{I_8} + \overline{I_9} = \overline{I_8 \cdot I_9} \\ B = \overline{I_4} + \overline{I_5} + \overline{I_6} + \overline{I_7} = \overline{I_4 \cdot I_5 \cdot I_6 \cdot I_7} \\ C = \overline{I_2} + \overline{I_3} + \overline{I_6} + \overline{I_7} = \overline{I_2 \cdot I_3 \cdot I_6 \cdot I_7} \\ D = \overline{I_1} + \overline{I_3} + \overline{I_5} + \overline{I_7} + \overline{I_9} = \overline{I_1 \cdot I_3 \cdot I_5 \cdot I_7 \cdot I_9} \end{cases}$$

由上述关系，我们可有如图 8-5 所示的逻辑图，即 8421BCD 编码器。

由图 8-5 可见，若 2 线为低电平时：A=0，B=0；C=1，D=0，其输出为（0010）对应十进制的 2；若 6 线为低电平时：A=0；B=1；C=1；D=0，其输出为（0110）对应十进制的 6；依此类推，只要在键入数码 0 至 9，对应的数据线输入到编码器中，则可以得到对应的 8421BCD 码。

上述编码器的特点是不允许两个或两个以上同时要求编码，即输入要求是相互排斥的，计算器中的编码器是属于这个类型，在计算器使用时，不允许同时键入两个量。

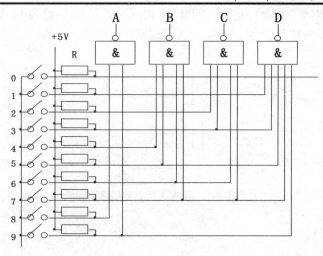

图 8-5 8421 BCD 编码器

三、优先编码器

在有些编码器中，允许多个输入端同时输入信号，电路只对其中优先级别最高的信号进行编码。输入信号的优先级别需设计电路的人员事先确定，这样的编码器称为优先编码器。一般来讲，优先编码器是大数优先，即对大序号的输入端优先。

1. 优先编码器在实际中的应用

【例 8-3】 电信局要对三种电话进行编码，其中紧急的次序为火警、急救和普通电话。要求电话编码依次为 00、01、10。设计电话编码控制电路。

【解】 设火警、急救和普通电话分别用 A_2、A_1、A_0 表示，且 1 表示有电话接入，0 表示没有电话，×为任意值，表示可能有可能无。Y_1、Y_0 为输出编码。

依题意，列出真值表如表 8-8 所示。

表 8-8 例 8-3 的真值表

输入			输出	
A_2	A_1	A_0	Y_1	Y_0
1	×	×	0	0
0	1	×	0	1
0	0	1	1	0

由真值表写出逻辑表达式：

$$Y_1 = \overline{A}_2\overline{A}_1 A_0$$
$$Y_0 = \overline{A}_2 A_1$$

由逻辑表达式画出编码器逻辑图如图 8-6 所示。

表 8-8 中，"×"表示任意值，即 0、1 均可。当最高位 A_2 为 1，即有效时，低位 A_1、A_0 取任意值结果都是 00，表示优先对 A_2 编码。

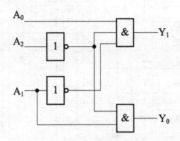

图 8-6 例 8-3 优先编码器逻辑图

2. 编码器的扩展

（1）二进制优先编码器

常用的集成电路中，8 线－3 线优先编码器常见型号为 54/74LS148，如图 8-7 所示。它的功能如表 8-9 所示。

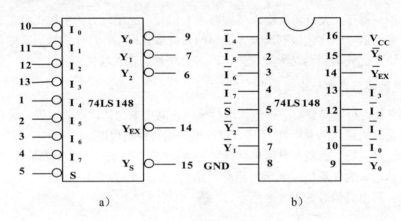

图 8-7 74LS148 优先编码器

a）符号图； b）管脚图

表 8-9 74LS148 优先编码器的功能表

输入使能端	输入								输出			扩展输出	使能输出
$\overline{S}$	$\overline{I}_7$	$\overline{I}_6$	$\overline{I}_5$	$\overline{I}_4$	$\overline{I}_3$	$\overline{I}_2$	$\overline{I}_1$	$\overline{I}_0$	$\overline{Y}_2$ $\overline{Y}_1$ $\overline{Y}_0$			$\overline{Y}_{EX}$	$\overline{Y}_S$
1	×	×	×	×	×	×	×	×	1 1 1			1	1
0	1	1	1	1	1	1	1	1	1 1 1			1	0
0	0	×	×	×	×	×	×	×	0 0 0			0	1
0	1	0	×	×	×	×	×	×	0 0 1			0	1
0	1	1	0	×	×	×	×	×	0 1 0			0	1
0	1	1	1	0	×	×	×	×	0 1 1			0	1

输入使能端	输入								输出			扩展输出	使能输出
$\overline{S}$	$\overline{I_7}$	$\overline{I_6}$	$\overline{I_5}$	$\overline{I_4}$	$\overline{I_3}$	$\overline{I_2}$	$\overline{I_1}$	$\overline{I_0}$	$\overline{Y_2}$	$\overline{Y_1}$	$\overline{Y_0}$	$\overline{Y_{EX}}$	$\overline{Y_S}$
0	1	1	1	1	0	×	×	×	1	0	0	0	1
0	1	1	1	1	1	0	×	×	1	0	1	0	1
0	1	1	1	1	1	1	0	×	1	1	0	0	1
0	1	1	1	1	1	1	1	0	1	1	1	0	1

表 8-9 中非号表示低电平有效。$\overline{I_7} \sim \overline{I_0}$ 为输入信号端，$\overline{Y_2} \sim \overline{Y_0}$ 是输出端。输入 $\overline{I_7}$ 为最高优先级，即只要 $\overline{I_7}=0$，不管其他输入端输入 0 或 1，输出只对 $\overline{I_7}$ 编码。输出因为是低电平有效，所以此时输出为 000，为 7 对应的二进制代码的反码。74LS148 优先编码器有三个使能端：

1）$\overline{S}$ 是输入使能端，控制输入信号能否进入。$\overline{S}$ 端输入低电平时，允许 $\overline{I_7} \sim \overline{I_0}$ 端口接收输入信号，编码器工作；$\overline{S}$ 端输入高电平时，编码器被封锁，不编码。

2）$\overline{Y_{EX}}$ 是用于扩展功能的输出端，$\overline{Y_{EX}}$ 有效表示编码器有编码输出。当输入端有（低电平）信号输入时 $\overline{Y_{EX}}$ 端输出低电平（有效）；输入全为高电平和编码器不工作时 $\overline{Y_{EX}}$ 端输出为高电平。

3）$\overline{Y_S}$ 也是用于扩展功能的输出端，为选通输出端。在无有效信号输入时 $\overline{Y}$ 端输出为低电平，可用于选通扩展的其他集成块，使之开始工作。

用 74LS148 优先编码器可以多级连接进行功能扩展，如用两块 74LS148 可以扩展为一个 16 线－4 线编码器，如图 8-8 所示。

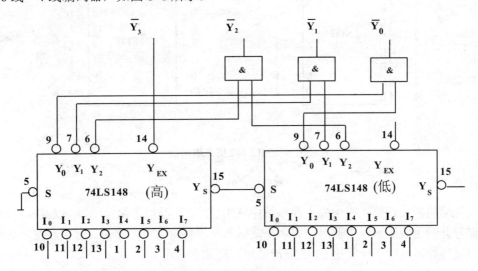

图 8-8　两块 74LS148 扩展为 16 线－4 线编码器

（2）二—十进制优先编码器

常用的二—十进制编码器多为优先编码器，如 TTL 门电路构成的 74LS147 集成电路，CMOS 电路构成的 CC40147 等等。如图 8-9 所示为 74LS147 的逻辑符号，其功能如表 8-10

所示。该编码器有九个输入端,分别表示十进制数 1 至 9。其中$\overline{A_9}$优先权最高,$\overline{A_1}$最低。输入输出均为低电平有效,输出是十进制数的 8421BCD 码的反码。当输入全为高电平时,输出为 1111,是 0000 的反码,正因为如此,表示 0 的输入端被省略了。

表 8-10　74LS147 优先编码器真值表

输　入									输　出			
$\overline{A_9}$	$\overline{A_8}$	$\overline{A_7}$	$\overline{A_6}$	$\overline{A_5}$	$\overline{A_4}$	$\overline{A_3}$	$\overline{A_2}$	$\overline{A_1}$	D	C	B	A
1	1	1	1	1	1	1	1	1	1	1	1	1
0	×	×	×	×	×	×	×	×	0	1	1	0
1	0	×	×	×	×	×	×	×	0	1	1	1
1	1	0	×	×	×	×	×	×	1	0	0	0
1	1	1	0	×	×	×	×	×	1	0	0	1
1	1	1	1	0	×	×	×	×	1	0	1	0
1	1	1	1	1	0	×	×	×	1	0	1	1
1	1	1	1	1	1	0	×	×	1	1	0	0
1	1	1	1	1	1	1	0	×	1	1	0	1
1	1	1	1	1	1	1	1	0	1	1	1	0

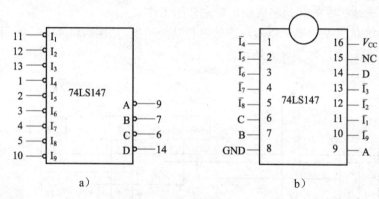

图 8-9　74LS147 优先编码器

a）符号图；b）管脚图

优先编码器在计算机等优先中断系统中应用甚广,广泛用于键盘电路,以及和计数器、译码器等共同组成函数发生器等。如字符编码器可以将键盘上的字母、数字和符号等编成七位二进制数码,送到计算机 CPU 进行处理、存储和输出。

第三节　译码器

译码是编码的逆过程。所谓译码,就是把每一组输入的二进制代码翻译成原来的特定信息。完成译码功能的电路称为译码器，图8-10所示是译码器的框图。它的输入有 n 个，且 n 个信号（X_1，…，X_n）共同表示输入某一种编码；输出有 m 个。在高电平有效时，当输入出现某种编码时，译码后，相应的一个输出端出现高电平，而其他均为低电平（反之易得）。

译码分部分译码和全译码。当输入变量的所有取值组合均有一个输出信号与之对应时，此时为全译码，即 $2^N = M$，说明每个取值组合都代表一种信息。当 $2^N > M$ 时，说明部分取值组合无输出与之对应，即它们不代表某种信息。这种译码则为部分译码。

图 8-10　译码器的框图

译码器分为变量译码器和显示译码器。变量译码器有二进制译码器和非二进制译码器。显示译码器按材料分为荧光、发光二极管译码器、液晶显示译码器；按显示内容分为文字、数字、符号译码器。

一、二进制译码器

1. 原理

二进制译码器是全译码器。它的输入码的每个取值组合均对应一个输出信号。它输入有 n 位二进制码，输出就有 2^n 个输出信号。对比二进制编码器易知，常用的二进制译码器有 2 线—4 线译码器，3 线—8 线译码器、4 线—16 线译码器等。

图 8-11 所示为 2 线—4 线译码器。其中，A、B 是输入的二位二进制代码，$\overline{Y_3} \sim \overline{Y_0}$ 是四个输出信号，因为有两个输入四个输出，故简称 2 线—4 线译码器或 2/4 线译码器。该电路的逻辑表达式为：

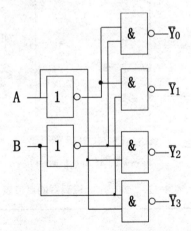

图 8-11　2 线—4 线译码器

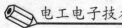

$$\begin{cases} \overline{Y_3} = \overline{AB} \\ \overline{Y_2} = \overline{A\overline{B}} \\ \overline{Y_1} = \overline{\overline{A}B} \\ \overline{Y_0} = \overline{\overline{A}\,\overline{B}} \end{cases}$$

图中译码器的真值表如表 8-11 所示。其为输入高电平有效，输出低电平有效。值得注意的是，由逻辑表达式可以得到，在全译码器中，每个输出端分别表示输入信号的一个最小项，这个特点在译码器的应用中十分重要。

表 8-11　2 线—4 线译码器真值表

输入		输出			
A	B	$\overline{Y_3}$	$\overline{Y_2}$	$\overline{Y_1}$	$\overline{Y_0}$
0	0	1	1	1	0
0	1	1	1	0	1
1	0	1	0	1	1
1	1	0	1	1	1

2. 集成译码器

集成译码器种类很多。如 CD4555B、CT74LS156（SN54 LS156/SN74LS156）是两个 2 线—4 线译码器封装在一起的集成块，前者是高电平输出有效，后者为低电平输出有效；T4138 是 3 线—8 线译码器，它是低电平输出有效。74LS138 也是 3 线—8 线译码器，输入高电平有效，输出低电平有效；4 线—16 线译码器有 SN74LS154 等。74LS138 译码器的真值表如表 8-12 所示，74LS138 译码器如图 8-12 所示。

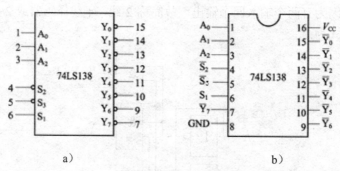

图 8-12　74LS138 译码器

a）符号图；b）管脚图

表 8-12　74LS138 译码器的真值表

输	入				输		出					
S_1	$\overline{S_2} + \overline{S_3}$	A_1	A_2	A_3	$\overline{Y_7}$	$\overline{Y_6}$	$\overline{Y_5}$	$\overline{Y_4}$	$\overline{Y_3}$	$\overline{Y_2}$	$\overline{Y_1}$	$\overline{Y_0}$
×	1	×	×	×	1	1	1	1	1	1	1	1

输		入			输			出				
0	×	×	×	×	1	1	1	1	1	1	1	1
1	0	0	0	0	1	1	1	1	1	1	1	0
1	0	0	0	1	1	1	1	1	1	1	0	1
1	0	0	1	0	1	1	1	1	1	0	1	1
1	0	0	1	1	1	1	1	1	0	1	1	1
1	0	1	0	0	1	1	1	0	1	1	1	1
1	0	1	0	1	1	1	0	1	1	1	1	1
1	0	1	1	0	1	0	1	1	1	1	1	1
1	0	1	1	1	0	1	1	1	1	1	1	1

3. 二进制译码器应用

（1）构成逻辑函数

译码器的用途很广，除用于译码外，还可以用它实现任意逻辑函数。由前所知，n 变量输入的二进制译码器共有 2^n 个输出，并且每个输出代表一个 n 变量的最小项。由于任何函数总能表示成最小项之和的形式，所以，只要在二进制译码器的输出端适当增加逻辑门，就可以实现任何形式的输入变量不大于 n 的组合逻辑函数。

【例 8-4】　用全译码器实现逻辑函数 $F = \overline{A}\overline{B}\overline{C} + \overline{A}\overline{B}C + \overline{A}B\overline{C} + ABC$

【解】　因为函数为 3 变量，故选用 74LS138 3 线—8 线译码器。因为其输出时低电平有效，故输出为输入变量的最小项之非，所以应将 F 写成最小项之反的形式：

$$F = \overline{\overline{\overline{A}\overline{B}\overline{C}} \cdot \overline{\overline{A}\overline{B}C} \cdot \overline{\overline{A}B\overline{C}} \cdot \overline{ABC}}$$

将变量 A、B、C 分别接译码器的 A_0、A_1、A_2 输入端，则上式为

$$F = \overline{\overline{Y_0} \cdot \overline{Y_2} \cdot \overline{Y_1} \cdot \overline{Y_7}}$$

据此式可由译码器和与非门实现函数 F。如图 8-13 所示。

（2）构成数据分配器

数据分配器好像一个单刀多掷开关，是将一条通路上的数据分配到多条通路的装置。它有一路数据输入和多路输出，并有地址码输入端，数据依据地址信息输出到指定输出端。用带使能端的译码器可以构成数据分配器，如 74LS138 译码器可以改为"1 线—8 线"数据分配器，如图 8-14 所示。将译码器输入端作为地址码输入端，数据加到使能端。按照地址码 $A_0A_1A_2$ 的不同取值组合，可以从地址码对应的输出端输出数据的原码，即此时对应输出端与数据端的状态是相同的。

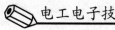
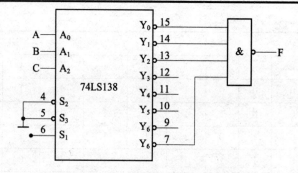

图 8-13　例 8-4 用 74LS138 实现逻辑函数

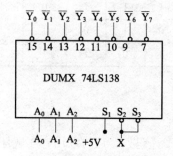

图 8-14　译码器构成数据分配器

（3）译码器的扩展

如果将两片集成译码器分别作为低位片和高位片，利用高位译码器的使能端作为输入，则可以用两片 74LS138 3 线—8 线扩展成为一个 4 线—16 线译码器。如图 8-15 所示。

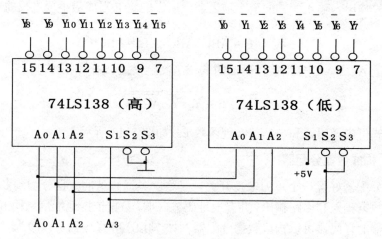

图 8-15　两片 3 线—8 线译码器扩展为 4 线—16 线译码器

A_3 输入高位片的使能端 S_1 和低位片的使能端 S_2、S_3。观察表 8-12：

① 当 $A_3 = 0$ 时：

高位片的 $S_1 = 0$ 不工作，低位片的 $S_2 = S_3 = 0$，故低位片 74LS138 工作，相当于对后三位编码值译码，结果为 $Y_0 \sim Y_7$ 中某一值，还原编码的信息。

② 当 $A_3=1$ 时：

与①中相反，此时低位片不工作，高位片工作，仍然在对后三位编码值译码，但高位片结果的输出序号与低位片相比多 8，即 $A_3=1$ 已经计算在内。结果为 $Y_8 \sim Y_{15}$ 中某一值。

二、BCD 译码器

BCD 译码器也称为二—十进制译码器。它将输入的每组 4 位二进制码翻译为对应的 1 位十进制数，有 4 个输入端，10 个输出端，常称为 4 线—10 线译码器。8421BCD 码译码器是最常用的 BCD 码译码器，如图 8-16 所示的集成电路 74LS42。它输入的是四位 BCD 码，表示一个十进制数，输出的十条线分别代表 0~9 十个数字。

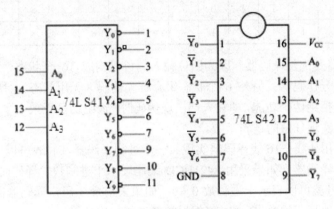

图 8-16 8421BCD 译码器

例如，当输入为（0000）时，即由图 8-17 可知译码器 $Y_0 \sim Y_9$ 输出线中，只有 Y_0 输出线为低电平，而其他 $Y_1 \sim Y_9$ 输出线为高电平，表示输出为 0；同理，当输入为（0111）时，即（$\overline{A}$ BCD），Y_7 输出线为低电平，其他输出线为高电平，表示输出为 7。可以较容易地列出其真值表。如表 8-13 所示。

表 8-13 74LS42 译码器真值表

十进制数	BCD 输入				十进制输出									
	A	B	C	D	0	1	2	3	4	5	6	7	8	9
0	0	0	0	0	0	1	1	1	1	1	1	1	1	1
1	0	0	0	1	1	0	1	1	1	1	1	1	1	1
2	0	0	1	0	1	1	0	1	1	1	1	1	1	1
3	0	0	1	1	1	1	1	0	1	1	1	1	1	1
4	0	1	0	0	1	1	1	1	0	1	1	1	1	1
5	0	1	0	1	1	1	1	1	1	0	1	1	1	1
6	0	1	1	0	1	1	1	1	1	1	0	1	1	1
7	0	1	1	1	1	1	1	1	1	1	1	0	1	1
8	1	0	0	0	1	1	1	1	1	1	1	1	0	1

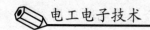

续表 8-13

十进制数	BCD 输入				十进制输出									
	A	B	C	D	0	1	2	3	4	5	6	7	8	9
9	1	0	0	1	1	1	1	1	1	1	1	1	1	0
无效	1	0	1	0	×	×	×	×	×	×	×	×	×	×
无效	1	0	1	1	×	×	×	×	×	×	×	×	×	×
无效	1	1	0	0	×	×	×	×	×	×	×	×	×	×
无效	1	1	0	1	×	×	×	×	×	×	×	×	×	×
无效	1	1	1	0	×	×	×	×	×	×	×	×	×	×
无效	1	1	1	1	×	×	×	×	×	×	×	×	×	×

　　BCD 译码器是部份译码器。因为四位输入码可以构成 16 个状态,只用了其中的 10 个状态,故称部分译码器。另外 6 个状态组合称为伪码(无用状态),所以二—十进制译码器电路应具有拒绝伪码功能,即输入端出现伪码时,输出均呈无效电平。由此可知,BCD 译码器不能用来实现任意的逻辑函数。

　　通常也可以用 4 线—16 线译码器实现二—十进制译码器,例如,可以用集成电路 74154 实现二—十进制译码器。如果采用 8421BCD 编码表示十进制数,译码时只需取 74154 的前 10 个输出信号就可以表示十进制数 0~9;如果采用余 3 码,译码器需用输出信号 3~12;如果采用其他形式的 BCD 码,可根据需要选择输出信号。

三、显示译码器

　　数字系统中常需要将数字或运算结果用数字显示,以便人们查看。显示译码器能够把 BCD 码等码元进行译码,以译码器的输出信号去驱动数字显示器件显示出结果,主要由译码器和驱动器两部分组成。

　　1. 显示器件

　　常用的数字显示器件有辉光数码管、荧光数码管、等离子体显示板、发光二极管、液晶显示器、投影显示器等。数码显示器按显示方式分有分段式、字形重叠式、点阵式等。其中,七段显示器应用最普遍。七段 LED 数码显示器及显示的数字如图 8-17 所示。

　　七段显示器由七段可发光的字段组合而成,可表示 0~9 十个数。常见的七段数字显示器有半导体数码显示器(LED)和液晶显示器(LCD)等,七段 LED 数码管有共阴极、共阳极两种结构。共阴极是指每段发光二极管的阴极并接接地,若某二极管阳极输入高电平,则该字段点亮。共阳极是指每段二极管的阳极并接接正电源,若二极管阴极输入低电平,则该字段点亮。半导体数码显示器的两种接法如图 8-18 所示。

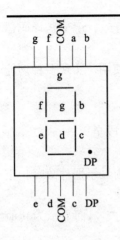

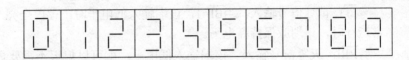

图 8-17 七段 LED 数码显示器及显示的数字

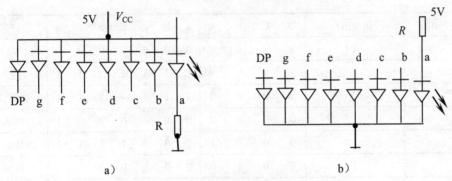

图 8-18 半导体数码显示器的两种接法

a）共阳极接法；b）共阴极接法

2. 显示译码器

七段显示译码器是常见的一种显示译码器。在集成电路中，驱动共阴极显示管的七段显示译码器有 74LS48、74LS49 等，它们输出是高电平有效。驱动共阳极显示管的七段显示译码器有 SN7447、74LS47 等它们输出是低电平有效，图 8-19 为 74LS47 的外引脚图，表 8-14 为 74LS47 的功能表。

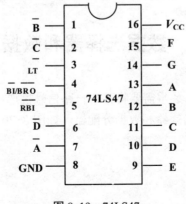

图 8-19 74LS47

由表 8-14 可知，DCBA 是 8421BCD 码的输入信号，高电平输入有效。a~g 是译码器的七个输出，低电平有效，适合驱动共阳极 LED 七段数码管。

除了输入输出端外，还有一些辅助控制端。这些辅助端可以配合使用，实现多种功能或者控制多位数码显示。

$\overline{BI}/\overline{RBO}$：双重功能端。

1）作为输入端：输入低电平（有效），输出端 a~g 为高电平，七段全灭。

2）作为输出端：输出灭零信号。

$\overline{LT}$：试灯信号输入。当 $\overline{BI}$=1，该端输入低电平时，七段全亮。否则显示器件故障。正常运行时，该端应保持高电平。

$\overline{RBI}$：灭零信号输入。该端输入低电平，就可以熄灭不需要显示的零，而显示为其他数字时，该端不起作用。

表 8-14　74LS47 的真值表

$\overline{LT}$	$\overline{RBI}$	$\overline{BI}/\overline{RBO}$	D	C	B	A	a	b	c	d	e	f	g	说明
0	×	1	×	×	×	×	0	0	0	0	0	0	0	试灯
×	×	0	×	×	×	×	1	1	1	1	1	1	1	熄灭
1	0	0	0	0	0	0	1	1	1	1	1	1	1	灭 0
1	1	0	0	0	0	0	0	0	0	0	0	0	1	显示 0
1	×	1	0	0	0	1	1	0	0	1	1	1	1	显示 1
1	×	1	0	0	1	0	0	0	1	0	0	1	0	显示 2
1	×	1	0	0	1	1	0	0	0	0	1	1	0	显示 3
	×	1	0	1	0	0	1	0	0	1	1	0	0	显示 4
1	×	1	0	1	0	1	0	1	0	0	1	0	0	显示 5
1	×	1	0	1	1	0	1	1	0	0	0	0	0	显示 6
1	×	1	0	1	1	1	0	0	0	1	1	1	1	显示 7
1	×	1	1	0	0	0	0	0	0	0	0	0	0	显示 8
1	×	1	1	0	0	1	0	0	0	1	1	0	0	显示 9

第四节　数据选择器和数据分配器

在多路数据传输过程中，经常需要将其中一路信号挑选出来进行传输，传送到指定通道上去，这就需要用到数据选择器和数据分配器。如图 8-20 所示。

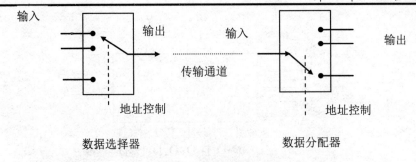

图 8-20　数据的多路传输示意图

一、数据选择器

数据选择器（简称 MUX）也叫多路转换器，它依据输入的地址信号，从多路数据中选出一路输出，其功能类似一个多投开关，是一个多输入、单输出的组合逻辑电路。

1. 工作原理

数据选择器有数据输入端 N 个，n 位地址码输入端，和 1 个数据输出端。地址码的取值组合决定对应的数据输入端的数据传输到输出端输出。所以，应满足 $2^n \geq N$。

以 8 选 1 数据选择器 74LS151 为例分析数据选择器的工作原理，如图 8-21 所示。由功能表表 8-15 可知，输入地址码变量的每个取值组合对应一路输入数据。当 $\overline{ST}$ 时=0：

$$Y = \overline{A_2}\,\overline{A_1}\,\overline{A_0}D_0 + \overline{A_2}\,\overline{A_1}\,A_0 D_1 + \overline{A_2}A_1\overline{A_0}D_2 + \overline{A_2}A_1 A_0 D_3 + A_2\overline{A_1}\,\overline{A_0}D_4 + A_2\,\overline{A_1}A_0 D_5$$
$$+ A_2 A_1\overline{A_0}D_6 + A_2 A_1 A_0 D_7$$

表 8-15　74LS151 功能表

输入				输出	
$\overline{ST}$	A_2	A_1	A_0	Y	$\overline{Y}$
1	×	×	×	0	1
0	0	0	0	D_0	$\overline{D_0}$
0	0	0	1	D_1	$\overline{D_1}$
0	0	1	0	D_2	$\overline{D_2}$
0	0	1	1	D_3	$\overline{D_3}$
0	1	0	0	D_4	$\overline{D_4}$
0	1	0	1	D_5	$\overline{D_5}$
0	1	1	0	D_6	$\overline{D_6}$
0	1	1	1	D_7	$\overline{D_7}$

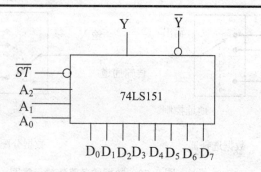

图 8-21　8 选 1 数据选择器 74LS151 原理图

应用：用数据选择器实现逻辑函数。

1）实现原理：数据选择器含有输入地址码变量的所有最小项：

$$Y = \sum_{i=0}^{2^n-1} m_i D_i$$

而任何一个 n 位变量的逻辑函数都可变换为最小项之和的标准式。

$$F = \sum_{i=0}^{i=2^n-1} k_i \cdot m_i$$

k_i 的取值为 0 或 1。所以，用数据选择器可很方便地实现逻辑函数。

2）方法：

当逻辑函数的变量个数和数据选择器的地址输入变量个数相同时，可直接用数据选择器来实现逻辑函数。

【例 8-5】　试用数据选择器实现逻辑函数 L＝AB＋AC＋BC。

【解】　（1）选用数据选择器。由于逻辑函数 Y 中有 A、B、C 三个变量，所以，可选用 8 选 1 数据选择器，现选用 74LS151。

（2）写出逻辑函数的最小项表达式。

$$L = AB + AC + BC = \overline{A}BC + A\overline{B}C + AB\overline{C} + ABC = m_3 + m_5 + m_6 + m_7$$

写出 8 选 1 数据选择器的输出表达式：

$$L' = \overline{A_2}\,\overline{A_1}\,\overline{A_0}D_0 + \overline{A_2}\,\overline{A_1}A_0 D_1 + \overline{A_2}A_1\overline{A_0}D_2 + \overline{A_2}A_1 A_0 D_3 + A_2\overline{A_1}\,\overline{A_0}D_4 + A_2\overline{A_1}A_0 D_5$$
$$+ A_2 A_1\overline{A_0}D_6 + A_2 A_1 A_0 D_7$$

（3）比较 L 和 L'两式中最小项的对应关系。设 L＝L'，A＝A_2，B＝A_1，C＝A_0，L'式中包含 L 式中的最小项时，数据取 1，没有包含 Y 式中的最小项时，数据取 0，由此得：

$$\begin{cases} D_0 = D_1 = D_2 = D_4 = 0 \\ D_3 = D_5 = D_6 = D_7 = 1 \end{cases}$$

（4）画连线图。根据上式可画出图 8-22 所示的连线图。

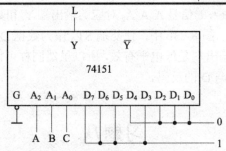

图 8-22 用 8 选 1 数据选择器实现逻辑函数

当逻辑函数的变量个数多于数据选择器的地址输入变量的个数时,应分离出多余的变量,将余下的变量分别有序地加到数据选择器的数据输入端上。这种方法不再赘述,请参阅其他参考书籍。

二、数据分配器

数据分配是数据选择的逆过程。数据分配器(简称 DX)好像一个单刀多掷开关,将一条通路上的数据分配到多条通路。它有一路数据输入端和多路输出端,并有地址码输入端,数据输入端的数据依据地址输入端的信息指示,传送到指定输出端口输出。

带使能端的译码器都可以构成数据分配器。将译码器的一个使能端作为数据输入端,二进制代码输入端作为地址信号输入端使用时,则译码器便成为一个数据分配器。

如 74LS138 译码器可以改为"1 线—8 线"数据分配器,如图 8-23 所示。将译码器输入端作为地址码输入端,其中一个使能端作为数据输入端。图 8-23a 中,使能端$\overline{ST_B}$作为数据 D 的输入端。

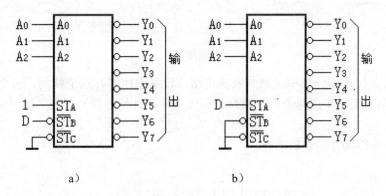

图 8-23 3 线—8 线译码器 74LS138 构成的 8 路数据分配器

a)输出原码的接法;b)输出反码的接法

当 D=0 时,所有的使能端有效,设地址码输入端输入的信号 $A_0A_1A_2=000$,则输出端口 Y_0 输出低电平(输出低电平有效),其余输出端为高电平(高电平表示无效)。

当 D=1 时,使能端$\overline{ST_B}$为无效状态,则译码器不工作,此时所有输出端为高电平(高电平表示无效),则 $Y_0=1$。

总之,地址码输入端输入的信号 $A_0A_1A_2$ 对应的输出端 Y_i 和数据输入端 D 的信号一致,实现了数据分配器的功能。图 8-23b 中,使能端 ST_A 作为数据 D 的输入端。由于该使能端是高电平有效,而译码器输出端是低电平有效,所以虽然同样可以实现数据分配器的功能,但是输出的数据是输入数据 D 的反码。

习题八

1. 某产品有 A、B、C、D 四项指标。规定 A 是必须满足的要求,其他三项中只有满足任意两项要求,产品就算合格。试用与非门构成产品合格的逻辑电路。

2. 分析电路图 1 的逻辑功能。

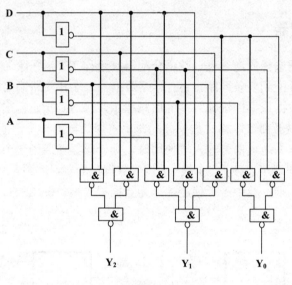

题图 1

3. 用与非门设计一个举重裁判表决电路。设举重比赛有三个裁判,一个主裁判和两个副裁判。只有当两个或两个以上裁判判明成功,并且其中有一个为主裁判时,表明举重成功。

4. 分析电路图 3 的逻辑功能。

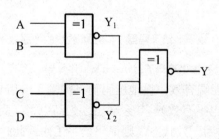

题图 3

5. 有一火灾报警系统，设有烟感、温感和紫外光感三种不同类型的火灾探测器。为了防止误报警，只有当其中两种或两种类型以上的探测器发出火灾探测信号时，报警系统才产生报警控制信号，试设计产生报警控制信号的电路。

6. 某董事会有一位董事长和三位董事，就某项议题进行表决，当满足以下条件时决议通过：有三人或三人以上同意；或者有两人同意，但其中一人必须是董事长。试用两输入与非门设计满足上述要求的表决电路。

7. 试利用 3 线 −8 线译码器 74LS138 设计一个多输出的组合逻辑电路。输出的逻辑函数式为：

$$Z_1 = \overline{ABC} + AB \qquad\qquad Z_2 = \overline{AC} + \overline{ABC}$$

8. 用 4 选 1 数据选择器 74LS153 实现如下逻辑函数的组合逻辑电路。

$$Y = \overline{A}B + A$$

9. 用 8 选 1 数据选择器 74LS151 实现如下逻辑函数的组合逻辑电路。

$$Y = \overline{A}B + A\overline{B}$$

10. 用 4 选 1 数据选择器 74LS153 实现如下逻辑函数的组合逻辑电路。

$$Y = \overline{A}C + B\overline{C} + A\overline{BC} + ABC$$

11. 用 74LS138 译码器和与非门实现逻辑函数：

$$F_1 = \sum m(1, 2, 4, 7)$$
$$F_2 = \sum m(0, 1, 4, 7)$$

第九章 触发器

由逻辑门构成的组合逻辑电路，没有记忆和存储功能。而触发器正是用于存储二进制数码的一种数字电路。触发器电路状态的转换靠触发（激励）信号来实现，它具有记忆（"0"或"1"）功能，是寄存器、计数器等数字电路的基本单元。触发器具有两个基本特性：

（1）有两个稳态，可分别表示二进制数码 0 和 1；

（2）在输入信号作用下，两个稳态可相互转换（称为翻转），已转换的稳定状态可长期保持下来，这就使得触发器能够记忆二进制信息，常用作二进制存储单元。

按照电路结构的不同，触发器可分成基本 RS 触发器、同步 RS 触发器、D 触发器、JK 触发器等多种形式，最常用的是 D 触发器和 JK 触发器。按照触发方式不同，触发器可以分为电平触发器、边沿触发器和主从触发器等。

第一节 基本 RS 触发器

一、基本 RS 触发器的电路组成和逻辑符号

由与非门组成的基本 RS 触发器电路组成和逻辑符号如图 9-1 所示。

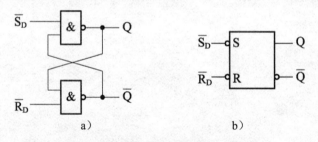

图 9-1 由与非门组成的基本 RS 触发器

a）基本 RS 触发器电路；b）逻辑符号

由图 9-1 可见，基本 RS 触发器是由两个与非门交叉反馈耦合组成的，每一个门的输出接至另一门的输入，电路左右对称。Q、$\overline{Q}$ 端为输出端，稳态下，Q 与 $\overline{Q}$ 端的电平总是相反，输出端的小圆圈表明该端为 $\overline{Q}$ 端。$\overline{S_D}$、$\overline{R_D}$ 端为输入端，逻辑符号中的小圆圈和变量字母上的非运算符号，均表明输入低电平有效，即只有输入信号为低电平（"0"）时，才能触发电路；高电平（"1"）时，对电路无影响。

二、基本 RS 触发器的逻辑功能

1. 工作原理

（1）$\overline{S_D} = 0$，$\overline{R_D} = 1$ 时，不管触发器原来处于什么状态，其次态一定为"1"，即 $Q^{n+1}=1$，触发器处于置位状态。

（2）$\overline{S_D} = 1$，$\overline{R_D} = 0$ 时，不管触发器原来处于什么状态，其次态一定为"0"，即 $Q^{n+1}=0$，触发器处于复位状态。

（3）$\overline{S_D} = \overline{R_D} = 1$ 时，触发器状态不变，处于保持状态，即 $Q^{n+1}=Q^n$。

（4）$\overline{S_D} = \overline{R_D} = 0$ 时，$Q^{n+1}=\overline{Q}^{n+1}=1$，破坏了触发器的正常状态，使触发器失效。而且当输入条件同时消失时，触发器是"0"态还是"1"态不定的，即 $Q^{n+1}=\times$。这种情况在触发器工作时是不允许出现的，称为不定态。因此使用这种触发器时禁止 $\overline{S_D} = \overline{R_D} = 0$ 出现。

表 9-1　与非门构成的基本 RS 触发器真值表

$\overline{S_D}$	$\overline{R_D}$	Q^n	Q^{n+1}	说明
0	0	0	1	不允许
0	0	1	1	
0	1	0	1	置 1
0	1	1	1	$Q^{n+1}=1$
1	0	0	0	置 0
1	0	1	0	$Q^{n+1}=0$
1	1	0	0	保持
1	1	1	1	$Q^{n+1}=Q^n$

2. 特征方程

也称状态方程，是触发器的下一个状态（次态）的逻辑表达式。

$$\begin{cases} Q^{n+1} = S_D + \overline{R_D}Q^n \\ \overline{S_D} + \overline{R_D} = 1 \quad \text{（约束条件）} \end{cases}$$

3. 波形图

根据触发器的真值表可以画出触发器在输入信号的激励下输出端的波形。阴影部分表示状态不定。如图 9-2 所示。

4. 状态转换图

状态转换图（图 9-3）是描述触发器状态转换规律的图形，圆圈表示触发器的某个稳定状态，箭头表示转换方向，箭头旁的式子表示转换的条件。"×"号表示任意值。

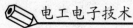
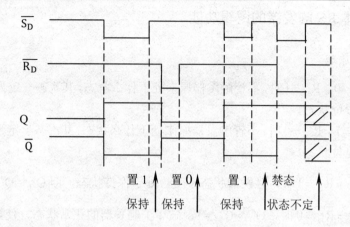

图 9-2　基本 RS 触发器波形图

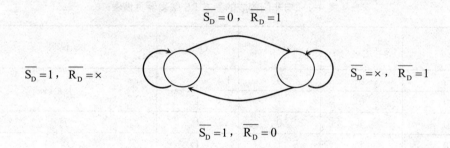

图 9-3　基本 RS 触发器状态转换图

5. 其他的基本 RS 触发器

基本 RS 触发器还可以由或非门组成，如图 9-4 所示。其功能和与非门构成的触发器相同，区别在于输入信号为高电平有效。

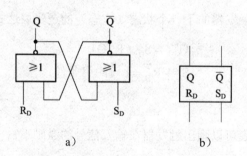

图 9-4　由或非门组成的基本 RS 触发器

a）逻辑电路图；b）逻辑符号

无论是与非门还是或非门构成的基本 RS 触发器，除了输入分别为低电平有效和高电平有效外，其他功能完全相同。当 S_D 输入有效信号时，触发器置位，故 S_D 称为置位（置

1）端；当 R_D 输入有效信号时，触发器复位，故 R_D 称为复位（置 0）端；

6. 基本 *RS* 触发器的主要特点

优点：电路简单，可以存储一位二进制代码，它是构成各种性能更完善的触发器的基础。缺点：输入端信号直接控制输出状态，无同步控制端；R_D、S_D 端不能同时输入有效信号，即 R_D、S_D 间存在约束。

第二节　同步触发器

基本 RS 触发器的状态翻转是受输入信号直接控制的，其抗干扰能力差。在实际应用中，常常要求触发器在某一指定时刻按输入信号要求动作，或者多个触发器同步工作。这一指定时刻通常由外加时钟脉冲 CP 来决定（有时用 CLK 或 C 表示）。由时钟控制的触发器称为钟控触发器或者同步触发器。

同步触发器中，触发器接收输入信号产生翻转，是在 CP 时钟为高电平（或低电平）期间完成的，这种同步的触发方式称为电平触发。

一、同步 RS 触发器

受外加时钟脉冲 CP 脉冲控制的基本 RS 触发器，称为同步 RS 触发器。

1. 符号及电路组成

同步 RS 触发器的符号及电路组成如图 9-5 所示。

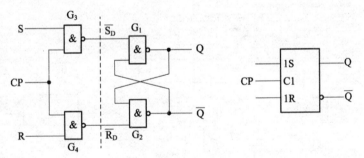

图 9-5　同步 RS 触发器的符号及电路组成

与基本 RS 触发器电路相比，同步 RS 触发器的逻辑图中多了两个控制门 G_3 和 G_4。这两个与非门受时钟脉冲 CP 控制（同步）。

2. 工作原理

同步 RS 触发器工作时各输入输出信号的关系如表 9-2 所示。

表 9-2　　同步 RS 触发器的逻辑关系

CP	R	S	Q^{n+1}	说　明
1	0	0	不变	$Q^{n+1}=Q^n$（保持）
1	0	1	1	$Q^{n+1}=1$（置 1）
1	1	0	0	$Q^{n+1}=0$（置 0）
1	1	1	不定	不允许
0	×	×	不变	$Q^{n+1}=Q^n$（保持）

由此可见：CP=1 时，与非门 G_3 门和 G_4 门打开，S、R 信号通过并进入基本 RS 触发器输入端，其逻辑功能与基本 RS 触发器相同；CP=0 时，与非门 G_3 门和 G_4 门关闭，S、R 信号进不去，触发器状态不变。同步 RS 触发器的特性方程为：

$$\begin{cases} Q^{n+1} = S + \overline{R}Q^n \\ RS = 0 \quad \text{（约束条件，即RS不能同时为1）} \end{cases}$$

二、同步 D 触发器

为防止出现不定态，RS 触发器存在禁止条件，即两个输入端不能同时有效，这给使用带来不便。在图 9-5 中，将同步 RS 触发器的 R 端接门 G_3 的输出，使 RS 触发器的置 0、置 1 端的信号总是相反，这样就构成了 D 触发器，如图 9-6 所示。

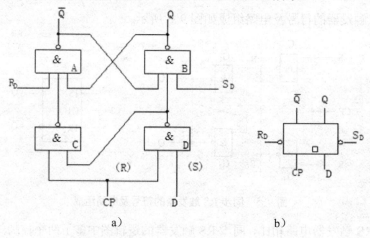

图 9-6　D 触发器

a）逻辑电路图；b）逻辑符号

D 触发器只有一个输入信号：D，且不存在禁止条件。功能如下：

（1）CP=0，门 C、D 封锁，无信号输入，触发器处于维持状态。

（2）CP=1，触发器工作：

D=0 时：门 D 输出为"1"（置 1 端无效），门 C 输出为"0"（置 0 端有效），即触发器置 0，所以 Q^{n+1}=0，

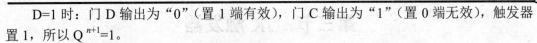

D=1 时：门 D 输出为"0"（置 1 端有效），门 C 输出为"1"（置 0 端无效），触发器置 1，所以 $Q^{n+1}=1$。

（3）R_D、S_D 为异步置 0、异步置 1 端，也称直接置 0、直接置 1 端。它们不受 CP 时钟和输入信号 D 控制，可以直接使触发器置 0、置 1。

按上述功能，真值表及状态转换图如表 9-3、图 9-7 所示。

表 9-3　D 触发器真值表

R_D	S_D	D	Q^n	Q^{n+1}
1	1	0	0	0
1	1	0	1	0
1	1	1	0	1
1	1	1	1	1
0	1	×	×	0
1	0	×	×	1

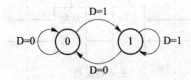

图 9-7　D 触发器状态转换图

三、同步触发器的空翻现象

同步触发器在 CP 时钟有效期间，都能接收输入信号。所以若输入信号发生多次变化，则触发器的状态也可能发生多次翻转。在一个时钟脉冲周期中，触发器发生多次翻转的现象叫做空翻。以图 9-8 中同步 RS 触发器的输出波形为例，在 CP=1 期间，若输入信号发生改变，触发器的状态有可能发生翻转（因输入信号变化，实箭头处产生了空翻现象，虚箭头处未产生空翻）。

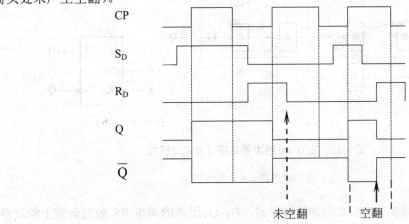

图 9-8　同步 RS 触发器的空翻现象

第三节 JK 触发器

为克服空翻现象,将两个同步触发器串联成主从结构,如图 9-9 所示。

两个触发器用相反的时钟控制,形成双拍式工作方式,即将一个时钟脉冲分为两个阶段:CP 高电平时主触发器接受输入信号,状态改变,而从触发器停止工作,保持不变;CP 低电平时,从触发器接收主触发器的输出信号,跟随主触发器的状态改变,而主触发器停止工作,不再接收外部输入信号。

时钟脉冲由高电平转换成低电平瞬间(下降沿),从触发器开始工作,状态发生改变,之后由于主触发器停止工作不再改变输出信号,因此从触发器的输入不变,触发器状态变化只发生在下降沿。这种触发方式称为主从触发,在逻辑符号中,主从触发方式用输出端处的小直角符号标示。下面以主从 JK 触发器为例分析其工作原理。

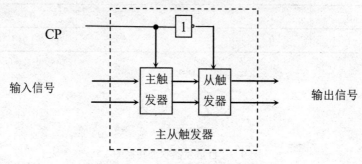

图 9-9 主从触发器的示意图

一、主从 JK 触发器的电路组成和逻辑符号

主从 JK 触发器的符号及电路组成如图 9-10 所示。

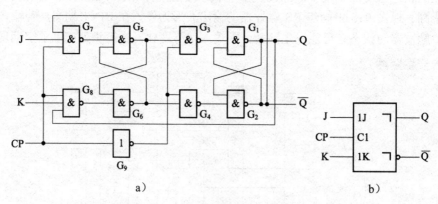

a)   b)

图 9-10 主从 JK 触发器的符号及电路组成

a)逻辑电路图;b)逻辑符号

$G_1 \sim G_4$ 组成的同步 RS 触发器为从触发器;$G_5 \sim G_8$ 组成的同步 RS 触发器为主触发器。从触发器的输入信号是主触发的输出信号。G_9 门是一个非门,其作用是将 CP 反相后控制

从触发器，使主、从触发器交替工作。图 9-10 中，J 和 K 端为信号输入端，Q 和 $\overline{Q}$ 为触发器的两个互补输出端。输出端交叉反馈到 G_7 和 G_8 的输入端，以保证 G_7 和 G_8 的输入永远处于互补状态，这样就不会对输入信号 J、K 的取值进行约束。

二、主从 JK 触发器的逻辑功能

在下降沿到来时，从触发器跟随主触发器的状态，产生触发器的输出，所以研究主从触发器的逻辑功能，只需要观察主触发器的状态即可。

1. 当 J=0，K=0 时——保持功能。

主触发器：在 CP=1 期间，因为 J=0，K=0，则 G_7=1；G_8=1，主触发器保持原来的状态不变。

2. 当 J=0，K=1 时——置 "0" 功能，K 称为置 0 端。

主触发器：设初态为 "1" 状态，即 Q=1，$\overline{Q}$=0 时，因为 J=0，则 G_8=1；G_7 的输入全为 "1"，其输出 G_7=0，所以，主触发器置 "0"。

设初态为 "0" 状态，则 G_7=1；G_8=1，则保持原有的 0 状态不变。

3. 当 J=1，K=0 时——置 "1" 功能，J 称为置 1 端。

主触发器：设初态为 "0" 状态，即 Q=0，$\overline{Q}$=1 时，因为 K=0，则 G_7=1；G_8 的输入全为高电平 "1"，使其输出 G_8=0，所以，主触发器置 "1"。

设初态为 "1" 状态，则 G_7=1；G_8=1，则保持原有的 1 状态不变。

4. 当 J=1，K=1 时——翻转功能。

翻转功能又称计数功能。分两种情况讨论：

（1）若触发器初态为 "0" 时：

因为 Q=0 使则 G_7=1，而 G_8=0，主触发器变为 "1" 状态。

（2）若触发器初态为 "1" 时：

因为 $\overline{Q}$=0 使 G_8=1，而 G_7=0，主触发器为 "0" 状态。

因此，当 J=K=1 时，不论触发器原来的状态是 "0" 态还是 "1" 态，CP 下降沿到来后，触发器翻转成与原来相反的状态，故称翻转功能。

由上面分析可以得到主从 JK 触发器的真值表（表 9-4）、状态转换图（图 9-11）和特征方程。

特征方程：$Q^{n+1} = J\overline{Q^n} + \overline{K}Q^n$

主从 JK 触发器的优点是主、从分时控制，两个节拍工作，而且 J、K 端的输入信号无约束，无不定态。它的缺点是有一次变化问题，即在 CP=1 期间，J、K 信号的抖动可能会引起主触发器产生一次翻转（无法复原），在脉冲下跳时送入从触发器输出，产生误触发，即一次空翻现象，这是不利的。故在 CP＝1 期间要求 J、K 保持状态不变。

表 9-4　主从 JK 触发器的真值表

输入（CP 下降沿作用）			输出	
Q_N	J	K	Q_{N+1}	说明
0	0	0	0	$Q_{N+1}=Q_N$，保持功能
1			1	
0	0	1	0	置"0"功能
1			0	
0	1	0	1	置"1"功能
1			1	
0	1	0	1	$Q_{N+1}=\overline{Q_N}$，翻转功能
1			0	

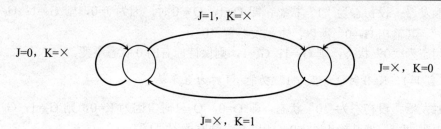

J=1，K=×

J=0，K=×　　　　　　　　　　　　　　　　J=×，K=0

J=×，K=1

图 9-11　　JK 触发器的状态转换图

如图 9-12 所示，从 t_1、t_2、t_3、t_4 四个时间点的主、从触发器的波形可以得到：由于 J、K 在 CP=1 时产生了抖动，从而使主触发器产生一次翻转，并导致 CP=0 时，从触发器接收错误信号输出错误的结果。

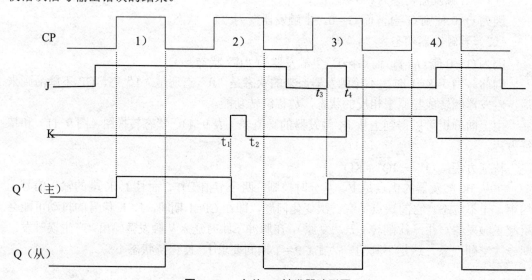

图 9-12　　主从 JK 触发器波形图

三、集成 JK 触发器

集成 JK 触发器的产品较多，比较典型的有 TTL 集成主从触发器 74LS76 和 74LS72、高速 CMOS 双 JK 触发器 HC76、边沿触发的 JK 触发器 74LS112 等。由 CMOS 工艺制作的触发器称为 CMOS 触发器，其主要特点是功耗极低、抗干扰性能很强，电源适应范围较大。由于利用了传输门结构，所以电路结构特别简单。对 CMOS 型 JK 触发器而言，CP时钟控制为上升沿有效，其功能与 TTL 型触发器类似。

集成主从触发器 74LS76 内部集成了两个带有置 1 端 $\overline{S_D}$ 和清零（置 0）端 $\overline{R_D}$ 的 JK 触发器。它们都是下跳沿触发的主从触发器，异步输入端 $\overline{S_D}$ 和 $\overline{R_D}$ 为低电平有效，引脚图如图 9-13 所示，功能表见表 9-5。表中符号"↓"表示 CP 时钟的下跳沿。如果在一片集成器件中有多个触发器，通常在符号前面（或后面）加上数字，以表示不同触发器的输入、输出信号，比如 1CP 与 1J、1K 同属一个触发器。

74LS72 为单 JK 触发器，其功能和引脚与 74LS76 类似。不同的是它有三个 J 输入端和三个 K 输入端，每组输入端均为与逻辑关系，如图 9-14 所示。

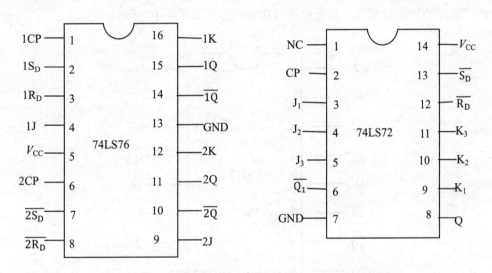

图 9-13　TTL 集成触发器 74LS76 和 74LS72 的引脚排列图

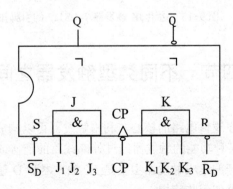

图 9-14　与输入主从 JK 触发器的逻辑符号

表 9-5   74LS76 的功能表

输入					输出	
异步输入端		时钟	同步输入端			
$\overline{R_D}$	$\overline{S_D}$	CP	J	K	Q^{n+1}	功能
0	0	$\times$	$\times$	$\times$	不定态	不允许
0	1	$\times$	$\times$	$\times$	0	异步置0
1	0	$\times$	$\times$	$\times$	1	异步置1
1	1	$\downarrow$	0	0	Q^n	保持
1	1	$\downarrow$	0	1	0	同步置0
1	1	$\downarrow$	1	0	1	同步置1
1	1	$\downarrow$	1	1	$\overline{Q^n}$	翻转

74LS112 内含两个相同的 JK 触发器，它们都带有异步的清零（置0）端和置1端，属于负跳沿触发的边沿触发器，其逻辑符号和引脚分布如图 9-15 所示。

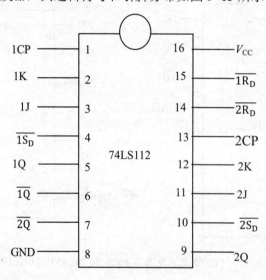

图 9-15   边沿 JK 触发器 74LS112 的引脚排列图

第四节   不同类型触发器之间的转换

触发器是实现时序逻辑电路的核心。利用触发器可以构成许多实用电路。此外，根据实际需要，还可以将某种功能的触发器经过外部线路的连接或者附加门电路来构成其他功能的触发器。实际生产的集成触发器主要是 JK 触发器和 D 触发器，下面就以这两种触发器为例简单介绍触发器的一些应用。

一、D 触发器转换为 JK 触发器

D 触发器的特性方程为：$Q^{n+1}=D$，而 JK 触发器的特性方程为：$Q^{n+1}=J\overline{Q^n}+\overline{K}Q^n$。比较两个方程,可知当 $D=J\overline{Q^n}+\overline{K}Q^n$ 时,D 触发器的特性方程和 JK 触发器的特性方程一致,可以将 D 触发器转换为 JK 触发器。如图 9-16 所示。

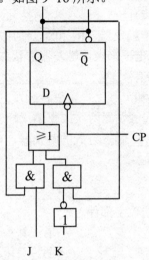

图 9-16　D 触发器转换成 JK 触发器

二、JK 触发器转换为 D 触发器

同前可得，由 D 触发器的特性方程进行变换，使之形式与 JK 触发器一致，则：

$$Q^{n+1}=D=D(\overline{Q^n}+Q^n)=D\overline{Q^n}+DQ^n$$

可知当 J=D，K=$\overline{D}$时，两个触发器的特性方程一致，如图 9-16 所示，通过非门辅助，可将 JK 触发器转换为 D 触发器。JK 触发器转换成 D 触发器如图 9-17 所示。

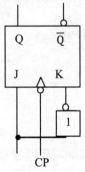

图 9-17　JK 触发器转换成 D 触发器

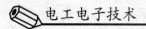

习题九

一、填空题

1. 描述触发器功能的方法有_____、_____、_____和_____。

2. 一个与非门组成的 RS 触发器，$\overline{R_D}$ 和 $\overline{S_D}$ 分别称为____端和____端，____电平有效，通常用_____端的逻辑电平来表示触发器的状态。

3. 基本 RS 触发器的状态有_____、_____和_____。时钟控制的触发器有_____、_____和_____三种触发方式。

4. 通常同一时钟脉冲引起触发器两次或更多次翻转的现象称为_____现象，具有这种现象的触发器是_____触发方式的触发器，如_____。

二、选择题

1. 触发器是_____的数字部件。
   A. 组合逻辑   B. 具有记忆功能
   C. 无记忆功能   D. 只由与非门组成

2. CP 脉冲下降沿有效的主从触发器，当 CP 由高电平回到低电平时，此时是_____。
   A. 主触发器接收输入信号   B. 从触发器状态不变
   C. 主触发器状态改变   D. 从触发器接收主触发器的状态

3. 由 JK 触发器组成的计数器，其中一个触发器的状态方程为 $Q^{n+1}=Q^n$，则_____。
   A. J=0，K=1   B. J=K=0
   C. J=K=1   D. J=1，K=0

4. 主从 JK 触发器，当 J=K=1 时，每来一个 CP 脉冲，触发器将_____。
   A. 翻转一次   B. 翻转两次
   C. 空翻   D. 保持状态不变

5. 由或非组成的基本 RS 触发器，当_____时出现不定态。
   A. R=S=1   B. R=1，S=0
   C. R=0，S=1   D. R=S=0

三、判断题

1. 为了防止主从 JK 触发器出现一次翻转现象，必须在 CP 脉冲为 1 期间，保持 J、K 信号不变。   （　　）

2. 脉冲边沿触发方式的触发器，不会出现空翻，可以用于计数。   （　　）

3. JK 触发器的功能有置 0、置 1、保持、取反。   （　　）

4. 时钟同步的 RS 发器，只要 R、S 变化，触发器状态就要变化。   （　　）

5. 维持阻塞边沿触发器在 CP 脉冲为 0 或 1 期间，允许输入信号变化。   （　　）

6. 电平触发方式的触发器存在空翻现象，可以用于计数触发器。   （　　）

7. 电平触发的触发器存在空翻现象，边沿触发的触发器无空翻和一次翻转。（　　）

四、画图

基本 RS 触发器如图 1 所示，试画出 Q 对应 $\overline{R}$ 和 $\overline{S}$ 的波形（设 Q 的初态为 0）。

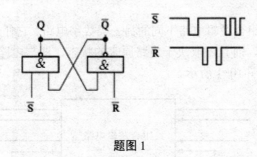

题图 1

第十章　时序逻辑电路

时序逻辑电路是与组合逻辑电路不同的另一类数字电路。它任一时刻的输出信号不仅取决于当时的输入信号，而且还取决于电路原来的状态，即与电路经历的时间顺序有关。时序逻辑电路的框图如图 10-1 所示。

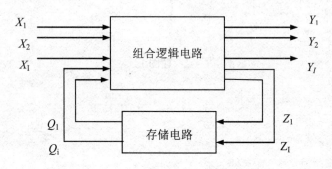

图 10-1　时序电路的框图

图中 X（X_1，X_2，…，X_i）代表时序逻辑电路的输入信号；Y（Y_1，Y_2，…，Y_i）代表时序逻辑电路的输出信号；而 Z（Z_1，Z_2，…，Z_i）代表存储电路的输入信号；Q（Q_1，Q_2…，Q_i）代表存储电路的输出信号，表示存储电路的状态。通常所说时序电路的状态，是指存储电路的状态。

由上述可知，时序逻辑电路在构成方面有以下两个特点：

➢ 时序逻辑电路通常含有组合逻辑电路和存储电路，存储电路是必不可少的，存储器的状态必须反馈到输入端，与输入信号共同决定组合逻辑电路的输出。

➢ 时序逻辑电路元件包含门电路和触发器两大类。

时序逻辑电路的分类按不同的原则可称为不同的名称，如按存储电路中存储元件状态变化的特点来分类，可将时序逻辑电路分为同步时序电路和异步时序电路两大类。在同步时序电路中，存储元件状态变化都是在同一时钟信号控制之下同时发生的，而异步时序电路中这种状态变化不是同时的，它可以需要时钟信号控制，也可能不需要时钟信号控制。

第一节　时序逻辑电路的分析

一、一般分析方法

在对时序逻辑电路进行分析前，先介绍一下时序逻辑电路的表示和分析方法。

时序电路逻辑功能的表示方法主要有四种——方程式、状态表、状态图和时序图。

（1）方程式。用 n 和 $n+1$ 描述两个相邻数字，则 t_n 和 t_{n+1} 为两个相邻时刻，$t_{n+1}>t_n$，（一般称 t_{n+1} 时的状态为次态，而 t_n 时的状态称为现态）。这样 t_n 时刻的各信号 X、Y、Z、Q 简记为 X^n、Y^n、Z^n、Q^n。这些信号之间存在一定的逻辑关系：

输出方程——时序电路输出端的逻辑表达式。

$$Y^n=F（X^n，Q^n）$$

驱动方程——电路中各触发器输入端的逻辑表达式。

$$Z^n=H（X^n，Q^n）$$

状态方程——把驱动方程代入相应触发器的特性方程所得到的方程式。

$$Q^{n+1}=G（Z^n，Q^n）$$

一般的时序逻辑电路都满足以上关系式。且三个方程均与 Q^n 有关，这体现了时序电路的基本特点。

（2）状态表（真值表）——用表格的形式反映电路状态和输出状态在时钟序列作用下的变化关系。

（3）状态图——用图形反映电路状态的转换规律和转换条件。

（4）时序图——在时钟和输入信号作用下，电路状态、输出状态随时间变化的波形图。

二、时序逻辑电路的分析方法

对时序电路进行分析就是指找出电路的逻辑功能。具体地说，就是要找出电路状态和输出函数在时钟及输入变量的作用下的变化规律，并作出对已知电路的描述。

描述时序电路功能的函数是输出方程、驱动方程和状态方程。因此，只要能写出三个方程，再根据方程求出任意给定输入和电路现态下的次态和输出，那么电路功能也就清楚了。因而，时序电路分析过程如图 10-2 所示。

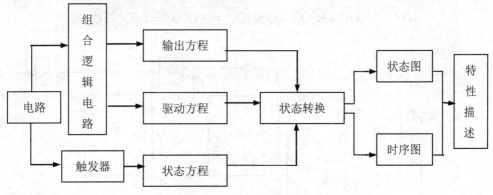

图 10-2 时序电路分析过程

三、时序逻辑电路的分析步骤

时序逻辑电路具体分析的步骤如下：

（1）根据给定电路，写出电路的输出方程和构成存储电路各触发器的驱动方程（即触发器输入信号的逻辑表达式）。

（2）写出各触发器的状态方程。把得到的各触发器的驱动方程代入相应的触发器的特征方程，便得到各触发器的状态方程，以形成一个状态方程组。

（3）列出电路的状态转换表（真值表）。其办法是将输入和触发器所有可能的现态的组合，代入状态方程和输出方程，从而找到电路次态及输出值，列出状态转换表。

（4）根据真值表作出状态转换图。所谓状态转换图是指用一小圆表示一个状态，且将表征状态的值填于圆内，用一箭头表示转换的方向，且在旁标识出输出及转换条件。

（5）画出电路时序图。电路时序图是指在时钟脉冲信号和输入信号的共同作用下，电路输出及各触发器状态的波形图。它用图形的形式形象地描述了输入输出信号与电路状态在时间上的对应关系。

（6）电路逻辑功能的分析确定。根据以上分析，说明、确定电路的逻辑功能。

四、时序逻辑电路分析举例

【例 11-1】 分析图 10-3 所示电路，写出方程，列出状态转换表，画出状态转换图和时序图，并描述其逻辑功能。

【解】 观察三个触发器共用一个 CP 时钟信号，所以这是一个同步时序逻辑电路。

求各类方程：

输出方程： $C = \overline{Q_2^n Q_1^n Q_0^n}$

驱动方程： $J_0 = K_0 = 1$ ； $J_1 = K_1 = Q_0^n$ ； $J_2 = K_2 = Q_1^n Q_0^n$ ；

状态方程：将表示每个触发器输入信号的方程，代入到触发器的特征方程：$Q^{n+1} = J\overline{Q^n} + \overline{K}Q^n$ 中，即可得到对应的三个状态方程如下：

$$\begin{cases} Q_0^{n+1} = J_0\overline{Q_0^n} + \overline{K_0}Q_0^n = \overline{Q_0^n} \\ Q_1^{n+1} = J_1\overline{Q_1^n} + \overline{K_1}Q_1^n = Q_0^n\overline{Q_1^n} + \overline{Q_0^n}Q_1^n = Q_0^n \oplus Q_1^n \\ Q_2^{n+1} = J_2\overline{Q_2^n} + \overline{K_2}Q_2^n = Q_1^nQ_0^n\overline{Q_2^n} + \overline{Q_1^nQ_0^n}Q_2^n = Q_1^nQ_0^n \oplus Q_2^n \end{cases}$$

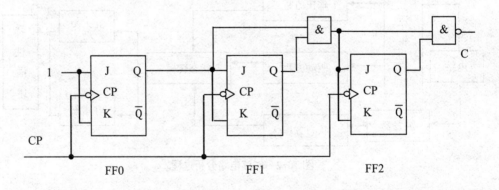

图 10-3 例 10-1 时序逻辑电路图

列出状态转换表：设电路的初始状态（现态）为 $Q_2^nQ_1^nQ_0^n = 000$，代入到对应的三个状态方程和输出方程中，可以得到：C=1，$Q_2^{n-1}Q_1^{n-1}Q_0^{n-1} = 001$，这说明当第一个 CP 脉冲触发电路后，电路的状态将由 000 转换到 001。然后再将 001 当作电路的现态，即

$Q_2^n Q_1^n Q_0^n = 001$，代入到方程中可以计算得到：$C=1$，$Q_2^{n-1} Q_1^{n-1} Q_0^{n-1} = 010$。说明第二个 CP 后，电路的状态将由 001 转换到 010，以此类推，可以求得表 10-1 所示的状态转换真值表。

表 10-1　例 10-1 的状态转换真值表

现态			次态			输出
Q_2^n	Q_1^n	Q_0^n	Q_2^{n+1}	Q_1^{n+1}	Q_0^{n+1}	C
0	0	0	0	0	1	1
0	0	1	0	1	0	1
0	1	0	0	1	1	1
0	1	1	1	0	0	1
1	0	0	1	0	1	1
1	0	1	1	1	0	1
1	1	0	1	1	1	1
1	1	1	0	0	0	0

画出状态转换图：

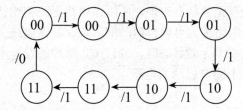

图 10-4　例 10-1 状态转换图

状态转换图可以通过状态转换真值表得到。图中圆圈内的值表示电路的一个状态，箭头指向的是电路转换的下一个状态。箭头旁斜线下方的数字表示此时输出变量 C 的值。

画出时序图：如图 10-5 所示。说明逻辑功能：

图 10-3 所示电路有 $2^3 = 8$ 个工作状态。每来一个 CP 脉冲，输出的三位二进制数码加 1，统计脉冲到来的个数。8 个脉冲过后电路回到原来的状态，输出产生一个低电平，表示向高位进位。这是一个二进制计数器，它主要由三个触发器构成，并用统一的 CP 时钟控制，属于同步的时序逻辑电路。有关计数器知识将在后续课程中详细分析。

此外，观察图 10-5 所示二进制计数器的波形，可以看出，每增加一级触发器，输出脉冲的周期就增加一倍，即频率降低一倍。因此一位的二进制计数器也是一个二分频器，当计数器位数增加到 N 位，即触发器个数为 N 时，最高位触发器输出脉冲频率为输入 CP 时钟频率的 $\dfrac{1}{2^N}$，它能统计的最大脉冲个数为 2^N 个。

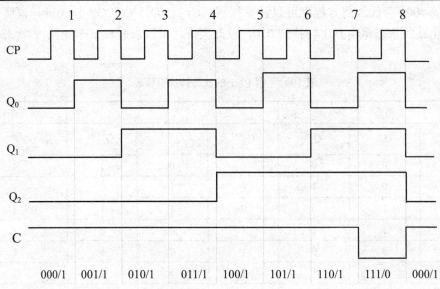

图 10-5　例 10-1 时序图

值得说明的是，通过图 10-4 可以看出，三位二进制码元的 8 种取值组合均在计数循环的状态中出现，即没有无效状态出现，所以该电路无论初始状态为何值，均可以进入这个计数循环。所以这个电路称为可以自启动的。若计数器电路中存在不属于计数循环的无效状态，并且当初始状态为无效状态时，通过 CP 脉冲触发，不能够进入计数循环进行正常计数，则这个电路是不能自启动的电路。

第二节　计数器

计数器是数字系统中的重要部件，它能对脉冲的个数进行计数，以实现数字测量、运算和控制。计数器是应用十分广泛的一种电路，在家用电器设备中也占有重要地位。计数器种类很多，并有不同的分类方法。

1. 按触发器时钟控制情况分类

（1）同步计数器：各个触发器受同一时钟脉冲（即计数脉冲）的控制，它们状态的更新是在同一时刻，是同步的。

（2）异步计数器：电路中无统一的时钟脉冲，有的触发器直接受输入计数脉冲控制，有的则是用其它触发器的输出作为时钟脉冲，因此它们状态的更新有前有后，是异步的。

2. 按计数器中计数长度分类

（1）二进制计数器：按二进制运算规律进行计数的计数器（进位模 $M=2^n$，n 为触发器级数）。

（2）十进制计数器：按十进制运算规律进行计数的计数器（进位模 $M=10$）。

（3）任意进制计数器：二进制计数器和十进制计数器以外的其他进制计数器，如五进制计数器、六-十进制计数器等。

3. 按计数器中数值增、减情况分类

（1）加法计数器：每来一个计数脉冲，触发器组成的状态按二进制代码规律增加。

（2）减法计数器：每来一个计数脉冲，触发器组成的状态按二进制代码规律减少。

（3）双向计数器：计数规律可按递增规律，也可按递减规律，由控制端决定。

计数器的品种繁多，功能各异，限于本书的宗旨和篇幅，本节只举其中几种作一简单介绍，目的使读者了解计数器的组成原理与工作概况，掌握初步分析方法。

一、异步二进制计数器

1. 原理图

由前面讲述可知，加法计数就是每输入一个计数脉冲，电路进行一次加1运算。图10-6a所示是由 JK 触发器组成的四位二进制异步加法计数器。其输入输出波形见图 b。图中 R_d 是置 0 端，低电平有效，可使各触发器状态为 0，当进行计数时，R_d 应为高电平。

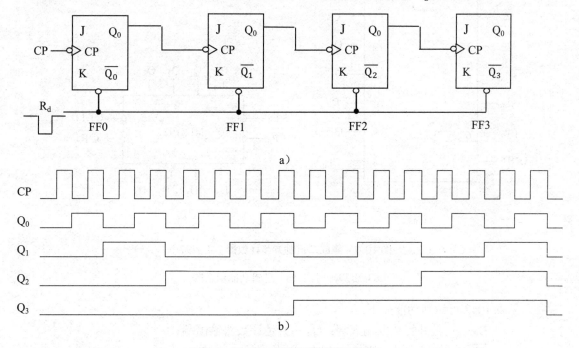

图 10-6 四位二进制异步加法计数器

a）逻辑电路图；b）波形图

2. 工作原理

由图 10-6 的电路图及波形关系可知：

（1）计数脉冲 CP 加在最低位的触发器 FF0 上，每输入一个脉冲（下降沿），触发器的状态改变一次（因为 J、K 端均悬空，即 J=K=1）。

（2）其他各二进制位均由相邻低位触发器的输出信号（Q 端）作为计数（触发）脉

冲。各触发器均是 J=K=1，所以都处于计数状态。凡触发脉冲在下降沿（由"1"向"0"变化）到来时，触发器的输出状态就要改变一次，原来为"0"时变为"1"，原来为"1"时变为"0"，Q_0、Q_1、Q_2、Q_3 与 CP 的波形关系已在图 10-6 中表现得十分清楚。

（3）每经一级触发器，输出脉冲的周期就增加一倍，即频率降低一半，因此每一级触发器都是一个二分频器。图 10-6 中，CP 为输入信号，Q_0 输出为 2 分频，Q_1 输出为 4 分频，Q_2 输出为 8 分频，Q_3 输出为 16 分频。

（4）由 4 个 JK 触发器组成的二进制异步计数器，能计 16 个计数脉冲，16 个脉冲后，计数器中各触发器均回到 0 状态。

3. 集成二进制异步计数器

如图 10-7 所示是集成四位二进制异步加法计数器 74LS197 的引脚排列图和逻辑功能示意图。

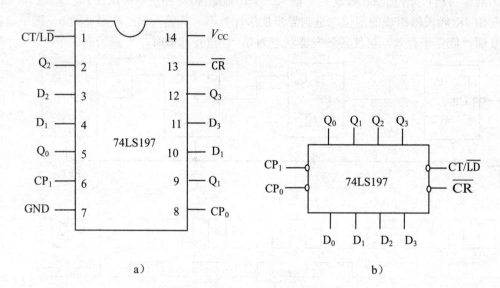

图 10-7　集成二进制异步计数器 74LS197

a）引脚排列图；b）逻辑功能示意图

见表 10-2 可知其功能如下：

（1）$D_0 \sim D_3$ 是并行数据输入端；$Q_0 \sim Q_3$ 是计数器输出端。

（2）$\overline{CR}$：异步清零端。当 $\overline{CR} = 0$ 时，计数器异步清零。

（3）CT/$\overline{LD}$：计数和置数控制端。当 $\overline{CR} = 1$，CT/$\overline{LD} = 0$ 时，计数器异步置数，将 $D_0 \sim D_3$ 置给 $Q_0 \sim Q_3$。

（4）CP_0：触发器 FF0 的时钟输入端。如果只是将时钟 CP 加在 CP_0 端，那么只有 FF0 工作，形成 1 位二进制计数器。

（5）CP_1：FF1 的时钟输入端。如果只是将时钟 CP 加在 CP_1 端，那么只有 $FF_1 \sim FF_3$ 工作，形成 3 位二进制即八进制计数器。

（6）若将输入时钟 CP 加在 CP_0 端，把 Q_0 与 CP_1 连接起来，则构成 4 位二进制即

16 进制异步加法计数器。

表 11-2　74LS197 的功能表

输入				输出				
$\overline{CR}$	CT/$\overline{LD}$	CP_0	CP_1	$Q_0{}^{n-1}$	$Q_1{}^{n-1}$	$Q_2{}^{n-1}$	$Q_3{}^{n-1}$	
0	×	×	×	0	0	0	0	异步清零
1	0	×	×	D_0	D_1	D_2	D_3	异步置数
1	1	CP	×	二进制加法计数				
1	1	×	CP	八进制加法计数				
1	1	CP	Q0	十六进制加法计数				

二、同步二进制计数器

上面讨论的异步计数器，由于进位信号是逐级传送的，所以计数速度较慢，并且容易出现因为触发器先后翻转而产生的干扰，形成计数错误。在图 10-6 中计数器状态由"1111"向"0000"变化时，输入脉冲要经过四个触发器的传输延迟时间才能达到新的稳定状态。为了提高计数速度和精度，我们可以利用时钟（计数）脉冲同时去触发计数器中的全部触发器，使其状态变换同步进行。按照这种方式组成的计数器就称为同步计数器。

1. 原理图

图 10-8 是并行进位同步二进制加法计数器的组成框图。其 CP、Q_0、Q_1、Q_2、Q_3 的波形图与图 10-6 相似。电路由四个 JK 触发器和两个与门组成。各的输入端 JK 均接在一起。计数脉冲 CP 同时加在各触发器的触发端。

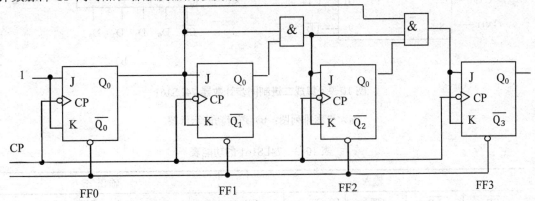

图 10-8　同步四位二进制加法计数器

2. 工作原理

（1）FF0：每来一个 CP 脉冲（下降沿），触发器均改变一次状态（因为 J=K=1，JK 触发器处于翻转状态），故 Q_0 输出的是二分频波形。第一个脉冲后，Q_0=1。

（2）FF1：在第一个 CP 脉冲的下降沿，触发器 F_1 由于其 J=K=0，所以输出状态不变，仍为 Q_1=0，而在第二个 CP 脉冲下降沿后，由于 Q_0 已为 1，即 FF1 的 $J_1=K_1=Q_0=1$，所以

其输出 Q_1 由 0 变为 1。

（3）FF2：$J_2 = K_2 = Q_0 Q_1$，即只有在 Q_0、Q_1 均为 1 时，F_2 的 Q_2 才能由 0 变为 1，这一定是在第 4 个 CP 脉冲后才能发生。

（4）FF3：$J_3 = K_3 = Q_0 Q_1 Q_2$，只有在 Q_0、Q_1、Q_2 同时为 1 时，F_3 才能成为计数状态，使 Q_3 由 0 变为 1，这一变化只能在第 8 个计数脉冲之后发生。

具体分析方法参见例 10-1。

3. 集成二进制同步计数器

常用的集成二进制同步计数器有加法计数器和可逆计数器两种。为了使用和扩展方便，集成二进制同步计数器还增加了一些辅助功能。

图 10-9 所示为集成 4 位二进制同步加法计数器 74LS161 的引脚排列图和逻辑功能示意图。其功能如表 10-3 所示。

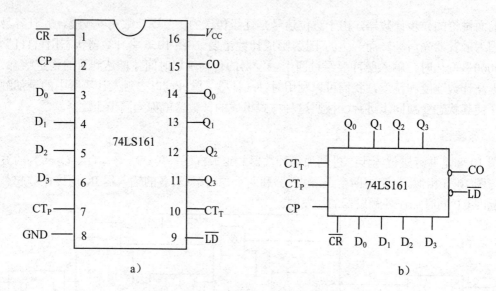

图 10-9　集成二进制同步计数器 74LS161

a）引脚排列图；b）逻辑功能示意图

表 10-3　74LS161 的功能表

	输入				输出				
$\overline{CR}$	$\overline{LD}$	CT_P	CT_T	CP	Q_0^{n+1}	Q_1^{n+1}	Q_2^{n+1}	Q_3^{n+1}	
0	×	×	×	×	0	0	0	0	异步清零
1	0	×	×	↑	D_0	D_1	D_2	D_3	同步置数
1	1	1	1	↑	二进制加法计数				
1	1	0	×	×	保持				
1	1	×	0	×	保持				

由表 10-3 可知其功能如下：

（1）$\overline{CR}$：异步清零端。当$\overline{CR}=0$时，不管其他输入信号状态如何，计数器清零。

（2）$\overline{LD}$：同步并行置数端时，并且要在 CP 时钟上升沿到达时，并行输入数据 $D_0 \sim D_3$，使 $Q_0^{n-1}Q_1^{n-1}Q_2^{n-1}Q_3^{n-1}=D_0D_1D_2D_3$。

此处可以得到：同步控制端与异步控制端的差别在于，同步控制端要在 CP 时钟有效的时候才能起作用。

（3）CT_P、CT_T：工作状态控制端。当$\overline{CR}=1$，$\overline{LD}=1$ 且 $CT_P=CT_T=1$ 时，计数器对 CP 脉冲按照二进制码循环计数。当 $CT_P \cdot CT_T=0$ 时，则计数器保持原来的状态不变。

（4）CO：进位输出端。当 $CT_T=0$ 时，$CO=0$；当 $CT_T=1$ 时，$CO=Q_0^nQ_1^nQ_2^nQ_3^n$。

集成 4 位二进制同步计数器 74LS163 的引脚排列和 74LS161 完全相同，其功能表如表 10-4 所示。74LS163 和 74LS161 只有清零方式不同。74LS163 采用的是同步清零方式，即 $\overline{CR}=0$ 时，当 CP 上升沿到来的时刻计数器才会清零。

表 10-4　74LS163 的功能表

输入					输出				
$\overline{CR}$	$\overline{LD}$	CT_P	CT_T	CP	Q_0^{n+1}	Q_1^{n+1}	Q_2^{n+1}	Q_3^{n+1}	
0	×	×	×	↑	0	0	0	0	同步清零
1	0	×	×	↑	D_0	D_1	D_2	D_3	同步置数
1	1	1	1	↑	二进制加法计数				
1	1	0	×	×	保持				
1	1	×	0	×	保持				

集成 4 位二进制同步可逆计数器有单时钟和双时钟两种类型。图 10-10 所示是双时钟集成 4 位二进制同步可逆计数器 74LS193 的引脚排列图和逻辑功能示意图。

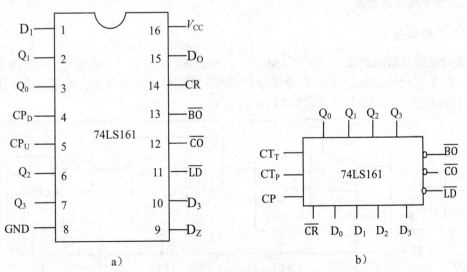

图 10-10　双时钟集成 4 位二进制同步可逆计数器 74LS193

a）引脚排列图；b）逻辑功能示意图

74LS193 具有同步可逆计数功能，异步清零功能和保持功能，如表 10-5 所示。

表 10-5　74LS193 的功能表

输入				输出				
CR	$\overline{LD}$	CP_U	CP_D	Q_0^{n+1}	Q_1^{n+1}	Q_2^{n+1}	Q_3^{n+1}	
1	×	×	×	0	0	0	0	异步清零
0	0	×	×	D_0	D_1	D_2	D_3	异步置数
0	1	↑	1	二进制加法计数				
0	1	1	↑	二进制减法计数				
0	1	1	1	保持				

其中：

CR：异步清零端，高电平有效。

CP_U：加法计数脉冲输入端，CP_D：减法计数脉冲输入端。

$\overline{LD}$：异步并行置数端。与 74KS161、74LS163 相似，不同之处在于它是异步的。

$\overline{BO}$：借位脉冲输出端。

$\overline{CO}$：进位脉冲输入端。它们是供多个双时钟可逆计数器级联时使用的。当多个 74LS193 级联时，只要把低位的$\overline{CO}$端、$\overline{BO}$端分别与高位的 CP_U 端、CP_D 端连接起来，各个芯片的 CR 端和 $\overline{LD}$ 端分别连接在一起，就可以了。

三、十进制计数器

下面以 8421BCD 码异步十进制加法计数器为例讨论十进制计数器的工作原理。8421BCD 码是用四位二进制代码来表示十进制 0~9 十个数码的。显然，BCD 码计数器是十进制计数器，即模 $M=10$ 的计数器。

1. 异步十进制计数器

（1）工作原理

首先确定触发器的级数 n，由 $2^{n-1}<M<2^n$，可知 $n=4$，即需要 4 个触发器。由于四个触发器有 16 个不同的状态，故有 6 个多余的状态。为消除多余的状态，可采用反馈法。8421BCD 码异步十进制加法计数器如图 10-11 所示。

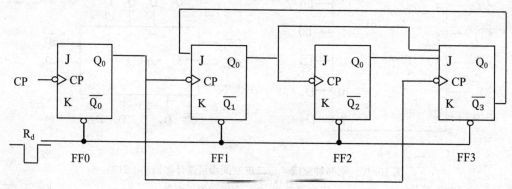

a）

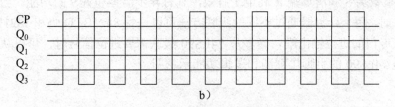

b)

图 10-11　8421 码异步十进制加法计数器

a）逻辑图；b）波形图

由逻辑图可知，它由四个 JK 触发器构成，R_D 为 JK 触发器的异步置 0 端，当 R_D 为低电平时，触发器清零。为了获得十进制计数，电路中将 FF_3 的输出 Q_3 经反馈至 J_1 端，并将 FF_1、FF_2 的输出 Q_1、Q_2 经加至 J_3 端。由此可知：

当第 7 个脉冲到来前，$Q_3=0$，则 $J_1=1$，$K_1=1$，FF_1 为计数状态；Q_2、Q_1 不同为 1，则 $J_3=0$，$K_3=1$，FF_3 为置 0 状态。

当第 7 个脉冲到来后，$Q_2Q_1Q_0=111$，$J_3=K_3=1$，FF_3 为计数状态。

当第 8 个脉冲到来后，Q_0 由 1 变为 0，下跳沿触发 FF_3，$Q_3=1$。此时 $J_1=0$，$K_1=1$，FF_1 为置 0 状态。

当第 9 个脉冲到来后，计数器状态为 1001 时，$J_3=0$，$K_3=1$，FF_3 为置 0 状态。

第 10 个计数脉冲到来后，Q_0 计数翻转为 0，Q_1 为置 0 态，Q_2 无触发信号，Q_3 为置 0 态，故四个触发器全部是 0 状态，重新开始第二轮计数。

十进制计数器，不但有异步运行的，也有同步运行的，还有既可以做加法计数，也可以做减法计数的可逆计数器。

（2）集成异步十进制计数器

74LS90 是一种典型的集成异步十进制计数器，可实现二—五—十进制计数。表 11-6 为其功能表。

表 10-6　74LS90 功能表

输入						输出				
R_{0A}	R_{0B}	S_{9A}	S_{9B}	CP_0	CP_1	Q_0^{n+1}	Q_1^{n+1}	Q_2^{n+1}	Q_3^{n+1}	
1	1	0	×	×	×	0	0	0	0	异步清零
1	1	×	0	×	×	0	0	0	0	异步清零
×	0	1	1	×	×	1	0	0	1	异步置 9
0	×	1	1	×	×	1	0	0	1	异步置 9
R0A R0B＝0 S9A S9B＝0				↓	0	二进制加法计数				
				0	↓	五进制加法计数				
				↓	Q_0	8421BCD 码十进制计数				
				Q_3	↓	5421BCD 码十进制计数				

74LS90 内部是一个二进制计数器和五进制计数器，呈异步工作状态，分别由 CP_0、

CP_1 触发。置数端 S 和清零端 R 高电平有效，具有异步清零和置 9 的功能。当两组功能端都不全为 1 时，两个计数器通过不同的级联方法可以进行 8421BCD 码和 5421BCD 码的计数。它没有专门的进位输出端，当多片 74LS90 级联需要进位信号时，可以从 Q_3 端取得。图 10-12 是 74LS90 的引脚排列图和逻辑功能示意图。

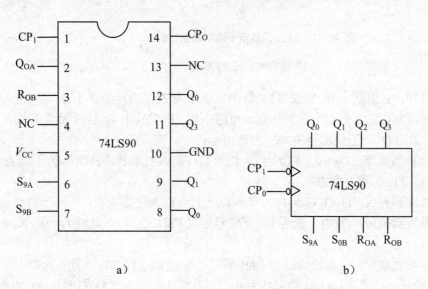

a) b)

图 10-12 集成十进制异步计数器 74LS90

a) 引脚排列图；b) 逻辑功能示意图

2. 同步十进制计数器

（1）工作原理

同步十进制计数器也由 4 个触发器构成，由统一的时钟脉冲触发控制计数。与异步计数器类似，同步十进制计数器也采用反馈法控制触发器的输入信号，使得计数器在 1001 后回到 0000 状态。具体电路不再赘述，有兴趣的读者可以查找相应电路，用例 10-1 的方法进行分析。

（2）集成同步十进制计数器

常用的集成同步十进制计数器有加法计数器和可逆计数器两种。图 10-13a 所示为集成同步十进制加法计数器 74LS160 的逻辑功能示意图。除了计数的模不同外，其他功能和 74LS161 相同，参见表 10-3。图 10-13b 所示为集成同步十进制加/减法计数器 74LS190 的逻辑功能示意图。其功能如表 10-7 所示。

表 10-7　74LS190 的功能表

输入				输出			
$\overline{LD}$	$\overline{CT}$	$\overline{U}/D$	CP	Q_0^{n+1}	Q_1^{n+1}	Q_2^{n+1}	Q_3^{n+1}
0	×	×	×	D_0　　D_1　　D_2　　D_3 异步置数			
1	0	0	↑	加法计数			
1	0	1	↑	减法计数			
1	1	×	×	保持			

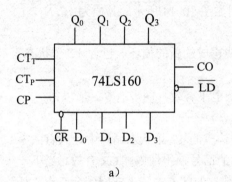

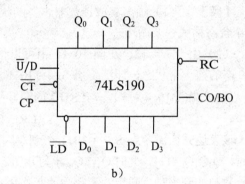

a）　　　　　　　　　　　　　　　　　b）

图 10-13　集成十进制同步计数器

a）74LS160；b）74LS190

由表 10-7 可知其功能如下：

（1）$\overline{LD}$：异步置数端。当 $\overline{LD}=0$ 时，并行输入数据 $D_0 \sim D_3$，使 $Q_0^{n+1}Q_1^{n+1}Q_2^{n+1}Q_3^{n+1}$ $=D_0D_1D_2D_3$。

（2）$\overline{CT}$：工作状态控制端。当 $\overline{CT}=1$，$\overline{LD}=0$ 时，计数器保持原来的状态不变。

（3）$\overline{U}/D$：加法/减法计数控制端。计数器工作时，当 $\overline{U}/D=0$，加法计数；当 $\overline{U}/D=1$，减法计数。

（4）CO/BO：进位输出/借位输出端。

（5）$\overline{RC}$：行波时钟输出端。

四、N 进制计数器

按照图 10-11 中利用反馈法构成十进制计数器的思路，可以利用触发器和门电路构成 N 为任意值的计数器。但在实际工作中，主要利用集成计数器来构成 N 进制计数器。

集成计数器是厂家生产的定型产品，所以进制和计数顺序不能改变，往往为自然态序编码。因此构成 N 进制计数器时，需要利用清零端或者置数端，让电路跳过本身固定的某些状态，从而获得 N 进制的计数。

1. 直接清零法

如果集成计数器的模大于 N，而且 N 进制计数器的计数状态中，含有全 0 的状态，则可以利用清零端构成新的计数循环。主要步骤如下：

（1）画出集成计数器本身的状态转换图。

（2）根据 N 进制计数器的模，在状态转换图中找出全 0 态的前一个状态，称为清零态 S_{N-1}。

（3）根据清零端的有效状态（低电平或者高电平有效），结合清零态 S_{N-1}，确定控制端信号的表达式。

（4）根据表达式在集成计数器上连线，构成 N 进制计数器。

利用同步清零端归零构成 N 进制计数器

【例 10-2】 用 74LS163 来构成一个十二进制计数器。

【解】 （1）画出集成计数器本身的状态转换图如图 10-14 所示。其模为 16>N，由 16 个状态构成一个循环。

（2）由于 $N=12$，在图 10-15 中可以得到由虚线构成的新的循环，包含 12 个状态。全 0 态的前一个状态，即清零态 $S_{N-1}=1011$。

（3）由表 10-4 可知，74LS163 的清零端 $\overline{CR}$ 为低电平有效，同步清零。所以得：

$$\overline{CR} = \overline{Q_3Q_1Q_0}$$

该表达式由清零态 $S_{N-1}=1011$ 得到。因为在虚线构成的 12 个状态循环中，只有清零态时，$Q_3Q_1Q_0=111$，此时 $\overline{Q_3Q_1Q_0}$ 才为 0，产生低电平的信号使得清零端 $\overline{CR}$ 有效。当下一个计数脉冲到来时，同步的清零端才起作用，使得计数器的状态由清零态回到全 0 态，从而得到新的计数循环。根据 $\overline{CR}$ 表达式在 74LS163 上连线，构成 12 进制计数器如图 10-15 所示。

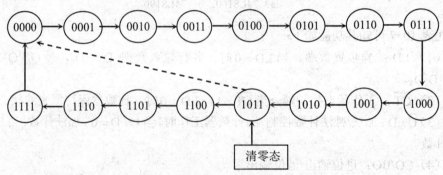

图 10-14　集成同步二进制计数器 74LS163 的状态转换图

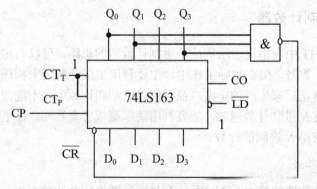

图 10-15　用直接清零法将 74LS163 构成十二进制计数器

异步清零端归零构成 N 进制计数器

【例 10-3】　用 74LS197 来构成一个十二进制计数器。

【解】　（1）画出集成计数器本身的状态转换图如图 10-16 所示。其模为 $16>N$，由 16 个状态构成一个循环。

（2）因为 $N=12$，在图 10-16 中可以得到由粗虚线构成的新的循环，包含 12 个状态。全 0 态的前一个状态，即清零态 $S_{N-1}=1011$。

（3）由于清零端是异步的，所以控制信号参考的是一个极其短暂的过渡状态 S_N。即原有状态转换图中 S_{N-1} 的下一个状态，本题中 $S_N=1100$。

由图 10-16 可知，十二进制计数器从全 0 状态 $S_0=0000$ 开始计数，计到第十一个脉冲时到达 S_{N-1} 状态。第十二个计数脉冲到达时，转换到状态 S_N，此时，借助 S_N 的状态使得异步的控制端有效，立即清零，随后 S_N 消失，电路成为全 0 态，回到原点形成 12 个状态的循环。由于过渡态极其短暂，所以计数器显示就好似直接从 S_{N-1} 状态通过计数脉冲触发变成全 0 态一样。

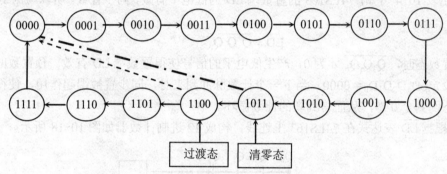

图 10-16　集成异步二进制计数器 74LS197 的状态转换图

（4）由表 10-16 可知，74LS197 的清零端 $\overline{CR}$ 为低电平有效，异步清零。所以由 S_N 得：

$$\overline{CR} = \overline{Q_3Q_2}$$

因为只有过渡态时，$Q_3Q_2=11$，此时 $\overline{Q_3Q_2}$ 才为 0，产生低电平的信号使得清零端 $\overline{CR}$ 有效，这个异步的清零端立即作用，使得计数器的状态立即变为全 0 态，从而得到新的计数循环。

（5）根据 $\overline{CR}$ 表达式在 74LS197 上连线，构成十二进制计数器如图 10-17 所示。

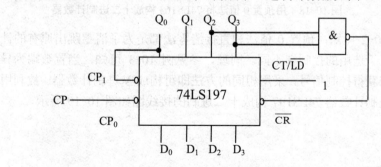

图 10-17　用直接清零法将 74LS197 构成十二进制计数器

2. 预置数法

预置数法是利用置数端的功能，当计数器计数到某个状态时，将另一个状态的值置给输出端，使得计数器跳过固有的计数顺序，形成新的计数循环。置数端控制信号的获得与清零法相同，按照异步置数端和同步置数端，分别取不同的状态。

（1）预置 0 值

预置 0 值和直接清零法思路完全相同。当清零态到来后，控制信号产生，直接清零法是利用清零端有效而回到全 0 态；预置 0 值法是利用置数端有效，置 0 而回到全 0 态。

【例 10-4】 用预置数法将 74LS163 构成十二进制计数器。

【解】 （1）画出集成计数器本身的状态转换图如图 10-15 所示。

（2）由于 $N=12$，在图 10-15 中可以得到由虚线构成的新的循环，清零态即本题中的置数态 $S_{N-1}=1011$。

（3）由表 10-4 可知，74LS163 的置数端 $\overline{LD}$ 为低电平有效，同步置数。所以与例 10-2 相同，得：

$$\overline{LD} = \overline{Q_3Q_1Q_0}$$

只有置数态时，$\overline{Q_3Q_1Q_0}$ 才为 0，产生低电平的信号使得置数端 $\overline{LD}$ 有效。预置数的输入端事先设定 $D_3D_2D_1D_0=0000$，当下一个计数脉冲到来时，同步置数端起作用，使得计数器的状态回到全 0 态，从而得到新的计数循环。

（4）根据 $\overline{LD}$ 表达式在 74LS163 上连线，构成 12 进制计数器如图 10-18 所示。

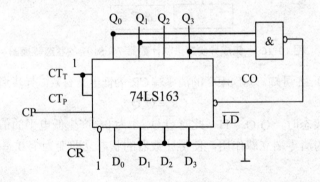

图 10-18　用预置 0 值法将 74LS163 构成十二进制计数器

对比例 10-2 可知，预置 0 值法和直接清零法都是为了清零跳出原有的计数循环，不同之处仅仅在于选用的控制端不同。同理，参见例 10-3 可知，当置数端为异步时，只需选取过渡态来获得控制信号，采用相同的方法即可构成 N 进制计数器。故利用预置 0 法将集成异步二进制计数器 74LS197 构成十二进制的接线图如图 10-19 所示。

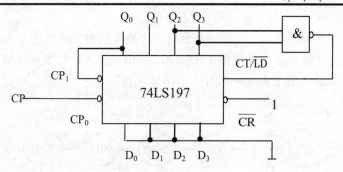

图 10-19　用预置 0 值法将 74LS197 构成十二进制计数器

（2）预置最小数法

前面介绍的 N 进制计数器，取的都是从全 0 态开始的前面 N 个状态构成计数循环，即属于按自然态序进行计数的 N 进制计数器。实际工作中，需要取后 N 个状态或者中间 N 个状态，这样在计数循环中不含全 0 态，则无法用清零端来构成，只能用置数端来构成。

在无全 0 态的循环中，当计数器计数到最大数的状态时，利用该状态驱动置数端工作，将最小数的状态置入计数器，使得计数器又从最小数开始重新计数，从而形成新的计数循环。这种方法称为预置最小数法。其步骤如下：

（1）画出集成计数器本身的状态转换图。

（2）根据 N 进制计数器的模和计数要求，找出新的计数循环。

（3）在新的计数循环中找出最小值状态 S_0 和最大值状态 S_{N-1}。

（4）根据最大值状态 S_{N-1} 确定控制端信号的表达式。同步控制端选取 S_{N-1} 来构成控制信号；异步控制端选取 S_{N-1} 的下一状态即过渡态 S_N 来构成控制信号。

（5）根据最小值状态 S_0 决定置数数据输入端 $D_3D_2D_1D_0 = S_0$。

（6）由上述结果在集成计数器上连线，构成 N 进制计数器。

方法一：直接用最大值状态构成控制信号

【例 10-5】 将十进制计数器构成六进制计数器。计数循环是由 0010 开始的自然态序。

【解】 （1）集成十进制计数器本身的状态转换图如图 10-20 所示。

（2）$N=6$，故新的计数循环如图 10-21 中所示，是粗虚线围成的六个状态。

（3）最小值状态 $S_0 = 0010$，最大值状态 $S_{N-1} = 0111$。

（4）置数数据输入端 $D_3D_2D_1D_0 = 0010$。

（5）若选用具有同步置数端的十进制计数器 74LS160，则根据最大值状态 S_{N-1} 确定控制端信号的表达式如下：

$$\overline{LD} = \overline{Q_2Q_1Q_0}$$

只有当最大值状态出现时，同步置数端 $\overline{LD}$ 才为 0 值（有效），当下一个脉冲到来时，将数据 $D_3D_2D_1D_0 = 0010$ 置入计数器输出端，形成新的循环。

若选用具有异步置数端的十进制计数器 74LS190，则应根据过渡态 $S_N = 1000$，确定控制端信号的表达式如下：

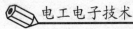
$$\overline{LD} = \overline{Q_3}$$

最大值状态出现后，当下一个脉冲到来时，计数器状态变成过渡态 $S_N=1000$，此时异步置数端 $\overline{LD}$ 才为 0 值，立即将数据 $D_3D_2D_1D_0=0010$ 置入计数器输出端，看似直接由最大值状态 S_{N-1} 变成最小值状态 $S_0=0010$，形成新的循环。

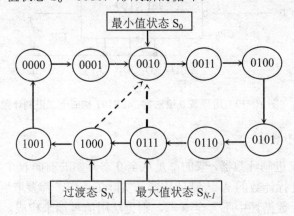

图 10-20　十进制进制计数器的状态转换图

（6）由上述结果分别在集成计数器上连线，构成六进制计数器，如图 10-21 所示。

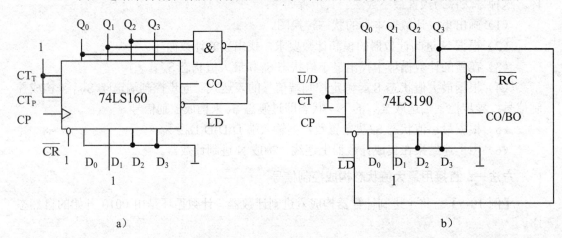

a)　　　　　　　　　　　　　　　　b)

图 10-21　六进制计数器

方法二：用进位信号构成控制信号

除了利用最大值构成控制信号外，当新的计数循环选取的是原计数循环的最后一个状态时，则最大值状态就是原计数循环的最后一个状态。此时，与它同时产生的还有进位信号，利用进位信号构成置数控制信号，既简捷，又可以达到相同的效果。

【例 10-6】　将十进制计数器构成六进制计数器。计数循环是最后六个状态。

【解】　（1）集成十进制计数器本身的状态转换图如图 10-22 所示，图中粗虚线围成的六个状态为新的计数循环。

（2）最小值状态 $S_0=0100$，最大值状态 $S_{N-1}=1001$。

（3）置数数据输入端 $D_3D_2D_1D_0=0100$。

（4）由于新的计数循环与原计数循环具有相同的最大值状态，所以可以用进位输出信号 CO 来控制置数端 $\overline{LD}$ 。选取同步十进制计数器 74LS160，按照其功能，可得表达式如下：

$$\overline{LD} = \overline{CO}$$

这样，当计数器输出最大数并产生进位信号后，置数端 $\overline{LD} = 0$ ，在下一个 CP 脉冲到来时，计数器执行置数功能，置入最小数状态，开始重新计数。

（5）由上述结果分别在集成计数器上连线，构成六进制计数器如图 10-23 所示。

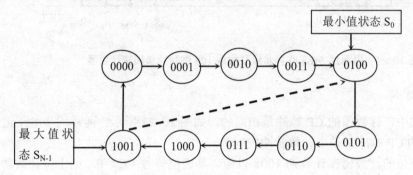

图 10-22 用十进制计数器的后六个状态构成六进制计数循环

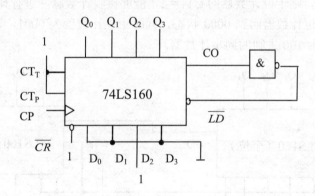

图 10-23 用进位信号控制置数端将十进制计数器构成六进制计数器

五、级联法

计数器的级联就是将多个集成计数器串接起来，以获得计数容量更大的 N 进制计数器。一般的集成计数器都设有级联用的输入输出功能端口，如进位、借位端，时钟输入端、控制用的输入端口等，只要选用相应的计数器，正确连接，就可以获得所需进制的计数器。

1. 异步级联方式

当级联的各个计数器的 CP 脉冲不相同时，级联后计数器的工作状态是异步的。如图 10-24 所示，图中是两片十进制异步计数器 74LS90 进行级联，个位计数器的 CP 脉冲是计数脉冲信号，而十位的 CP 脉冲是个位计数器的输出端 Q_3 信号。只有当个位计数器的输出由 1001 变化为 0000，即完成十个脉冲的计数循环时，输出端 Q_3 才能产生一个下跳沿，触发十位计数器计数一次，故这种异步级联的方法将两片十进制的计数器构成了 100 进制的计数器。

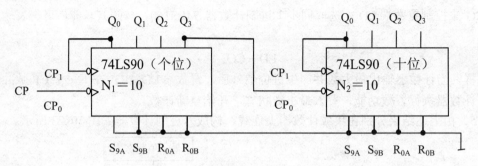

图 10-24　用两片 74LS90 异步级联构成 100 进制异步加法计数器

2. 同步级联方式

同步级联方式中，计数器的 CP 脉冲是相同的，如图 10-25 所示。两片同步的十进制计数器 74LS160 的 CP 脉冲都是由计数脉冲控制。

可以看出，个位的计数器在计数到 1001 以前，其进位信号 $CO=0$，则十位计数器的 $CT_T=0$，所以虽然有计数脉冲输入，十位计数器保持原状态不变。当个位计数器计数到 1001 时，$CO=1$，则十位计数器的 $CT_T=1$，能够接收计数脉冲进行计数，所以第十个 CP 脉冲到来时，个位计数器回到 0000 状态，同时十位计数器为 0001，以此类推，则可知图 10-26 所示电路为 100 进制的同步计数器。

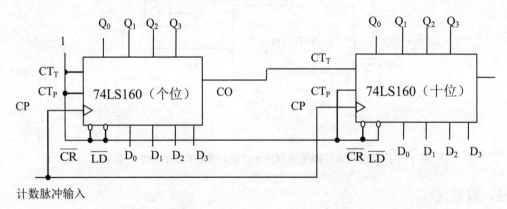

图 10-25　用两片 74LS160 同步级联构成 100 进制同步加法计数器

3. 利用级联后的计数器构成大容量 N 进制计数器

从前面的分析可以知道，单纯进行级联构成的新的计数器，其模的值 N 等于参与级联的计数器的模的乘积。计数的模通过级联得到扩大，但是计数进制是相对固定的。所以要得到任意进制的大容量的计数器，可以采用级联和前述的清零法、置数法的综合应用得到。如图 10-26 所示。

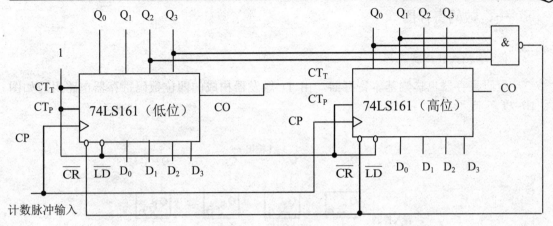

图 10-26 用两片 74LS161 同步级联构成六十进制同步加法计数器

两个二进制同步计数器 74LS161 构成的是 $16 \times 16 = 256$ 进制的计数器。十进制数 60 对应的二进制数是 00111100，所以，由电路连线可以得出，只有当这个 256 进制的计数器计数到 60 时，输出 00111100 使得与非门产生低电平信号，触发异步清零端 $\overline{CR}$ 工作，立即对两片计数器清零，回到 00000000 状态，从而实现六十进制计数。

第三节 寄存器

在数字系统中，常常需要将数据或运算结果暂时存放，以便随时取用。能够暂时存放数据的逻辑电路称为寄存器。在计算机及其他计算系统中，寄存器是一种非常重要的、必不可少的数字电路部件。

寄存器应具有接收数据、存放数据和输出数据的功能，它由触发器和门电路组成。只有得到"存入脉冲"（又称"存入指令"、"写入指令"）时，寄存器才能接收数据；在得到"读出"指令时，寄存器才将数据输出。

寄存器存放数码的方式有并行和串行两种。并行方式是数码从各对应位输入端同时输入到寄存器中；串行方式是数码从一个输入端逐位输入到寄存器中。寄存器读出数码的方式也有并行和串行两种。在并行方式中，被读出的数码同时出现在各位的输出端上；在串行方式中，被读出的数码在一个输出端逐位出现。数码寄存器只能并行送入或者输出数据。移位寄存器中的数据可以左右移动，能够并行或者串行输入输出，十分灵活，用途很广。

寄存器有单拍工作方式和双拍工作方式。单拍工作方式在时钟脉冲触发时就存入新数据，较常见。双拍工作方式则先将寄存器置 0，然后再存入新数据。

寄存器通常由触发器组成，一个触发器可以存放一位二进制数码，若要存放 N 位二进制数码，则需用 N 个触发器。

一、数码寄存器

1. 单拍式数码寄存器

数码寄存器也称为基本寄存器，由 D 触发器构成的四位数码寄存器电路组成如图10-27 所示。

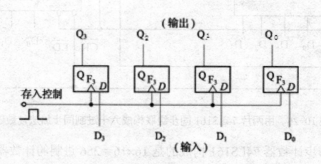

图 10-27　D 触发器构成的单拍式四位数码寄存器

当存入控制端（又称接收端）为有效（上升沿）时，各触发器的门打开，输入端四位二进制数码 $D_3D_2D_1D_0$ 存入寄存器。在存入控制端为其他状态时，寄存器将一直保存输入端存入的信号，即：

$$Q_3Q_2Q_1Q_0=D_3D_2D_1D_0$$

直至要寄存另一数码为止（由接收端控制）。上述寄存器也称为锁存器，接收寄存数据只需一拍，无须事先清零。

2. 双拍式数码寄存器

双拍式数码寄存器的电路组成如图10-28 所示。在接收数据之前，送入清零脉冲到触发器的置0端，完成输出清零。之后，当接收脉冲 CP 有效时，完成接收数据任务。

由基本 RS 触发器构成的双拍式数码寄存器，用置0端清零，由置1端送入数据。所以此类寄存器如果事先不清零，就可能出现接收存放数据的错误。

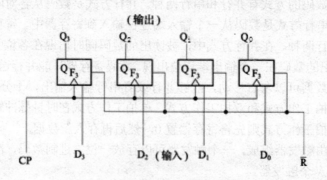

图 10-28　双拍式四位数码寄存器

目前，寄存器基本上都已制成集成电路，很少用分立元件构成。一个集成化的寄存器内可以只封装有一个寄存器，也可以有几个寄存器。

集成化的寄存器，常见的有双五 D 寄存器、六 D 寄存器等，由锁存器组成的寄存器，常见的有八位双稳锁存器，带清除端的四位和双四位锁存器等。如图 10-29 所示为四 D 锁存器 74LS173 的引脚图。其功能如表 10-8 所示。

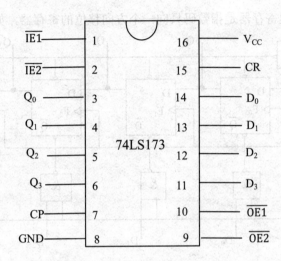

图 10-29 集成化四 D 锁存器

表 10-8 74LS173 功能表

输入					输出	功能
CR	CP	$\overline{IE_1}$	$\overline{IE_2}$	D	Q	
1	×	×	×	×	0	数据清零输入控制端（高电平有效）
0	0	×	×	×	Q^n	CP 时钟上升沿有效
0	↑	1	×	×	Q^n	数据选通输入端（低电平有效）
0	↑	×	1	×	Q^n	
0	↑	0	0	0	0	数据 0 置入
0	↑	0	0	1	1	数据 1 置入

当 $\overline{OE_1}$ 或 $\overline{OE_2}$ 为高电平时，输出为高阻态，此时不影响寄存器的时序操作。

一般寄存器都有三态输出，可以利用三态门实现。当不需要从寄存器输出端取数据时，寄存器呈现高阻状态，以不影响与寄存器输出端相连的数据线状态，并且不影响数据的写入。

二、移位寄存器

为了处理数据的需要，寄存器中的各位数据要依次由低位向高位或由高位向低位移动，具有移位功能的寄存器称为移位寄存器。

移位寄存器具有将串行输入的数码转移成并行的数码输出，也可将并行输入的数码转换成串行输出的功能，这种转换在数据通信中是很重要的，例如，复印机内部的 CPU 间就常常有这样的数据变换和传送。移位寄存器分为单向移位寄存器（左移或右移）和双向移位寄存器（既可左移也可右移）。

1. 单向移位寄存器

所谓单向移位寄存器是指数码只向一个方向移位的寄存器，如图 10-30 所示。

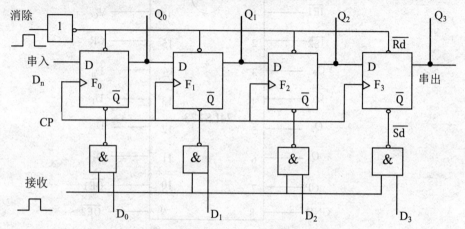

图 10-30　串、并行输入，串、并行输出单向移位寄存器

图中：

$\overline{R_d}$——为清 0 或复位信号，低电平有效。

$\overline{S_d}$——置 1 端，低电平有效。

CP——为移位控制脉冲，每来一个移位脉冲，数据向右移动一位，上升沿触发。

D_n——串行数码输入端，为所需移位数据。设 $D_n=d_3d_2d_1d_0=1011$。

$D_0D_1D_2D_3$—并行数码输入端。

$Q_0Q_1Q_2Q_3$—串行数码输出端。

（1）串行输入，串、并行输出

当接收控制端输入为低电平时，并行输入端关闭，与非门输出高电平，异步置 1 端无效，电路工作在串行输入的状态。

首先，加在异步置 0 端 $\overline{R_d}$ 处的消除脉冲输入高电平，使得所有触发器置 0。

其次，串行输入端口输入数据 $D_n= d_3d_2d_1d_0=1011$，从高位到低位依次输入。当第一个移位脉冲（CP）的上升沿到来前 D_n 处数码已为 1，故在 CP 上升沿触发后，$Q_0=d_3=1$；在第二个 CP 上升沿前，Q_0 已为 1，故在第二个 CP 上升沿后，$Q_1=1$；依此类推，可知在第四个移位脉冲 CP 后，各触发器的输出状态必定为 $Q_3Q_2Q_1Q_0=1011=d_3d_2d_1d_0$，这就是说，输入端的 1011 四位数码恰好全部存入在寄存器中，使串行输入的数码转换成并行输出的数码了。

寄存器的串行输出是由 Q_3 端取出的，由波形图可见，在第 8 个移位脉冲 CP 后，数码 $d_3d_2d_1d_0$ 将全部移出寄存器。

（2）并行输入，串、并行输出

当要求并行数据 $D_3D_2D_1D_0$ 输入时，先清零，然后接收控制端输入为高电平，使电路工作在并行输入工作状态。并行输入的数码 $D_3D_2D_1D_0$ 是通过与非门加至 D 触发器的置位端 $\overline{S_d}$ 。此时四个与非门打开，并行数据被反相后加至四个触发器的置位端 $\overline{S_d}$ ，分别将 D=1 所对应的触发器的 Q 端置 1，而 D=0 所对应的触发器状态不变，仍为 0，这样就将并行数据 $D_3D_2D_1D_0$ 装入了寄存器。然后按移位控制脉冲 CP 的节拍可将存入的并行数据一位一位的串行输出，或者直接在 $Q_3Q_2Q_1Q_0$ 端并行得到输出。

2. 双向移位寄存器

所谓双向移位寄存器，就是指数据既可从右侧触发器向左侧触发器逐位移动，也可以作相反传输。图 10-31 所示是用 D 触发器构成的双向移位寄存器。

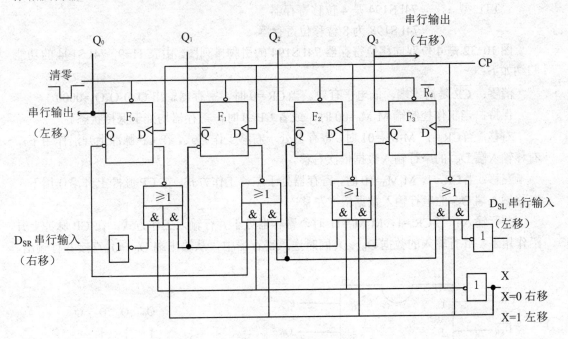

图 10-31　双向移位寄存器

（1）每个 D 触发器的输入端（D 端）均和与或非门组成的转换控制门相连，每个与或非门相当于 2 选 1 数据选择器。选择哪一路串行输入信号以及移位的方向取决于移位控制端 X 的状态：

X=1：图中的与或非门中，右边的与门被打开，左边的与门被封锁（由于 $\overline{X}$=0），左移串行数码由触发器 F_3 输入寄存器。此时：
$$D_3=D_{SL}, \quad D_2=Q_3, \quad D_1=Q_2, \quad D_0=Q_1$$

X=0：同理，右边的与门被封锁，左边的与门被打开（由于 $\overline{X}$=1），右移串行数码由触发器 F_0 的 D 端输入寄存器。此时：
$$D_0=D_{SR}, \quad D_1=Q_0, \quad D_2=Q_1, \quad D_3=Q_2$$

（2）图中，串行输入数据作左移时，是由高位向低位移动；作右移时，是由低位向高位移动。

3. 中规模集成化移位寄存器

集成移位寄存器有多种形式，从位数来看，有 4 位、8 位、双 4 位等品种；从移位方向来看有单向、双向之分；从输入输出方式来看有并行输入、并行输出，并行输入、串行输出，串行输入、并行输出，串行输入、串行输出等多种产品，常用的中规模集成化移位寄存器有：

CMOS 型：　　CC4014、CC4021 等为 8 位移位寄存器

　　　　　　　CC4015 为双 4 位移位寄存器（串行输入，并行输出）

　　　　　　　CC40194 为并行存取的双向移位寄存器

TTL 型 ：　　74LS194 是 4 位移寄存器

　　　　　　　74LS198 为 8 位移位寄存器

图 10-32 是 4 位双向移位寄存器 74LS194 的引脚排列图。由表 11-9，74LS194 的功能归纳如下：

清零：$\overline{CR}$ 是清零端，低电平有效。当 $\overline{CR}$ =0 时，寄存器输出 $Q_3Q_2Q_1Q_0$=0000。

保持：当工作控制端 M_1M_0=00 时，或者 CP=0 时，寄存器均处于保持状态。

右移：当 $\overline{CR}$ =1，M_1M_0=01 时，寄存器处于右移工作方式，在 CP 脉冲上升沿作用下，右移输入端 D_{SR} 的串行输入数据依次右移。

左移：当 $\overline{CR}$ =1，M_1M_0=10 时，寄存器处于左移工作方式，在 CP 脉冲上升沿作用下，左移输入端 D_{SL} 的串行输入数据依次左移。

并行输入：当 $\overline{CR}$ =1，M_1M_0=11 时，寄存器处于并行输入工作方式，在 CP 脉冲上升沿作用下，并行输入的数据 $D_0 \sim D_3$ 同时送入寄存器中，从输出端 $Q_0 \sim Q_3$ 直接并行输出。

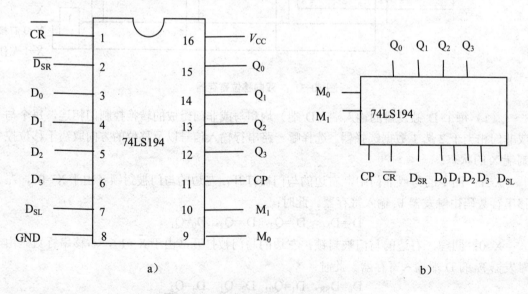

a）　　　　　　　　　　　　　　　　　　b）

图 10-32　集成双向移位寄存器 74LS194

a）引脚排列图；b）逻辑功能示意图

4. 移位寄存器的应用

集成寄存器在数字系统中的应用很广，如用于数据显示锁存器、产生序列脉冲信号、数码的串/并与并/串转换、构成计数器等。

（1）实现数据传输方式的转换

在数字电路中，数据的传送方式有串行和并行两种。在远距离传送中，为了使设备简单，发送端往往要将并行数据转换为串行数据。而接收端收到数据后，为了使数据处理快捷，又需要将串行数据转换为并行数据。移位寄存器则实现并入串出或者串入并出的转换。如寄存器 74LS194 就可以将串行输入转换为并行输出。

（2）构成移位型计数器

1）环形计数器。将单向移位寄存器的串行输入端 D_{SL} 和 Q_0 输出端相连，形成一个闭合的环，则构成了一个环形计数器，如图 10-33a 所示。

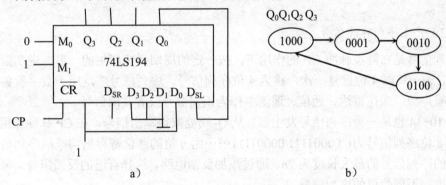

图 10-33 环形计数器

a）逻辑电路图；b）状态转换图

环形计数器实际上是一个自循环的移位寄存器。根据初始状态的不同，在 CP 脉冲的作用下，环形计数器的有效状态可以循环移位一个 0，也可以循环移位一个 1，它的各个触发器的 Q 端，将轮流地出现矩形脉冲，所以又叫做环形脉冲分配器。但是，实现环形计数器时，必须设置适当的初态，不能数码一致（如 0000 或 1111），这样电路才能实现计数。状态变化如图 11-33b 所示，其电路初态为 $Q_3Q_2Q_1Q_0=1000$。

2）扭环形计数器。扭环形计数器是将单向移位寄存器的串行输入端 D_{SR} 和 Q_3 输出端的反相连接，构成一个闭合的环。如图 10-34a 所示。

实现扭环形计数器时，不必设置初态。状态变化如图 10-34b 所示，设电路初态为 $Q_3Q_2Q_1Q_0=0000$，电路状态循环变化，循环过程包括 8 个状态，可以实现八进制计数。计数器每次状态变化时仅有一个触发器产生翻转，所以工作更加稳定。这个电路还可以用于彩灯控制。

扭环形计数器的缺点是其初始状态的随机性，使得计数循环不止一个，后级电路无法译码辨别，所以必须在计数前清零。另一个缺点是它没有充分利用寄存器输出的所有状态，可以设计反馈逻辑电路来解决，有兴趣的读者可以查找相关资料，此处不再赘述。

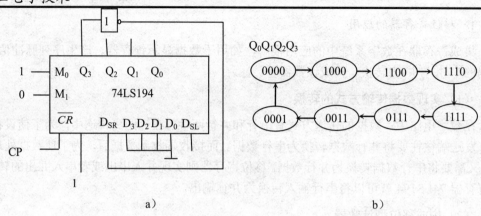

a) b)

图 10-34 扭环形计数器

a）逻辑电路图；b）状态转换图

（3）产生序列脉冲信号

序列信号是在同步脉冲 CP 的作用下，按一定的周期循环产生的一串二进制信号。如 01110111……每隔 4 位重复一次，称为 4 位序列信号。序列信号广泛用于数字设备测试、数字式噪声源，或在雷达、通信、遥测中作为识别信号或者基准信号。

图 10-34 也是一种序列信号发生器，从 Q_3 端处取得输出信号，在 CP 脉冲作用下，可以得到 8 位序列信号为：00001111 00001111……由 n 位的移位寄存器构成的序列信号发生器产生的序列信号的最大长度为 $2n$。通过添加反馈电路，选择合适的反馈组合，可以得到不同长度、不同数值的序列信号。

（4）构成分频器

分频器可以由触发器或者计数器实现。既然寄存器可以构成计数器，利用寄存器也可以实现分频。

习题十

一、填空题

1. 时序逻辑电路的基本特点是 ＿＿＿＿＿＿。 时序电路由＿＿＿＿＿和＿＿＿＿两部分电路组成。

2. 存储器状态的改变在同一时钟脉冲作用下同时发生的，这种时序电路称为＿＿＿＿时序电路；各存储单元无统一的时钟脉冲，这种时序电路称为＿＿＿＿时序电路。

3. 6 位移位寄存器串入—并出要＿＿＿＿个 CP 脉冲，串入—串出要＿＿＿＿个 CP 脉冲。

4. 按计数器按计数脉冲的引入方式不同，可分为 ＿＿＿＿计数器和＿＿＿＿计数器。

二、选择题

1. 计数器的状态转换真值表如表 1 所示，这是一个_____计数器。

  A．模 5，能自启动　　　　　　　B．模 5，不能自启动

  C．模 4，能自启动　　　　　　　D．模 4，不能自启动

题表 1

Q^{3n}	Q^{2n}	Q^{1n}	Q^{3n+1}	Q^{2n+1}	Q^{1n+1}
0	0	0	0	0	1
0	0	1	0	1	0
0	1	0	0	1	1
0	1	1	1	0	0
1	0	0	0	1	0
1	0	1	0	1	0
1	1	0	0	1	0
1	1	1	1	0	0

2. 将模 16 的四位二进制同步计数器 74LS161 改变成计数终值为 1111 的十进制计数器，则计数起始应为_____。

  A．0000　　　　B．0100　　　　C．0101　　　　D．0110

三、判断题

1. 用 N 级触发器构成模 2^N 的计数器，则不需要检查电路的自启动。　　（　　）

2. 脉冲边沿触发方式的触发器，不会出现空翻，可以用于计数。　　　　　（　　）

3. 一个模 16 的二进制计数器需要 16 个触发器组成。　　　　　　　　　（　　）

4. 异步时序电路各触发器的 CP 端是并联在一起的。　　　　　　　　　（　　）

四、分析

1. 分析如图 1 所示电路，试画出其状态转换图，画出输出波形。

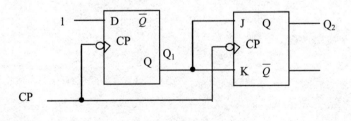

题图 1

2. 试分析如图 2 所示的时序电路，画出其状态转换图，画出输出波形。

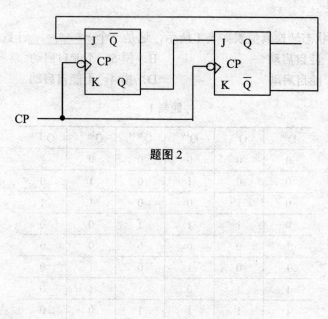

题图 2

第十一章　脉冲信号的产生和变换

在数字系统中，除了有数字信号"1"和"0"以外，一般还存在同步脉冲控制信号（CP信号），它是具有一定幅度和频率的矩形波。

通常得到矩形波的方法很多，目前应用较多的是利用 555 定时器来实现。555 定时器配以外部元件，既可以产生矩形波，又可以转换信号波形，还能构成多种实际应用电路。

第一节　单稳电路

单稳电路又称单稳态触发器，具有广泛的用途，可用于整形、定时、延时等。

一、微分型单稳电路的原理

1. 电路组成

电路由两个与非门和 RC 微分电路组成，如图 11-1 所示。单稳电路具有两种不同的工作状态，一种是稳定状态，另一种是暂稳态。

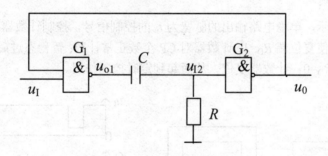

图 11-1　TTL 微分型单稳电路

当输入端触发脉冲 u_I 加上较窄的负脉冲时，电容 C 进行充电、电路进入暂稳态（输出低电平）。在暂稳态维持 t_w 时间后，再自动返回稳定状态（输出高电平）。无外加触发脉冲作用，电路将保持稳定状态不变。电路中各点工作波形如图 11-2 所示。

2. 脉冲宽度 t_w

在实际使用中常用经验估算公式估算，然后组成电路进行调试。经验估算公式为

$$t_w \approx 0.7RC$$

上式表明，要对脉冲宽度 t_w 进行粗调时可改变 C 值，细调节时可改变 R 值，但是，R的最大值必须小于关门电阻 R_{off}。

在使用微分型单稳电路时，输入电压 u_I 的负脉冲宽度应小于输出脉冲的宽度，否则电

路不能正常工作。

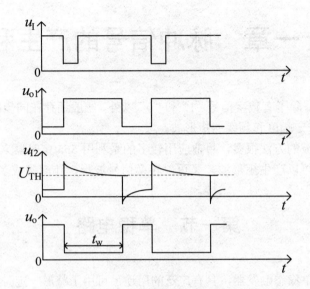

图 11-2　微分型单稳电路工作波形

二、单稳电路的应用

单稳电路是常见的脉冲基本单元电路之一，它被广泛用作脉冲波形的定时、整形和延时。

1. 脉冲的定时

如图 11-3 所示，单稳电路输出的脉宽为 t_w 的控制信号，控制计数器的复位端 R_D。显然，在 t_w 时间内，使复位端 $R_D=1$，计数器对 CP 个数正常计数；暂稳态过后进入稳定状态，单稳电路输出使 $R_D=0$，计数器复位。从而起到定时控制作用。

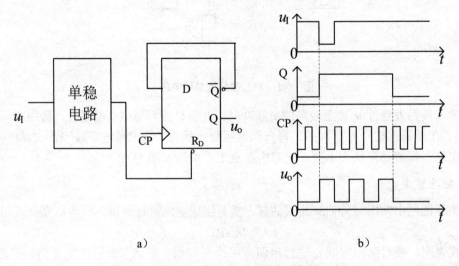

a）　　　　　　　　　　　　　　b）

图 11-3　单稳态电路的定时作用

a）逻辑图；b）工作波形图

2. 脉冲的整形

由于信号传输过程中，不可避免会受到各种干扰信号的侵扰，使得脉冲波形畸变，经单稳电路处理后，又可以得幅度和宽度都相同的脉冲信号。

3. 脉冲的延时

如图 11-4 所示，u_I 为下降沿触发信号，u_O 为非重触发单稳电路输出信号。可以看出，输出信号 u_O 下降沿滞后于输入脉冲 u_I 的下降沿时间正好为暂稳态持续时间 t_w，因此利用 u_O 下降沿去触发其他电路，就比直接用 u_I 的下降沿触发延迟了 t_w 时间，这就是脉冲的延时作用。

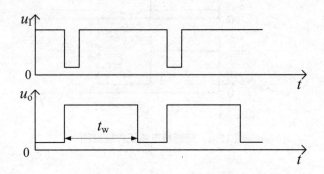

图 11-4　单稳电路延时作用的波形图

第二节　施密特电路

施密特电路是一种波形整形电路，它可以把不规则或周期性其它形状的波形整形为比较理想的矩形脉冲。

一、施密特电路工作原理

1. 施密特电路基本形式

如图 11-5 所示为带电平转移二极管的施密特电路。

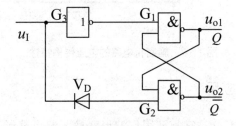

图 11-5　带电平转移二极管的施密特电路

二极管 V_D 起电平转移作用，用以形成固定回差电压。设输入信号 u_I 为三角波时，对应的工作波形如图 11-6 所示。可见，施密特电路有两个稳定状态：输出高电平和输出低电平。两个稳定状态转换需要外加触发信号，而且稳定状态的维持也得依赖于外加触发信号。

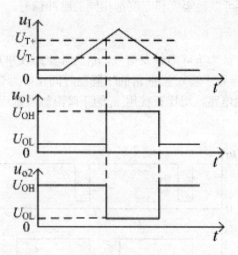

图 11-6　施密特电路工作波形图

2. 回差现象

当施密特电路的输入信号 u_I 上升到 1.4 V 时，电路从第一稳态翻到第二稳态，可是当 u_I 下降到低于 1.4 V 的 0.7 V 时，电路才能从第二稳态翻回到第一稳态。把这种两次翻转所需输入电压分别叫做正向阈值电压 U_{T+} 和负向阈值电压 U_{T-}。两值不同的现象叫回差现象，两值的差，称为回差电压，用 ΔU_T 表示，即：

$$\Delta U_T = U_{T+} - U_{T-}$$

图 11-7 所示为施密特电路的电压传输特性。回差特性是施密特电路的固有特性，在实际应用中，可根据实际要求减小或增大回差电压 ΔU_T。

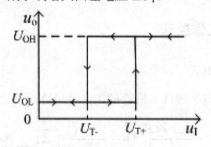

图 11-7　施密特电路的电压传输特性

二、施密特电路的应用

施密特电路用途十分广泛，它常被用作波形变换、波形整形、脉冲的信号的鉴幅等。

1. 波形变换

利用施密特反相器可以把其他形状的周期性电压波形变换成矩形脉冲信号。如图 11-8a 所示是一个能把正弦波变换为矩形波的电路。图中二极管 D 和电阻 R 组成下限幅电路，其作用是避免输入施密特反相器出现很大的负电压。电压波形如图 11-8b。

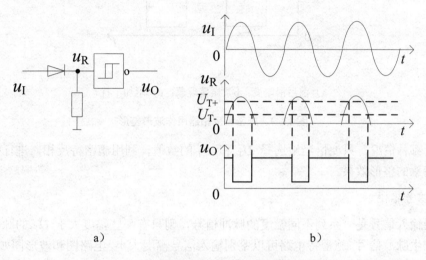

a)

b)

图 11-8　施密特反向器将正弦波变换为矩形波

a）电路图；b）工作波形图

2. 波形整形

在数字系统中，矩形脉冲信号经过传输以后往往发生畸变，其中常见的有图 11-9 所示的几种情况。

第一种情况是由于传输线接有较大电容，使得脉冲信号的前后沿畸变，如图 11-9a 所示。

第二种情况是由于负载和传输线不匹配，在边沿达到负载时，将发生振荡现象，如图 11-9b 所示。

第三种情况是由于分布电容和内部噪声等干扰信号叠加在脉冲信号上，形成附加干扰。如图 11-9c 所示。

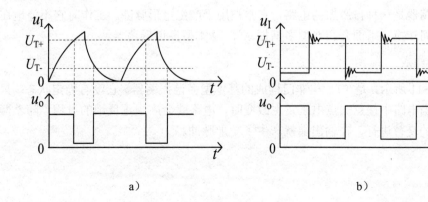

a)

b)

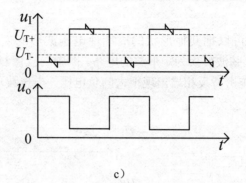

c）

a）前后沿畸变；b）振荡现象；c）附加干扰

图 11-9　施密特反相器用作波形整形

无论哪种情况，只要恰当地选择 U_{T+} 和 U_{T-} 的数值，利用施密特反相器进行整形，都能获得满意的整形效果。

3. 信号鉴幅

如果输入信号是一系列不同幅度的脉冲信号，则只有那些幅度大于 U_{T+} 的脉冲才能在输出端产生脉冲信号。施密特电路可以鉴别输入信号幅度大小，电路图和波形图如图 11-10 所示。

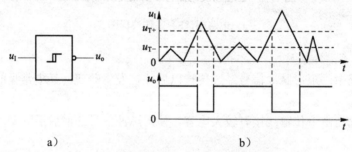

a）　　　　　　　　　　　　　　b）

图 11-10　利用施密特反向器鉴别脉冲幅度

a）电路图；b）工作波形图波形变换

三、多谐振荡器

多谐振荡器是一种自激振荡电路，它常被用于产生矩形脉冲。工作时它不停地在这两个暂稳态之间转换。下面介绍典型多谐振荡器-基本型多谐振荡器。

1. 电路组成

如图 11-11 所示，是 TTL 与非门构成的基本型多谐振荡器。它没有稳定状态，只有两个暂稳态。当电路中任意一点电压发生改变时，电路就会产生正反馈的过程，随着两电容充电、放电的交替进行，在输出端就产生了矩形脉冲。

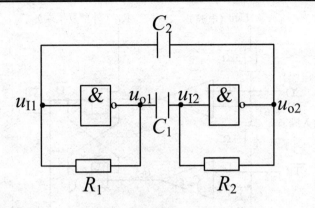

图 11-11　基本型多谐振荡器

2. 振荡周期 T 的估算

输出脉冲的周期等于两个暂稳态持续时间之和，而每个暂稳态持续时间的长短是由 C_1、C_2 充电速度决定的。

若 $R_1=R_2=R$，$C_1=C_2=C$，$u_{OH}=3.4\ \text{V}$，$U_{TH}=1.4\ \text{V}$，$u_{OL}=0.3\ \text{V}$，则振荡周期 T 可由下式估算：

$$T \approx 1.4\,RC$$

改变 R 和 C 的数值可以达到改变周期的目的。

第三节　555 时基电路及应用

555 定时器是一种电路结构简单，使用灵活方便的多用途单片集成电路。只需外部配上几个 R、C 元件就可以构成单稳电路、多谐振荡器或施密特电路。555 定时器的电源电压范围大，TTL 型为 $5\sim16\ \text{V}$，CMOS 型为 $3\sim18\ \text{V}$。555 还可输出一定功率，可驱动指示灯、扬声器等，用 555 定时器构成的各种应用电路的例子举不胜举。

一、555 定时器的电路结构和功能

图 11-12 所示为 TTL 型 5G555 定时器的逻辑图，它由电压比较器 C_1 和 C_2、基本 RS 触发器、电阻分压器和放电三极管 V 等部分组成。

图 11-12 中 TH 和 $\overline{TR}$ 是两个输入端，电压比较器 C_1 和 C_2 的比较电压 U_{R1} 和 U_{R2} 是由 U_{CC} 和三个 $5\ \text{k}\Omega$ 电阻串联分压而得到的。通常 CO 端经 $0.01\ \mu\text{F}$ 的电容接地，以减少高频干扰。5G555 定时器的基本功能如表 11-1 所示。

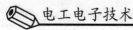

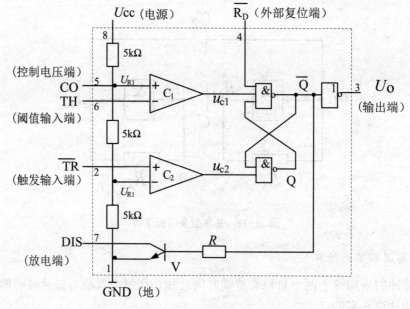

图 11-12　5G555 定时器的逻辑图

表 11-1　5G555 定时器功能表

输入			输出	
TH	$\overline{TR}$	$\overline{R_p}$	U_O	V
×	×	0	0	导通
$>\frac{2}{3}V_{cc}$	$>\frac{1}{3}V_{cc}$	1	0	导通
$<\frac{2}{3}V_{cc}$	$<\frac{1}{3}V_{cc}$	1	1	截止
$<\frac{2}{3}V_{cc}$	$>\frac{1}{3}V_{cc}$	1	不变	不变

二、555 时基电路的应用

1. 接成施密特电路

图 11-13a 所示为 555 定时器构成的施密特电路。将 TH 和 $\overline{TR}$ 两端短接作为触发信号 u_1 输入端，即可得到反相输出的施密特电路。该电路的正向阈值电压 $U_{T+}=\frac{2}{3}U_{CC}$、负向阈值电压 $U_{T-}=\frac{1}{3}U_{CC}$。回差电压应为 $\Delta U_T=U_{T+}-U_{T-}=\frac{1}{3}U_{CC}$。

设输入信号 u_1 为二角波，则工作波形如图 11-13b 所示。图 11-13c 所示为图 11-13a

所示电路的电压传输特性，由该特性可以看出，该电路具有反相输出特性。

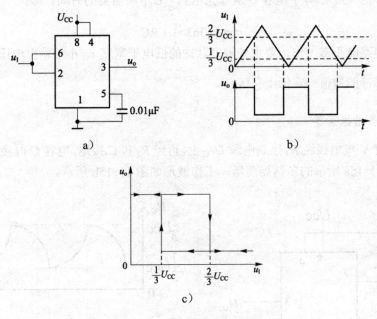

图 11-13 555 定时器构成的施密特电路

a）电路图；b）工作波形图；c）电压传输特性

2. 接成单稳电路

将 555 定时器的 $\overline{\text{TR}}$ 作为触发信号 u_I 输入端，放电管 V 的集电极和 TH 端短接且通过电阻 R 接至 V_{CC}，同时通过电容 C 接地，便组成了如图 11-14a 所示的单稳态电路，RC 为定时元件。该电路用输入触发信号 u_I 的下降沿触发。工作波形如图 11-14b 所示。

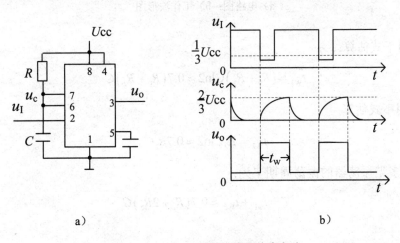

图 11-14 555 定时器构成的单稳电路

a）电路图；b）工作波形图

输出脉冲的宽度 t_w 等于电容 C 从 0 充电到 $\frac{2}{3}U_{CC}$ 所需要的时间。即：

$$t_w = RC\ln 3 \approx 1.1\ RC$$

为了使电路能正常工作，要求外触发脉冲的低电平宽度 t_{wl} 小于输出电压 u_o 的脉冲宽度 t_w，且负脉冲的数值一定低于 $\frac{1}{3}U_{CC}$。

3. 接成多谐振荡器

将放电管 V 集电极经 R_1 接到电源 U_{CC} 上，再经 R_2 和 C 接地，电容 C 再接 TH 和 $\overline{TR}$ 端便组成了图 11-15a 所示的多谐振荡器。工作波形如图 11-15b 所示。

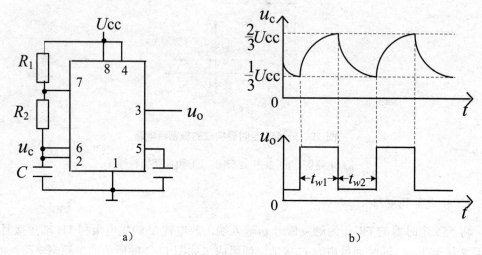

图 11-15　555 定时器构成的多谐振荡器

a）电路图；b）工作波形图

t_{wl} 可用下式估算：

$$t_{wl} = \left(R_1 + R_2\right)C\ln 2 \approx 0.7\left(R_1 + R_2\right)C$$

t_{w2} 可用下式估算：

$$t_{w2} = R_2 C\ln 2 \approx 0.7 R_2 C$$

所以，多谐振荡器的振荡周期 T 为：

$$T = t_{w1} + t_{w2} \approx 0.7\left(R_1 + 2R_2\right)C$$

习题十一

一、填空题

1. 多谐振荡器有_____个稳态_____个暂态。单稳电路有_____个稳态，_____个暂态。施密特电路有_____个稳态，_____个暂态。

2. 单稳电路具有_____、_____和_____的功能。

3. 多谐振荡器能产生_____波。用 555 定时器构成的单稳电路的稳定输出状态为_____其暂态时间计算公式为_____，施密特电路是常用的一种波形_____电路。

4. _____ 自激振荡电路，只要接通电源，它就能自动产生输出脉冲。

5. 获得矩形脉冲通常有_____和_____两种方法。

6. 微分型单稳电路要对脉冲宽度 t_w 进行粗调时可改变_____值，细调节时可改变_____值，但是，_____的最大值必须小于关门电阻 R_{off}。

7. 555 定时器构成的单稳电路触发脉冲的宽度 t_{wI} 与输出脉冲的宽度 t_w 应满足_____。

8. 5G555 定时器通常 CO 端经_____接地，以减少高频干扰。

9. 已知一施密特电路的上、下限阈值电压分别为 2 V、1 V，其回差电压为_____。

10. 555 定时器的 TH 端、$\overline{TR}$ 端的电平分别大于 $\frac{2}{3}U_{CC}$、$\frac{1}{3}U_{CC}$ 时，定时器的输出状态是_____。

二、选择题

1. 555 定时器的输出状态有（　　）。
   A. 高阻态　　　　　B. 0 和 1 状态　　　　　C. 二者皆有

2. TTL555 定时器芯片电源电压 U_{CC} 的取值范围是（　　）。
   A. 3～12 V　　　B. 5～16 V　　　　C. 12～18 V　　　D. 3～18 V

3. 555 定时器电路 $\overline{R_D}$ 端不用时应（　　）。
   A. 接高电平　　　　　　　　B. 通过小于 500 Ω 的电阻接地
   C. 接低电平　　　　　　　　C. 通过 0.01 uF 的电容接地

4. 555 定时器电路 CO 控制端不用时，应当（　　）。
   A. 接高电平　　　　　　　　B. 接低电平
   C. 通过 0.01 uF 的电容接地　　D. 直接接地

5. 555 定时器构成的多谐振荡器输出波形的占空比大小取决于（　　）。
   A. 电源 U_{CC}　　　　　　　　B. 充电电阻 R_1、R_2
   C. 定时电容 C　　　　　　　　D. 前三者

6. 下列电路中能起定时作用的是（　　）。
   A. 施密特电路　　　　　　　　B. 译码器
   C. 多谐振荡器　　　　　　　　D. 单稳电路

7. 单稳电路具有（　　）功能。

   A. 计数　　　　　　　　　　　　B. 寄存

   C. 定时、延时、整形　　　　　　D. 产生波形

8. 按输出状态论，施密特触发器属于（　　）触发器。

   A. 无稳态　　　　B. 单稳态　　　　C. 双稳态　　　　D. 三稳态

9. 施密特触发器常用于对脉冲波形的（　　）。

   A. 计数　　　　　B. 寄存　　　　　C. 定时与延时　　D. 整形与变换

10. 多谐振荡器能产生（　　）。

   A. 尖脉冲　　　　B. 正弦波　　　　C. 三角波　　　　D. 矩形脉冲

11. 设多谐振荡器的输出脉冲宽度和脉冲间隔时间分别为 T_H 和 T_L，则脉冲波形的占空比为（　　）。

   A. $T_H/（T_H+T_L）$　　　　　　B. $T_L/（T_H+T_L）$

   C. T_H/T_L　　　　　　　　　　D. T_L/T_H

12. 为把 50Hz 的正弦波变成周期性矩形脉冲，应当选用（　　）。

   A. 施密特电路　　　　　　　　　B. 单稳电路

   C. 多谐振荡器　　　　　　　　　D. 译码器

三、计算题

1. 555 定时器的接线如图 1 所示，设图 1 中 R=500 kΩ，C=10 uF，已知 u_I 的波形，解答下列问题：

（1）说出 555 定时器构成电路的名称。

（2）该电路正常工作时，画出与 u_I 相应的 u_c 和 u_o 的波形。

（3）输出脉冲下降沿比输入脉冲下降沿延迟了多少时间？

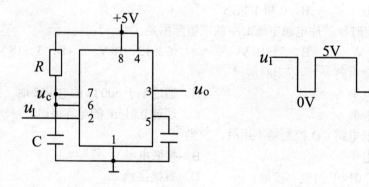

题图 1

2. 图 2 为 555 定时器构成的多谐振荡器，已知 U_{CC}=10 V，C=0.1 uF，R_1=20 kΩ，R_2=80 kΩ，求振荡周期 T，并画出相应的 u_c 和 u_o 波形。

3. 画出由 555 定时器构成的施密特电路的电路图。若输入波形如图 3 所示，U_{CC}=15 V，试画出电路的输出波形。如 5 脚与地之间接 5 kΩ 电阻，再画出输出波形。

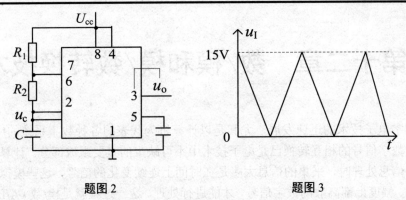

题图2　　　　　　　　　　　　　题图3

4．图4是用 5G555 定时器接成的脉冲鉴幅器；为了从输入信号中将幅度大于 5 V 的脉冲检出，（1）电源电压 U_{CC} 应取几伏？（2）电路的 U_{T+}、U_{T-} 和 ΔU_{T} 各为多少？（3）试画出输出电压 u_{o} 的波形。

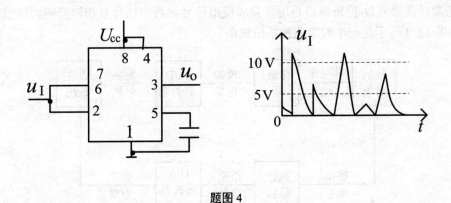

题图4

5．由 555 时基电路构成的单稳电路，若 5 脚（CO）不接 0.01 μF 的电容，而改接直流正电源 U_{E}，当 U_{E} 变大和变小时，单稳电路的输出脉冲宽度如何变化？若 5 脚通过 10 kΩ 的电阻接电源，其输出脉冲宽度又作什么变化？

第十二章 数/模和模/数转换技术

随着数字电子技术的迅速发展，尤其是以计算机为代表的各种数字系统的广泛应用，模拟信号与数字信号的相互转换已是电子技术中不可缺少的重要组成部分。计算机应用于过程控制或信息处理时，采集的信息大多是在时间上连续变化的信号，这些模拟量必须转换为在时间、幅度上都离散的数字信号，才能进行处理。这一过程就是模/数（A/D）转换，实现模/数转换的电路称为模/数转换器（ADC）。

经 ADC 转换得到数字信号，再经计算机处理，其输出仍为数字信号。可是，过程控制中的执行机构，常常要模拟电压去控制。为此，必须将数字信号转换为模拟信号，这一过程就是数/模（D/A）转换。实现数/模转换的电路称为数/模转换器（DAC）。

模/数转换器和数/模转换器是用来完成模拟信号和数字信号互相转换的大规模集成电路，如图 12-1 所示是一个数字监控系统框图。

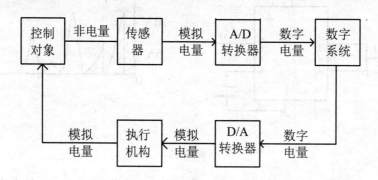

图 12-1　A/D、D/A 转换器在数字系统中的应用

第一节　数/模转换（D/A）

一、D/A 转换器原理

D/A 转换器是将输入的二进制数字信号转换为相应的模拟信号，以电压或电流的形式输出。如果 D/A 转换器输入的是 n 位二进制数字信息 D（D_{n-1}，D_{n-2}，…，D_1，D_0），其最低位 D_0 和最高位 D_{n-1} 的权分别为 2_0 和 2_{N-1}，故（D）$_2$ 按权展开式为：

$$D = D_{n-1}2^{n-1} + D_{n-2}2^{n-2} + \cdots + D_1 2^1 + D_0 2^0$$

$$= \sum_{i=0}^{n-1} D_i 2^i$$

则 D/A 转换器输出的是与输入数字量成正比例的模拟电压 u（或电流 i），即

$$u = Du_R = \left(D_{n-1}2^{n-1} + D_{n-2}2^{n-2} + \cdots D_1 2^1 + D_0 2^0 \right)u_R$$

$$= \sum_{i=0}^{n-1} D_i 2^i u_R$$

式中，u_R 为转换比例系数。

D/A 转换器的一般结构框图如图 12-2 所示。图中数据锁存器用来暂时存放输入的数字信号。电阻解码网络是一个加权求和电路，通过它把输入数字量 D 中的各位 1 按位权变换成相应的电流，再经过运算放大器求和，最终获得与 D 成正比的模拟电压 u。

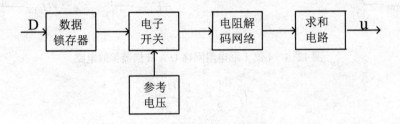

图 12-2　D/A 转换器方框图

二、T 形电阻网络 D/A 转换器

D/A 转换器按电阻解码网络结构的不同分为权电阻网络、权电流网络、T 形电阻网络、倒 T 形电阻网络等，本节仅以 T 形电阻网络为例介绍 D/A 转换器转换原理。

1. 电路结构

如图 12-3 所示为 T 形电阻网络 D/A 转换器。该电路仅用 R 和 $2R$ 两种阻值的电阻。模拟开关 $S_3 \sim S_0$ 分别由数字信号 $D_3 \sim D_0$ 控制。当 $D_i=0$ 时，开关 S_i 接地，而 $D_i=1$ 时，开关 S_i 接向基准电压 U_{REF}。

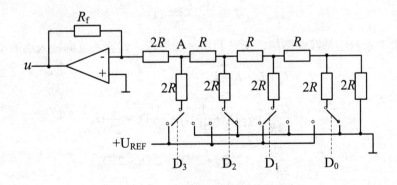

图 12-3　4 位 T 形电阻网络 D/A 转换器

2. 工作原理

这种网络的特点是，任一个节点向左或向右看进去的等效电阻都为 $2R$，各位对基准电

压源的负载均为 3R，例如 $D_3=1$，$D_2=D_1=D_0=0$，即 S_3 接$+U_{REF}$，$S_2\sim S_0$ 接地，其等效电路如图 12-4 所示。等效电阻为 3R，基准电压源提供的电流 $I = \dfrac{U_{REF}}{3R}$。则由 $D_3=1$ 引起流入运算放大器反向输入端的电流为 I_3。

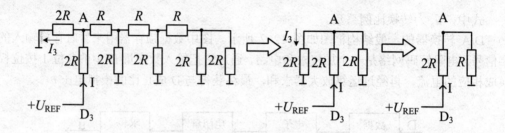

图 12-4   4 位 T 形电阻网络 D/A 转换器等效电路

$$I_3 = \frac{1}{2}I = \frac{1}{2}\cdot\frac{U_{REF}}{3R}$$

若 $D_3=0$，S_3 接地，则 $I_3=0$，所以对 D_3 不同取值时，I_3 可写成：

$$I_3 = \frac{1}{2}\cdot\frac{U_{REF}}{3R}\cdot D_3$$

同理，考虑 D_2、D_1、D_0 单独作用的情况下，分流至反向输入端去的电流时，其等效电路如图 12-5 所示，三种情况中，提供的电流 $I = \dfrac{U_{REF}}{3R}$ 均相同，它们分别是经两次、三次、四次分流得电流 I_2、I_1、I_0 为：

$$I_2 = \frac{1}{2^2}\cdot\frac{U_{REF}}{3R}\cdot D_2$$

$$I_1 = \frac{1}{2^3}\cdot\frac{U_{REF}}{3R}D_1$$

$$I_0 = \frac{1}{2^4}\cdot\frac{U_{REF}}{3R}D_0$$

因为此 T 形网络是线性网络，所以利用叠加原理，则流入反向输入端的电流为：

$$
\begin{aligned}
I_\Sigma &= I_3 + I_2 + I_1 + I_0 \\
&= \frac{U_{REF}}{3R}\left(\frac{1}{2^1}D_3 + \frac{1}{2^2}D_2 + \frac{1}{2^3}D_1 + \frac{1}{2^4}D_0\right) \\
&= \frac{U_{REF}}{3R\times 2^4}\left(2^3D_3 + 2^2D_2 + 2^1D_1 + 2^0D_0\right)
\end{aligned}
$$

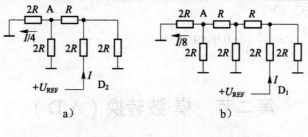

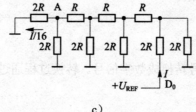

图 12-5　D_2、D_1、D_0 单独作用时等效电路

a）D_2 单独作用；b）D_1 单独作用；c）D_0 单独作用

其输出模拟电压为：

$$u = -I_\Sigma R_f = -\frac{U_{REF}R_f}{3R \times 2^4}\left(2^3 D_3 + 2^2 D_2 + 2^1 D_1 + 2^0 D_0\right)$$

若 $R_f = 3R$，输入数字量为 n 位时，

$$u = -\frac{U_{REF}}{2^n}\left(2^{n-1}D_{n-1} + 2^{n-2}D_{n-2} + \cdots + 2^1 D_1 + 2^0 D_0\right)$$

由上式可见，输出模拟电压 u 的绝对值正比于输入数字量，比例系数 $u_R = \dfrac{U_{REF}}{2^n}$。

3. 主要技术指标

（1）分辨率。分辨率是分辨最小输出电压的能力。所谓最小输出电压是指输入数字量仅最低位为 1 时的输出电位。分辨率定义为最小输出电压与最大输出电压的比值，所以分辨率用 $\dfrac{1}{2^n - 1}$ 表示。另外，有的器件也用输入数字量的有效位数 n 来表示分辨率。

（2）转换精度。精度是实际输出值与理论计算值之差，这种差值是由转换过程中的各种误差引起的。

（3）转换时间。从数字信号送入 D/A 转换器起，到输出电压达到稳定值所需的时间称为 D/A 转换器的转换时间。

【例 13-1】　有一个 8 位 T 形电阻网络 D/A 转换器，$U_{REF} = 10\ \text{V}$，$R_f = 3R$，$(D)_2 = 01010101$ 时，求这时模拟输出电压及 D/A 转换器的分辨率。

解：由 $u = -\dfrac{U_{REF}}{2^n}\left(2^{n-1}D_{n-1} + 2^{n-2}D_{n-2} + \cdots + 2^1 D_1 + 2^0 D_0\right)$ 可知：

$$u = -\frac{10}{2^8}\left(2^6 + 2^4 + 2^2 + 2^0\right)$$

$$= -3.32 \quad (V)$$

分辨率为：$\dfrac{1}{2^n - 1} = \dfrac{1}{2^8 - 1} = 0.0039$

第二节　模/数转换（A/D）

一、A/D 转换原理

A/D 转换器能将模拟信号转换成数字信号。转换过程通过取样、保持、量化和编码四个步骤完成。

1. 取样和保持

取样就是对连续变化的模拟信号作等间隔的抽取样值。通过取样，将模拟量转换成时间上离散的模拟量。保持是指将取样脉冲保持一段时间，以便进行转换。图 12-6 所示为取样保持电路。

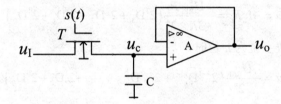

图 12-6　取样保持电路

场效应管 T 为取样门，高质量的电容器 C 为保持元件，运算放大器 A 作跟随器起缓冲隔离负载作用。在取样脉冲 $s(t)$ 到来的时间 τ 内，场效应管 T 导通，输入模拟量 u_I 向电容 C 充电；假定充电时间常数远小于 τ，那么电容 C 上的充电电压能及时跟上 u_I 的取样值，取样结束，T 迅速截止，电容 C 上的充电电压就保持了前一取样时间 τ 的输入 u_I 的值，一直保持到下一个取样脉冲到来为止。当下一个取样脉冲到来，电容 C 上的电压再按输入 u_I 变化，在输入一连串取样脉冲序列后，取样保持电路的缓冲放大器输出电压 u_O。图 12-7 所示为取样保持工作波形。

根据取样定理，最低的取样频率 f_S 应为模拟信号所含最高频率 f_{max} 的 2 倍。即：

$$f_S \geqslant 2f_{max}$$

2. 量化和编码

取样保持后的信号已成为在时间上离散的阶梯信号，而阶梯信号的幅值是连续可变的，有无限多个值。要把这无限多个值与数字量一一对应，用一个规定的最小基准单元电平去度量，其值用这个最小基准单元的几倍来确定。这种将幅值取整归并的方式及过程称为量化。将量化后有限量化值用 n 位一组的某种二进制代码对应描述，这种用 n 位二进制代码表示，量化后的值称为编码。

图 12-8 给示出了一个用三位二进制数来量化编码模拟信号的示意图。采用四舍五入法归并量化编码。

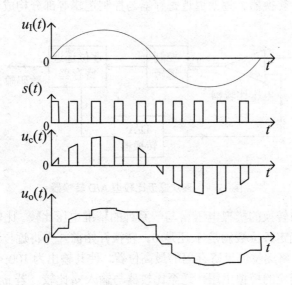

图 12-7　取样保持工作波形

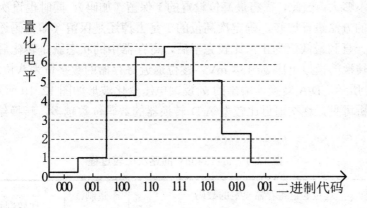

图 12-8　量化编码波形

二、A/D 转换方法

A/D 转换器按工作原理的不同分为直接法和间接法。

直接法是通过一系列基准电压与取样保持电压进行比较，从而直接转换成数字量。其特点是工作速度高，转换精度容易保证。直接 A/D 转换器有逐次逼近比较式和并行比较型等多种方式。

间接法是将取样后的模拟信号先转换成中间的某种物理量再进行比较，将比较的结果进行编码。其特点是工作速度较低，转换精度较高，一般在测试仪表中用的较多。常用是双积分型 A/D 转换器。

1．逐次逼近比较型 A/D 转换器

逐次逼近比较型 ADC 是直接型 ADC 中最常见的一种，其方框图如图 12-9 所示。它由电压比较器、D/A 转换器、逐次逼近寄存器与控制逻辑等部分构成。

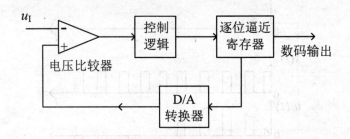

图 12-9　逐次逼近比较型 A/D 转换器

这种转换器是将转换的模拟电压 u_I 与一系列的基准电压比较。比较是从高位到低位逐位进行的，并依次确定各位数码是 1 还是 0。转换开始前，先将逐位逼近寄存器清 0，开始转换后，控制逻辑将逐位逼近寄存器的最高位置，使其输出为 100……000，这个数码被 D/A 转换器转换成相应的模拟电压，送至比较器与输入 u_I 比较。若 $u_0 > u_I$，说明寄存器输出的数码大了，应将最高位数改为 0（去码），同时设次高位为 1；若 $u_0 \leq u_I$，说明寄存器输出的数码还不够大，因此，需将最高位设置的 1 保留（加码），同时也设次高位为 1。然后，再按同样的方法进行比较，确定次高位的 1 是去掉还是保留（即去码还是加码）。这样逐位比较，一直到最低位为止，比较完毕后，寄存器中的状态就是转化后的数字输出。例如，一个待转换的模拟电压 $u_I = 134$ mV，逐位逼近寄存器的数字量为八位，其整个比较过程如表 12-1 所示，D/A 转换器输出的 u_0 反馈电压变化波形如图 12-10 所示。

从以上分析可见，逐次逼近比较型 A/D 转换器的数码位数越多，转换结果精度越高，但转换时间越长。

表 12-1　$u_I = 134$ mV 的逐次比较过程

步骤	逐位逼近寄存器设定的数码								十进制读数	比较判别	结果
	128	64	32	16	8	4	2	1			
1	1	0	0	0	0	0	0	0	128	$u_I \geq u_0$	留
2	1	1	0	0	0	0	0	0	192	$u_I < u_0$	去
3	1	0	1	0	0	0	0	0	160	$u_I < u_0$	去
4	1	0	0	1	0	0	0	0	144	$u_I < u_0$	去
5	1	0	0	0	1	0	0	0	136	$u_I < u_0$	去
6	1	0	0	0	0	1	0	0	132	$u_I \geq u_0$	留
7	1	0	0	0	0	1	1	0	134	$u_I = u_0$	留
结果	1	0	0	0	0	1	1	0	134		

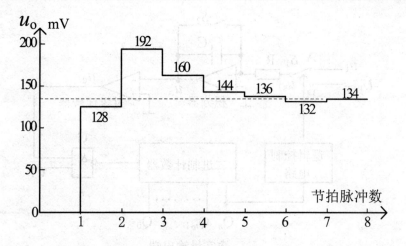

图 12-10 $u_I=134$ mV 逐次比较 u_0 波形图

2. 并行比较型 A/D 转换器

并行比较型 A/D 转换器转换速度快，但输出数字信号位数越多，电路越复杂，不易做成高分辨率 A/D 转换器。其方框图如图 12-11 所示。

图 12-11 并行比较型 A/D 转换器方框图

图 12-11 中电阻分压器将基准电压 U_{REF} 分为 $2n-1$ 个量化比较电平，加到各自电压比较器的反相输入端，经取样保持电路输出的模拟电压 u_I 并行加到比较器同相输入端，对于每个比较器来说，如模拟输入小于其量化电平，则比较器输出为 0，反之为 1。经比较器输出的信号被送到数码寄存器存放，然后送入优先编码器，得到 n 位二进制数字信号输出。

3. 双积分型 A/D 转换器。

双积分型 A/D 转换器是一种经过中间变量间接转换的电路。它先将一段时间内的模拟电压经过两次积分转换成与之大小相对应的时间间隔 T，再在这时间间隔 T 内用计数器对频率不变的计数脉冲进行计数，计数器所计的数字量正比于输入模拟电压的平均值。

图 12-12 为双积分型 A/D 转换器的一种基本电路。它由积分器、过零比较器、时钟脉冲控制门、计数器和逻辑控制电路等几部分构成。电路的各个部分比较简单，我们仅讨论它的工作过程。

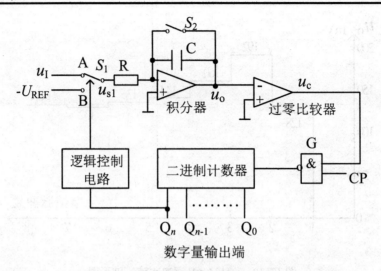

图 12-12　双积分 A/D 转换器原理框图

转换过程开始时，应先将 S_2 闭合，让电容 C 充分放电，积分器复位，输出电压 u_0 为零，然后将 S_2 断开。与此同时，将计数器中的各触发器清零，这一阶段称为准备阶段，$Q_n=0$，S_1 倒向 A 点。A/D 转换器进入转换过程，其工作可分为两个阶段。

（1）采样阶段

这个阶段的任务是对输入模拟电压 u_I 进行定时积分。积分器到达 T_1 时刻的输出电压 u_p 是与输入电压的平均值成正比的，不同的 u_I 在这段定时积分结束时的 u_p 是不相同的，我们称 u_p 为采样电压。这个阶段的主要任务是要取得定时积分终了时的积分器的输出电压，故把这个阶段称为采样阶段。

（2）比较阶段

$t=T_1$ 时采样结束，Q_n 由 0 变成 1，S_1 倒向 B 点，积分器从 u_p 开始对 $-U_{REF}$ 进行反向积分，计数器又开始第二个周期的计数。计数器第二次积分后的计数值 N_2 是与输入电压在采样时间 T_1 内的电压平均值 $\bar{u}_I$ 成正比的。只要 $u_I<|U_{REF}|$，转换器就能正常地将输入模拟电压转换为数字量，并能从计数器读取转换的结果，如果取 $U_{REF}=N_1$ 时，则 $N_2=\bar{u}_I$，计数器所计的数在数值上就等于被转换的模拟电压。如图 12-13 所示是双积分 A/D 转换器各处的工作波形图。

图中 u_{s1} 及 u_0 中的虚线表示：当输入模拟量变小时，积分器的定时积分斜率变小，峰点采样电压减小，在定压积分阶段时间间隔减小，故转换器的数字输出（输出脉冲个数）减小。从工作波形图我们可以看到，积分器在 T_1+T_2 这段时间内经历了两次不同输入电压的积分，积分的输出电压在这两段积分区间的斜率是不相同的，故又称双斜率 A/D 转换器。

由于这种转换器采用了测量输入电压采样时间 T_1 内平均值的原理，对于对称性串态干扰抑制力很强。影响转换精度的主要因素是基准电压 U_{REF}，而与 R、C 时间常数无关。由于每一次转换都需经历两次积分，故转换速度较低。双积分 A/D 转换器在数字测量仪表中应用较为广泛，数字万用电表核心就是一个双积分 A/D 转换器。

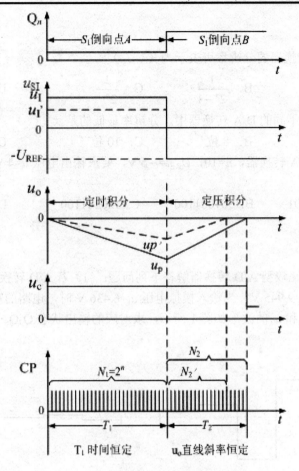

图 12-13 双积分 A/D 转换器波形图

习题十二

一、填空题

1. A/D 转换器是将_____信号转换为_____信号的电路。D/A 转换是将_____信号转换为_____信号的电路。

2. DAC 是_____，ADC 是_____

3. 10 位 D/A 转换器的分辨率为_____，对于 T 形 D/A 转换器，若 $R_f=2R$，输入数字量 D=1000010000，输出模拟电压 $u=$_____V（已知 $U_{REF}=0.01V$）

4. A/D 转换器转换过程由_____、_____、_____和_____四部分组成。

5. A/D 转换按工作原理不同分为_____和_____两种，双积分型 A/D 转换属于_____。

二、选择题

1. 几位 D/A 转换器的分辨率可表示为（   ）

   A. $\dfrac{1}{2^n}$ 　　　 B. $\dfrac{1}{2^n-1}$ 　　　 C. $\dfrac{1}{2^{n-1}}$ 　　　 D. $\dfrac{1}{2^{n-1}-1}$

2. 在下面位数不同的 D/A 转换器中，分辨率最低的是（   ）

   A. 4 位 　　　 B. 8 位 　　　 C. 10 位 　　　 D. 12 位

3. T 形电阻 D/A 转换器，$n=10$，$U_{REF}=-5$ V，要求输出电压 $u=4$ V，输入的二进制数应是（   ）

   A.1001100101 　　　 B.1101001100 　　　 C.1100101100 　　　 D.1001100100

三、计算题

1. 对逐次逼近比较型 A/D 转换器解答下列问题：（1）若 A/D 转换器中 8 位 D/A 转换器的最大输出 $u_{Omax}=9.945$ V，当输入模拟电压 $u_I=6.436$ V 时，电路的输出状态 $D=Q_7Q_6\cdots Q_0$ 是多少？（2）u_I 和 u_0 的波形如图 1 所示，求对应的输出状态 $Q_7Q_6\cdots Q_0$ 是多少？

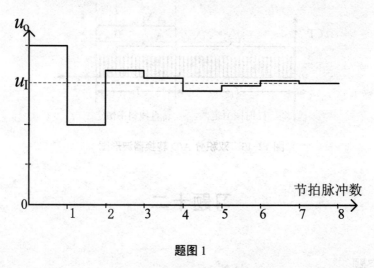

题图 1

2. 已知 T 形电阻网络 D/A 转换器中的 $R_f=3R$，$U_{REF}=10$ V，试分别求出 4 位和 8 位 D/A 转换器的输出最小电压，并说明这种 D/A 转换器最小输出电压绝对值与位数的关系。

附录一　常用符号说明

一、电流和电压

I_A、U_{BE}——大写字母、大写下标表示直流电流和直流电压

I_b、U_{be}——大写字母、小写下标表示交流电流和电压有效值

$\dot{I}_b$、$\dot{U}_{be}$——大写字母上面加点、小写下标表示电流和电压正弦值相量

i_B、u_{BE}——小写字母、大写下标表示总电流和电压瞬时值

i_b、u_{be}——小写字母、小写下标表示电流和电压交流分量瞬时值

U_{REF}——参考电压

I_+、U_+——集成运放同相输入端的电流、电压

I_-、U_-——集成运放反相输入端的电流、电压

I_f、U_f——反馈电流、电压

I_i、U_i——直流输入电流、电压

I_o、U_o——直流输出电流、电压

I_i、u_i——交流输入电流、电压

I_o、u_o——交流输出电流、电压

二、放大倍数或增益

A——放大倍数或增益的通用符号

A_c——共模电压放大倍数

A_d——差模电压放大倍数

A_i——电流放大倍数、增益

A_u——电压放大倍数、增益

A_{uf}——有反馈时（闭环）电压放大倍数、增益

A_{us}——考虑信号源内阻时的电压放大倍数、增益

A_{usf}——有反馈且虑信号源内阻时的电压放大倍数、增益

α——共基电流增益

β——共射电流增益

三、电阻、电容和电感

R——固定电阻通用符号

R_p——电位器通用符号

R_i——输入电阻

R_o——输出电阻

R_L——负载电阻

R_S——信号源内阻

R_F——反馈电阻

R_T——热敏电阻

C——电容通用符号

C_i——输入电容

C_o——输出电容

C_F——反馈电容

L——电感通用符号

四、半导体元件及其相关参数

VT——双极型三极管、场效应管、晶闸管通用符号

VD——半导体二极管通用符号

VZ——稳压二极管通用符号

A、K——二极管的阳极、阴极

B、C、E——三极管的基极、集电极、发射极

d、g、s——场效应管的漏极、栅极、源极

f_T——三极管特征频率

I_{CM}——集电极最大容许电流

I_{DSS}——场效应管饱和漏极电流

I_S——二极管反向饱和电流

I_F——输入整流电流

I_R——反向电流

I_Z——稳压管稳定电流

P_{CM}——三极管集电极最大允许耗散功率

P_{DM}——场效应管漏极最大允许耗散功率

U_{BR}——二极管反向击穿电压

U_{CES}——三极管集电极-发射极间的饱和压降

U_{CEO}——三极管基极开路时集电极-发射极间的反向击穿电压

U_Z——稳压二极管稳定电压

$U_{GS(off)}$——耗尽型场效应管夹断电压

$U_{GS(th)}$——增强型场效应开启电压

五、其他符号

Q——静态工作点

F——频率通用符号

P——功率通用符号

P_o——输出功率

P_{om}——输出功率最大值

F——反馈系数通用符号

T、t——时间、周期、温度

τ——时间常数

ω——角频率

φ——相位差、相角

B_W——频带宽度

η——效率

K_{CMR}——共模抑制

附录二　半导体器件型号命名方法

第一部分		第二部分		第三部分		第四部分	第五部分
用数字表示器件的电极数目		用汉语拼音字母表示器件的材料极性		用汉语拼音字母表示器件的类型		用数字表示序号	用汉语拼音字母表示规格号
符号	意义	符号	意义	符号	意义		
2	二极管	A	N型，锗材料	P	普通管		
		B	P型，锗材料	V	微波管		
		C	N型，硅材料	W	稳压管		
		D	P型，硅材料	C	参量管		
3	三极管	A	PNP型，锗材料	Z	整流管		
		B	NPN型，锗材料	L	整流堆		
		C	PNP型，硅材料	S	隧道管		
		D	NPN型，硅材料	N	阻尼管		
		E	化合物材料	U	光电器件		
				K	开关管		
				X	低频小功率管（fa<3MHZ，PC<1W）		
				G	高频小功率管（fa≥3MHZ，PC<1W）		
				D	低频大功率管（fa<3MHZ，PC≥1W）		
				A	高频大功率管（fa≥3MHZ，PC≥1W）		
				T	可控整流管		
				Y	体效应器件		
				B	雪崩管		
				J	阶跃恢复管		
				CS	场效应器件		
				BT	半导体特殊器件		
				FH	复合管		
				PIN	PIN管		
				JG	激光器件		

附录三　常用数字集成电路一览表

类　型	功　能	型　号	备注
与非门	4 组 2 输入与非门	74LS00	Q=$\overline{AB}$
	4 组 2 输入与非门（集电极开路式）	74LS01	Q=$\overline{AB}$
	4 组 2 输入与非门（集电极开路式）	74LS03	Q=$\overline{AB}$
	3 组 3 输入与非门（集电极开路式）	74LS10	Q=$\overline{ABC}$
	3 组 3 输入与非门（集电极开路式）	74LS12	Q=$\overline{ABC}$
	2 组 4 输入与非门	74LS20	Q=$\overline{ABCD}$
	2 组 4 输入与非门（集电极开路）	74LS22	Q=$\overline{ABCD}$
	8 输入与非门	74LS30	
	1 组 13 输入与非门	74LS133	
或非门	4 组 2 输入或非门	74LS02	Q=$\overline{A+B}$
	3 组 3 输入或非门	74LS27	Q=$\overline{A+B+C}$
	2 组 5 输入或非门	74LS260	
非门	6 组反相器	74LS04	Q=$\overline{A}$
	6 组反相器（集电极开路式）	74LS05	Q=$\overline{A}$
	反相器（闭路集电极式）	74LS06	Q=$\overline{A}$
与门	4 组 2 输入与门	74LS08	Q=AB
	4 组 2 输入与门（集电极开路式）	74LS09	Q=AB
	3 组 3 输入与门	74LS11	Q=ABC
	3 组 3 输入与门（集电极开路式）	74LS15	Q=ABC
	2 组 4 输入与门	74LS21	Q=ABCD
或门	4 组 2 输入或门	74LS32	Q=A+B
异或门	4 组 2 输入异或门	74LS136	Q=A+B
	4 组 2 输入异或门	74LS86	Q=A+B
同或门	4 组 2 输入同或门	74LS266	Q=$\overline{A g B}$
与或非门	2 组 2 输入 3 组 3 输入与或非门	74LS51	Q=$\overline{AB+CD}$， Q=$\overline{ABC+DEF}$，
	4 组 2 输入与或非门	74LS54	Q=$\overline{AB+CD+EF+GH}$
	2 组 4 输入与或非门	74LS55	Q=$\overline{ABCD+EFGH}$
译码器	4 线-10 线译码器	74LS42	BCD 码输入
	BCD 码-7 段译码器驱动器	74LS47	OC 输出
	BCD 码-7 段译码器驱动器	74LS48	内有升压电阻输出
	BCD 码-7 段译码器驱动器	74LS49	OC 输出

类　型	功　　能	型　号	备注
译码器	3 线—8 线译码器	74LS137	低电平有效
	3 线—8 线地址译码器	74LS138	低电平有效
	2 组 2 位至 4 位地址译码器	74LS139	低电平有效
	4 线—16 线译码器	74LS154	低电平有效
	2 组 2 线—4 线译码器	74LS155	
	2 组 2 线—4 线译码器（OC 型）	74LS156	
	4 线—16 线译码器	74LS159	
	七段显示译码器	74LS47	（OC、低电平有效）
	七段显示译码器	74LS48	（OC、高电平有效）
	七段显示译码器	74LS49	（OC、高电平有效）
	七段显示译码器	74LS249	（OC、高电平有效）
全加器	4 位二进制全加器	74LS83	
比较器	4 位大小比较器	74LS85	
触发器	单稳态触发器	74LS121	
	4 组 RS 触发器	74LS279	
	2 组 JK 型触发器	74LS73	负边沿触发，带消除端
	2 组 JK 型触发器	74LS76	带预置、消除端
	2 组 JK 型触发器	74LS78	
	2 组 JK 型触发器	74LS107	
	2 组 JK 型触发器	74LS109	
	2 组 JK 型触发器	74LS112	负边沿触发，带预置、消除端
	2 组 JK 型触发器	74LS113	
	2 组 JK 型触发器	74LS114	
	4 组 D 触发器	74LS175	
	8 组 D 触发器	74LS273	正边沿触发，公共时钟
	2 组 D 型触发器	74LS74	正边沿触发，带预置、消除端
计数器	BCD 异步计数器	74LS196	
	异步十进制计数器	74LS290	二、五分频，负边沿触发
	异步十进制计数器	74LS90	
	异步 12 进位计数器	74LS92	
	异步 16 进位计数器	74LS293	二、八分频，负边沿触发
	异步 16 进位计数器	74LS93	
	4 位 BCD 同步计数器	74LS160	
	4 位二进制同步计数器	74LS161	异步清零
	4 位 BCD 同步计数器	74LS162	
	4 位二进制同步计数器	74LS163	

类 型	功 能	型 号	备注
计数器	4 位同步加/减数计数器	74LS170	
	4 位同步加/减数计数器	74LS191	可逆计数
	4 位同步加/减数计数器	74LS192	可逆计数，带清除端
	4 位同步加/减数计数器	74LS193	可逆计数，带清除端
	4 位 BCD 同步加/减计数器	74LS190	可逆计数
	4 位 16 进位同步计数器	74LS197	
	2 组异步 10 进位计数器	74LS390	负边沿触发
编码器	10 线—4 线 BCD 优先编码器	74LS147	BCD 码输出
	8 线—3 线编码器	74LS148	
数据选择器	8 选 1 数据选择器	74LS151	原、反码输出
	8 选 1 数据选择器	74LS152	反码输出
	2 组 4 选 1 数据选择器	74LS153	
	4 组 2 选 1 数据选择器	74LS157	原码输出
	2 选 1 数据选择器	74LS158	反码输出
寄存器	8 位移位寄存器	74LS164	
	8 位移位寄存器	74LS165	
	8 位移位寄存器	74LS166	
	8 位移位寄存器	74LS169	
	4 位移位寄存器	74LS194	
	4 位移位寄存器	74LS195	
	8 位移位寄存器	74LS198	
	8 位移位寄存器	74LS199	
	4 位移位寄存器	74LS95	
	4 位双稳锁存器	74LS75	电源与地非标准
多谐振荡器	单稳多谐振荡器	74LS122	可重触发
	双单稳多谐振荡器	74LS123	重触发
	双单稳多谐振荡器	74LS221	带施密特触发器
施密特触发器	双施密特触发器	4583	
	六施密特触发器	4584	
	九施密特触发器	9014	
数模转换器	A/D 转换器	ADC0804	
	D/A 转换器	DAC0832	

注：74LS 系列与 74HC 系列型号基本一致。

说明：本附录只概括了部分常用的数字集成电路，更加详细的资料请查阅有关专用手册。

参考文献

[1] 方勤，江路明，邓海. 模拟电子技术基础［M］. 2版. 南昌：江西高校出版社，2005.

[2] 童诗白，华成英. 模拟电子技术基础［M］. 2版. 北京：高等教育出版社，2001.

[3] 张林，孙建林. 模拟电子技术［M］. 北京：北京大学出版社，2007.

[4] 徐正惠. 实用模拟电子技术教程［M］. 北京：科学出版社，2007.

[5] 陆秀令，韩清涛. 模拟电子技术［M］. 北京：北京大学出版社，2008.

[6] 孙余凯，吴鸣山，项绮明. 模拟电路基础与技能实训教程[M]. 北京：电子工业出版社，2006.

[7] 苏丽萍. 电子技术基础［M］. 西安：西安电子科技大学出版社，2006.

[8] 孙津平. 数字电子技术［M］. 西安：西安电子科技大学出版社，2005.

[9] 杨志忠. 数字电子技术［M］. 北京：高等教育出版社，2002.

[10] 曾令琴，等. 电子技术基础［M］. 北京：人民邮电出版社，2006.

[11] 王诗军. 电子技术［M］. 北京：人民邮电出版社，2009.

[12] 李秀玲. 电子技术基础项目教程［M］. 北京：机械工业出版社，2010.